贝聿铭现代主义建筑美学

李春 著

中国建筑工业出版社

图书在版编目（CIP）数据

贝聿铭现代主义建筑美学 / 李春著 . -- 北京 : 中国建筑工业出版社 , 2023.8
（博士论丛）
ISBN 978-7-112-28436-8

Ⅰ . ①贝… Ⅱ . ①李… Ⅲ . ①建筑美学—研究 Ⅳ . ① TU-80

中国国家版本馆 CIP 数据核字 (2023) 第 056544 号

建筑师贝聿铭，深受中国传统文化浸润并与现代主义建筑核心脉络直接相承，1983年获得普利兹克奖，被誉为"现代主义泰斗""最后一个现代主义大师"。现代主义建筑是建筑风格历史上的重大革命，从以包豪斯为代表的知识分子工业化、民主化的理想实验和探索开始，经过一百年的发展，构成了历史上主要的视觉景观。

本书从外延和内涵两方面对贝聿铭完整的创作生涯、创作手法和美学特质进行细致而深入的考察。在现代主义建筑的总体发展框架和中国建筑现代转型这一中西建筑文化的交汇点上，揭示贝聿铭对现代主义建筑美学的继承与发展，以新的视角和策略扩大贝聿铭建筑美学研究的广度和深度。全书包括：绪论、现代主义建筑美学的渊源及特征、贝聿铭建筑美学的东西方资源、贝聿铭现代主义建筑美学的赋形与嬗变、贝聿铭现代主义建筑的美学特质、贝聿铭在现代主义建筑历史上的地位与作用、贝聿铭对中国建筑现代转型的推动与启示。

本书获得山东省一流学科（建筑学）资助出版，并入选"山东建筑大学建筑城规学院青年教师论丛"。

责任编辑：赵　莉　吉万旺
责任校对：张　颖

博士论丛
贝聿铭现代主义建筑美学
李春　著
＊
中国建筑工业出版社出版、发行（北京海淀三里河路9号）
各地新华书店、建筑书店经销
北京点击世代文化传媒有限公司制版
北京中科印刷有限公司印刷
＊
开本：787 毫米 ×1092 毫米　1/16　印张：15　字数：278 千字
2025年2月第一版　2025年2月第一次印刷
定价：**62.00**元
ISBN 978-7-112-28436-8
　　（40841）

前　言

　　美籍华裔建筑师贝聿铭，深受中国传统文化浸润并与现代主义建筑核心脉络直接相承，1983 年获得普利兹克奖，被誉为"现代主义泰斗""最后一个现代主义大师"。现代主义建筑是建筑风格历史上的重大革命，从以包豪斯为代表的知识分子工业化、民主化的理想实验和探索开始，经过一百年的发展，构成了当今世界主要的视觉景观。作为与中国传统建筑文化和体系完全异质的形式，现代主义建筑被视为舶来品，始终与政治意识形态、民族国家的身份认同纠葛不清，中国基本被排除在世界现代主义运动之外。"国际式"无个性的现代技术与对归属感、认同感的需求之间的矛盾导致现代主义建筑出现表征的危机，其合法性和正统性受到后现代主义之后各类思潮的普遍质疑。中国建筑界所面临的，则是如何从前工业时代向现代社会的转变和如何从现代工业社会步入知识经济的后工业或后现代的双重问题。贝聿铭将现代主义建筑作为"一个未完成的理想"和"未竟的事业"，用半个多世纪的不懈创作，坚持第一代现代主义建筑大师的衣钵，把以"天人合一""中庸之道"为精髓的东方智慧和中和、温润、诗化的独特美学效果融入现代主义建筑，推动现代主义成为官式建筑的主流，向着雅致化和多元的文化适应性发展，同时为中国建筑的现代化之路带来深刻的启示。

　　本书吸收建筑语言学、符号学、现象学等理论众长，坚持逻辑与历史相统一、文献资料与实例分析相照应、田野调查与跨文化比较相结合，采用形式分析方法，以审美的现代性视野，力图全面梳理现代主义建筑的发展脉络、精神实质和审美特征，从外延和内涵两方面对贝聿铭完整的创作生涯、创作手法和美学特质进行细致而深入的考察。通过精微的纵向分析、横向对比，在现代主义建筑的总体发展框架和中国建筑现代转型这一中西建筑文化的交汇点上，揭示贝聿铭对现代主义建筑美学的继承与发展，以新的视角和策略扩大贝聿铭建筑美学研究的广度和深度。全书框架如下：

　　绪论：主要介绍了研究的缘起、意义，分析了国内外研究现状及研究趋势，进而明确研究的对象、视点、目的和方法。贝聿铭创作丰富、享誉世界，但受文化和身份的偏见，国内外缺乏对其创作全面而深入的美学研究。本书在对目前建筑研究趋势辨析的基础上，确定借鉴艺术史研究的形式分析法，聚焦贝聿铭凝聚的东西方双重建筑文化精华，以期在现代主义建筑发展演变的整体图景中深入阐释他对现代主义建筑美学贡献的中国智慧。

  第一章 现代主义建筑美学的渊源及特征：从美学的视域，系统梳理现代主义建筑的思想谱系、发展阶段和精神实质，通过与新古典主义、后现代主义的深入比较，总结提炼现代主义建筑美学的基本特征。现代主义建筑以功能原则批判复古主义，抛弃柱式、细部之间的传统规范和先例旧习。拒绝装饰，对结构和材料的真实、简洁带有清教徒式的推崇。玻璃的透明性表明建筑表皮摆脱了承重功能及重力主导的形式法则，打破了古典砖石建筑厚重、封闭、光线昏暗的状态，改变了内外空间之间截然分开的局面，也暗含了民主政治的社会透明度，对促进社会和精神变革具有特殊的作用。三维反透视的新视觉和构造方法探究现代空间关系，由古典各种量体形式的封闭关系，迈向更为动态的时空观念。并将建筑比作"居住的机器"，彻底告别传统建筑手工业，彰显工业化的机械美学。现代主义建筑的通用性、独立于历史和自然所导致的文化内涵和归属感的缺失，招致后现代主义从统一到差异、从精英到大众、从功能到形式、从审美到游戏的全面挑战。

  第二章 贝聿铭建筑美学的东西方资源：回顾贝聿铭的成长经历和教育背景，展现东西方双重的建筑美学精神对他的滋养，剖析其具有恒久的典雅品质和东方文化底蕴的现代主义建筑美学的根源。官商、官绅结合的显赫家世、金融新贵的富足生活，培养了他儒家的家庭伦理观念和贵族阶层拥有的精英意识、审美趣味，奠定了他关于世界、生活和建筑之间关系的最初理解。生活在浓缩了中国传统建筑精华的苏州园林之中，贝聿铭形成了最初的建筑时空观和理想化的建筑原型。立足中华古老文明和深厚的传统，汲取天人合一、道法自然、儒家伦理、中庸、包容等思想和诗词、绘画、园林等传统艺术的灵感源泉，贝聿铭形成了独特的建筑本质观和审美理想。深刻剖析第一代现代主义建筑大师沃尔特·格罗皮乌斯、路德维希·密斯·凡德罗、勒·柯布西耶、弗兰克·劳埃德·赖特和阿尔瓦·阿尔托的思想及创作，重点论述他们对贝聿铭建筑设计观念和技法产生的教育和影响。由此阐明作为"正宗的包豪斯的接班人"，贝聿铭基于现代主义大师各具张力的作品的启示，继承和延续现代主义建筑内在、经典的形式法则，及其简洁、抽象、理性的现代精神，成为这一新传统的忠实发展者。

  第三章 贝聿铭现代主义建筑美学的赋形与嬗变：贝聿铭属于埋头建筑设计而无理论建树的实践型建筑师，他的作品类型丰富、覆盖地域广阔。本章从外延和内涵两方面对贝聿铭半个多世纪的创作生涯及其50余件作品进行全面而深入的美学考察。以微观视角对每一件个案的特定意图、独特场景、艺术形式与象征层面深入解读，完整展现其创作历程、梳理手法嬗变的逻辑形态和基本规律。贝聿铭始终秉持着现代主义的设计理念，凭借作为形式创造者的直觉与才能，逐渐从对第一代现代主义建筑大师的模仿，转向空间的创造以及个人风格的建立。运用几何造型、中庭式布局、材料本性、雕塑性景观、精细化工艺、对光的空间表达等独特的创作手法，现代主义建筑基本语汇在贝聿铭的手里具有功能和表现的双重作用，挣脱了传统手法、流行模式的控制，为未来定义了新建筑。

第四章　贝聿铭现代主义建筑的美学特质：深入贝聿铭建筑作品空间与形式背后的深邃思想、价值理念及表达方式，进行美学的审视和提炼。从贝聿铭致力于探求现代主义形式如何被接受、被拒绝、发展到何种程度，以及如何使之服从于不同的文化特征的视角出发，阐述其建筑作品表层语言的风格与深层的精神本质、价值取向、构思方式和审美特征。伦理化的价值诉求、和谐统一的审美理想以及中国传统美学独具的致思和传达方式，使贝聿铭在个体创新和技术惯例、形式表现与内在统一、时代精神与文化传统之间实现了新的平衡，呈现中西两大传统交融产生的新建筑美学特色。

第五章　贝聿铭在现代主义建筑历史上的地位与作用：在现代主义建筑发展、演变的整体框架下客观评价贝聿铭在现代主义建筑美学发展历史上的地位和贡献。当现代主义建筑全面进入自身转型和重构，作为第二代现代主义大师，贝聿铭坚守现代主义建筑美学思想，以美国肯尼迪图书馆、美国国家美术馆东馆、巴黎卢浮宫金字塔、德国历史博物馆、伊斯兰艺术博物馆等一系列经典的作品，推动现代主义获得广泛的历史认同、成为官式建筑的主流。通过与路易斯·康、迈耶、丹下健三等新现代主义大师集体诉求和个人路径的对比分析，凸显贝聿铭在实现现代主义建筑雅致化发展中象征性、技术性和诗意性的艺术特色，以及通过与基督教、中华文明、伊斯兰等不同文明的融合，丰富了现代主义建筑这一新传统的适应性和生命力。

第六章　贝聿铭对中国建筑现代转型的推动与启示：现代主义建筑作为一种异质文化渗透到中国，导致中国传统建筑体系的全面解体，背后暗含着西方建筑的冲击和寻求一种新的国家身份认同，引起技术体系、制度体系、教育体系、审美观念等广泛的社会变革。在中国建筑现代化转型过程中，对西方现代主义建筑的引进与吸收伴随着对中国传统建筑的反思与更新，审美与政治领导权的争夺、民族国家的身份认同、外来影响与本土建筑文化内在转变始终纠葛不清，先后出现了三次"古典复兴"浪潮。市场经济时代在全球化浪潮及功利主义的商品化逻辑冲击下，中国建筑步入历史上最活跃的时期并日益成为全球建筑师角逐、实验的场所，随着历史纵深的消失和建筑美学话语的缺席，在一味模仿、横向移植、商业媚俗、逐奇眩异的建筑生产和形象竞赛过程中，中国建筑的独特性、审美性正在消失，取而代之的是冰冷坚硬的功能空间和千城一面的尴尬。贝聿铭坚持"中而新"，通过北京香山饭店、香港中银大厦、苏州博物馆三次卓有成效的实践，以富有东方哲理、硕儒品性、精美雅致的个人化的深刻表达，致力于探索一条中国建筑的现代之路，为中国当代建筑如何成为现代的而又回到自身古老而伟大的传统指明了道路。

结语：简要回顾贝聿铭将现代主义建筑的思想和精髓，在当代以新的方式进行继承和阐释所具有的深远的意义，并对现代主义建筑的未来发展和中国以独特的美学形象融入世界建筑之林进行了展望。

目　　录

绪 论

　　享誉世界的美籍华人建筑师贝聿铭（I.M.Pei），1983 年获得了建筑界至高无上的权威奖项——普利兹克奖（Pritzker），评审团对这位善用光线、空间和几何图形的大师给予了高度评价："本世界最优美的室内空间和外部形式中的一部分是贝聿铭给予我们的。但他的工作的意义远远不止于此。他始终关注的是他的建筑耸立其中的环境。他拒绝把自己囿于狭小范围内的建筑艺术问题之中。在过去的四十年里，他的作品不仅包括工业的、政府部门的以及文化领域里的殿堂，而且还有适合中低收入家庭的住宅建筑。他在材料运用方面的才能和技巧达到了诗一般的境界。"[1]

　　贝聿铭的建筑作品范围广、类型多，遍布纽约等美国重要城市，中国的香港、北京、苏州等地，远至法国、加拿大、伊朗、新加坡、日本、德国、卡塔尔等国，从大型城市开发项目、普通的集合式住宅到壮观豪华的商业机构，从精妙别致的私人别墅到神圣的宗教空间，以及极具空间艺术的公共建筑、文教建筑。有着结构工程专业背景的贝聿铭，却坚持把艺术和历史看作建筑的精髓，借助高超的建筑视觉想象力，以几何的巧妙造型堆叠、空间布局的融合延展、光线阴影的视觉跳跃，使建筑成为一种文化载体和艺术追求。

　　从 1935 年开始学习建筑学、1948 年从业至退休，在 70 多年的建筑生涯中，贝聿铭经历了西方建筑界的现代主义、后现代主义、结构主义、解构主义等历次思潮。但正如贝聿铭在普利兹克奖授奖仪式上所言，"我属于那样一代美国建筑师，他们的建造活动是基于对新建筑运动的先知先觉，并对这个运动在艺术、技术和设计领域里所取得的有意义的成就坚信不移。我也痛彻地感到，这些年来在新建筑运动的名义下逐渐形成的平庸状态。尽管如此，我还是相信这个传统必将继续下去，因为它绝不是过去的遗迹，而是激发现在并赋予其活力的生命力。只有以这种方式我们才能发展和提炼一种建筑语言，与今天的价值观共鸣并能创造出风格和实质上的多种表现手法。"[2]

　　被誉为"现代主义泰斗""最后一个现代主义大师"的贝聿铭，直

1　王天锡.贝聿铭［M］.北京：中国建筑工业出版社，2002：257.

2　王天锡.贝聿铭［M］.北京：中国建筑工业出版社，2002：256.

接受业于包豪斯（BAUHAUS）的创始人瓦尔特·格罗皮乌斯（Walter Gropius），与现代主义核心脉络直接相承，但出生于苏州名门望族的贝聿铭饱受中国传统文化的浸淫，正如他所言，"我的建筑设计从不刻意地去中国化，中国文化对我影响至深。我深爱中国优美的诗歌、绘画、园林，那是我设计灵感的源泉。"[1]

我国在20世纪三四十年代受到现代主义建筑观念的影响，但由于政治、经济、观念等国情的局限，基本被排除在现代主义运动之外。但不经意之间，贝聿铭已经将东方的时间、空间观念等文化根源融入自己的美学思想和创作实践。他偏爱石材、混凝土、玻璃和钢，在材料选择、外部造型、空间布局、意境创造方面与最近的过去相决裂，又被用来恢复更为久远的传统，还融合了个人化、人格化的深刻表达，从容、审慎、儒雅的特点以及巧妙地将深邃的东方智慧和诗意融入极高的视觉品质之中，鲜明地反映了中西两大传统交融产生的新美学特色。

"贝聿铭是一个难得的样本——他从截然不同的文化土壤中汲取了精华，又游刃有余地在两个世界里穿越。……中国赋予他儒家的洞察力、根深蒂固的平衡感，以及扎根传统的贵族特有的权威感；而美国使他能够从过去的历史重荷中解放自己，成为现代主义流派的代言人。"[2]因此以宏观的历史眼光，将贝聿铭的卓越的建筑设计创作纳入现代主义建筑的总体发展框架和中国建筑现代化转型的历史进程。从微观视角对其艺术形式与象征层面深入分析、解读其建筑个案，梳理其创作历程、手法流变，概括其作品形式所蕴含的中国意味的现代主义建筑美学思想，对更好地展示这位建筑大师在推动现代主义建筑成为官式建筑、走向雅致化所取得的成就，探索他将理念转化为形式的途径、个人创作与时代风格的相互作用，以及对实现现代主义建筑思想和中国传统建筑文化精髓，在当代以新的方式得到继承和阐释具有深远的意义。

第一节　研究的缘起及意义

一、研究的缘起

"过去的每个时代都曾拥有自己的真实风格，表达了时代的真实进

1　[美]菲利普·朱迪狄欧，[美]珍妮特·亚当斯·斯特朗.贝聿铭全集[M].李佳洁，郑小东译.北京：电子工业出版社，2015：序言.
2　贾冬婷.百岁贝聿铭[J].三联生活周刊.2017，（16）.

程。"[1]19 世纪后期，伴随着工业革命带来的玻璃、钢筋混凝土新材料和多种结构技术的突破，城市发展的经济因素和对工厂、集合住宅等新建筑类型的社会需求，受工艺美术运动的影响以及立体主义、构成主义等抽象艺术的形式启发，基于对传统建筑形式束缚的反抗和对新时代意义的追求，带有乌托邦色彩的现代主义建筑（Modernism）思潮在欧洲兴起。

1919 年，德国建筑师格罗皮乌斯担任包豪斯校长，主张建筑设计与工艺的统一，艺术与技术的结合，在他的主持下包豪斯成为欧洲最激进的艺术和建筑中心之一，推动了讲究功能、技术和经济效益的建筑革新运动的兴起。格罗皮乌斯、勒·柯布西耶（Le Corbusier）、密斯·凡·德·罗（Mies Van de Rohe）等人以新材料、新结构的建造方式为基础，以功能上的理性需求为依归，摆脱历史怀旧的繁缛行头，创造出与现代工业社会的条件、追求和体验相协调的"摩登时代"的崭新视觉形象和美学追求，具有鲜明的功能主义、理性主义、民主精神和激进主义色彩。

1928 年，来自 8 个国家的 24 名革新派建筑师代表在瑞士集会，成立国际现代建筑协会（CIAM），现代主义建筑迅速传播。20 世纪 30 年代由于德国法西斯政权敌视新的建筑思潮，格罗皮乌斯、密斯先后被迫迁居美国，具有强大吸收和包容能力的美国迅速取代欧洲成为现代主义建筑实践与发展的沃土。从路易斯·沙利文（L.Sullivan）和弗兰克·劳埃德·赖特（Frank Lloyed Wright）开始，经由格罗皮乌斯、勒·柯布西耶带来的先锋思潮，再从密斯、路易斯·康（Louis I.Kahn）重新出发，以钢筋混凝土、玻璃为材，简洁并架空的体量和鲜明几何形体、自由流动的平面为表现语言的现代主义建筑，在 20 世纪五六十年代被体制化并通过大量的商业实践成为全世界占据主导地位的建筑风格。

20 世纪 70 年代晚期，在蓬勃的自由主义经济、科技实用主义和缺乏秩序的城市化进程共同构成的背景下，现代主义建筑所遵循的"形式追随功能"的实用主义、"少即是多"的纯净主义以及设计构图上模度原则、几何霸权和非装饰的"穷干"修辞，把建筑引向割断共同历史文化联系的无情境性和建筑审美多样性的全面丧失。陷入线性思维和一元论僵死逻辑中的现代主义建筑，逐渐沦落到单调、枯燥和缺乏交流性的"国际式"窘境。美国现代建筑师路易斯·康和学生罗伯特·文丘里（Robert Venturi），率先对现代主义建筑美学日益摧毁城市与乡村旧有意义的系统、无意义的循环发起攻击和反叛。路易斯·康反对勒·柯布西耶房屋是"居住的机

1　[英] 威廉·J·R·柯蒂斯. 20 世纪世界建筑史 [M]. 本书翻译委员会译. 北京：中国建筑工业出版社，2011：11.

器"[1]这种技术理性至上的观点，提出"建筑是有思想的空间创造"[2]，把被现代主义建筑师所轻视和忽略的形式和空间的创造摆在了重要位置。这样路易斯·康不仅对芝加哥学派的"形式服从功能"，而且对整个功能主义美学进行了颠覆。而文丘里在《建筑的复杂性与矛盾性》(Complexity and Contradiction in Architecture)中提到，"建筑师再也不能被正统的现代建筑的清教徒式的语言吓唬住了。我赞成混杂的因素而不赞成'纯粹的'；赞成折中的而不赞成'洁净的'；赞成牵强附会而不赞成直截了当；赞成含混的暧昧的而不赞成直接的和明确的；我主张凌乱的活力而不强求统一。"[3]

　　这种同现代主义建筑美学叫板、主张建筑走向大众化运动(Pop Movement)的态度，无疑与弥漫于整个时代的反叛精神有着内在联系。文丘里从审美体验和审美鉴赏的角度，提出了一系列长期为现代主义所忽略或轻视的美学问题，如建筑的通俗趣味、双重译码、装饰主义、文脉主义、历史主义等，为重新认识建筑历史，为当代建筑的多元、兼容的美学风尚奠定了基调。主张杂乱而有活力、既实用又有趣的矛盾美学，在建筑的内部与外部、局部与整体、构件与构件之间产生矛盾、冲突、错位、不协调，为后现代主义建筑乃至当代建筑提供了一套有价值的自由主义设计原则，也是一套人文主义价值原则。文丘里的理论建立在凝重的历史感之上，但明显是以一种形式取代另一种形式。受其影响，当代西方埃森曼、摩弗西斯事务所、盖里、蓝天组、里伯斯金、库哈斯、屈米、哈迪德的设计美学和实践呈现出显著的共同性：挑战建筑本质的反造型、反形式及自我解构倾向。

　　近代以来，中国的社会整体、知识制度都发生了断裂性转型，建筑的形式和观念也发生了深刻的变革。"第一次世界大战结束之后，西方现代主义建筑运动的主流确立并传入我国的 1920 年代"。[4]随着西方在华建筑师和第一代负笈出洋、接受了正统学院派教育的中国建筑师学成回国，现代主义建筑理论和实践体系广泛传播、全面移植，中国延续两千多年的、功能与形式高度程式化的传统木构建筑体系逐渐解体，中国步入与世界建筑潮流息息相通的历史阶段。"以工业建筑为先导，1920 年代末到 1937 年形成了中国现代主义建筑的第一次高潮。"[5]1949 年中华人民共和国成立以后，在意识形态的干扰下，建筑活动虽然深受苏联模板的影响，但依然自发承

1 [法] 勒·柯布西耶. 走向新建筑 [M]. 修订版. 杨至德译. 南京：江苏凤凰科学技术出版社，2014：243.

2 万书元. 当代西方建筑美学 [M]. 南京：东南大学出版社，2001：31.

3 [美] 罗伯特·文丘里. 建筑的复杂性与矛盾性 [M]. 周卜颐译. 南京：江苏凤凰科学技术出版社，2017：30.

4 邹德侬，曾坚. 论中国现代建筑史起始年代的确定 [J]. 建筑学报，1995，(7)：52-54.

5 邓庆坦. 中国近、现代建筑历史整合研究论纲 [M]. 北京：中国建筑工业出版社，2008：7.

接了现代主义建筑的发展方向。改革开放后中国建筑创作向经典现代主义建筑回归，迎来现代建筑的空前繁荣。贝聿铭以极大的热情投入受中国政府直接委托的项目——香山饭店，苦苦寻觅一种既现代又不失中国特点的建筑风格，启发和带动中国建筑师致力于探索一条中国建筑的现代之路。

特别是20世纪90年代中国建筑步入活跃的时期，建设量之大是任何时代、任何国家和地区都无法比拟的，并日益成为全球建筑师角逐、实验的场所。随着历史纵深的消失和建筑美学话语的缺席，在裹挟一切的全球化浪潮及功利主义的商品化逻辑冲击下，在一味模仿、横向移植、商业媚俗、逞奇眩异的建筑生产和形象竞赛过程中，中国建筑逐渐丧失了精神之纬，建筑的独特性、审美性正在消失，取而代之的是冰冷坚硬的功能空间和千城一面的尴尬。作为对建筑文化全球趋同产生的逆反应，许多中国建筑师走向立足传统文化形式表象、精神内涵的建筑创作与阐释。

在当代中西建筑领域反对现代主义建筑、重温古典建筑，感伤崇拜的呼声一浪高过一浪，莫衷一是、迷茫彷徨的时候，贝聿铭认为严肃的建筑，都应该在过分感伤的怀旧和患了历史健忘症两者之间找到一个恰当的折中，"建筑师要继承传统内在的东西，而不是继承传统的形式。"[1] 正统的现代主义有其局限性，而缺乏美学和结构创新的后现代主义拼贴又过于肤浅。作为具有独立的艺术意识的建筑大师，贝聿铭摒弃哗众取宠，对现代主义建筑美学"痴心不改"，以富有东方哲理、硕儒品性、精美雅致的个人化的深刻表达、"从心所欲"地把握现代主义建筑内在复杂结构，清楚地知道应该坚持什么、发展什么，凭借美国国家美术馆东馆、肯尼迪图书馆、卢浮宫玻璃金字塔、中国香港中银大厦、北京香山饭店、苏州博物馆、日本美秀美术馆、多哈伊斯兰艺术博物馆等一大批卓有成效的精品实践，使用现代语汇、运用新兴技术、不拘泥于历史风格的遗存，将现代主义建筑的美学意图、理性方法和形式语言加以修订、转化、嫁接、风格化，坚持用自己精英主义的温和气质使现代主义建筑美学重放异彩。

二、研究的意义

1. 理论意义

车尔尼雪夫斯基说过，"艺术的序列通常从建筑开始，因为在人类所有各种多少带有实际目的的活动中，只有建筑活动有权利被提高到艺术的地位。"[2] 艺术作品的中心问题是意义或意蕴，但与属于意识形态的纯艺术不同，作为具有很高综合性的艺术，建筑是生活空间和艺术形象的对立统一，

---

1 张克荣. 贝聿铭 [M]. 北京：现代出版社，2004：186.
2 孙祥斌，孙汝建，陈从耘. 建筑美学 [M]. 上海：学林出版社，1997：3.

它一方面与科技、经济、政治、环境气候、实用功能及人的行为方式等因素密切相关，同时材质、比例、尺度、韵律、色彩、意象等审美因素背后也凝结着不同时代、民族的审美观念和意识。

现代主义建筑构成了当今世界主要的视觉景观，理解和借鉴现代主义建筑空间与形式构成的内在逻辑，及其传递出的现代人的精神特质、心理需求和文化内涵，亟需对这些空间与形式所表达的思想和意义进行美学的审视和提炼、评价和阐释，探索其美学精神、风格、规律和原则。

现代主义建筑运动是伴随工业革命的浪潮，在反对新古典主义的斗争中出现的，奥托·瓦格纳（Otto Koloman Wagner）在《现代建筑》（Modern Architecure）一书中提出，"艺术创作只能来自生活，新结构原理和新材料必然导致新形式出现，和新时代的要求取得协调。"[1]柯布西耶在《走向新建筑》（Vers une architecture）中提出现代主义建筑底层架空通透、平屋顶和屋顶花园、自由平面布置、外观自由设计、水平带形长窗的5点原则和抽象的机器美学。被誉为"新建筑"的现代主义建筑，反对烦琐装饰、有貌无神的折中主义的复古思潮，以实用主义的功能为中心，追求结构与材料的真实，代表了时代需求，是建筑发展新陈代谢的必然结果。同时，作为对现代工业化社会科学、民主精神的直接表达的心理需求，现代主义建筑意图调和工业革命对人类生产和生活方式造成的巨大冲击和人们对理想社会、美好生活的憧憬之间的矛盾。形式上趋向净化，追求几何形体的抽象组合和简洁明快、通透流畅的机械美学，其核心是以技术理性为根基的功能主义，与之配套"少即是多"的纯净主义。

现代主义建筑适应工业化的生产与经济需要，简洁抽象的构图、严谨精确的秩序、自由流动的空间、形体和色彩的匀称与统一，给人以全新的艺术感受。但由于过分强调纯净，否定历史形式、无视地域主义特性，现代主义建筑师习惯于既定的模式，根据合理事物的最平庸的形式来定向，以抽象刻板的风格将审美的东西以非审美的形式来表现，忽视了心理功能和形式感受，使建筑成为冷冰冰的"居住的机器"，陷入"国际式"千篇一律、无限真空并与普通大众日渐疏离的尴尬。

功能主义和表现主义是现代主义建筑中相互对立的两种美学倾向：路易斯·沙利文（L.Sullivan）提出"形式追随功能"，把功能作为出发点和归宿，"通用空间""功能追随形式"把形式作为出发点和归宿。在抗击现代主义庸俗美学时，罗杰·斯克鲁登（Roger Scruton）从形式关怀的角度，批判了现代主义建筑对形式的忽视；布鲁诺·赛维（Bruno Cervi）则是从功能的本质主义的角度，批判了现代主义建筑对功能的误解和扭曲，抨击

1　孙祥斌，孙汝建，陈从耘. 建筑美学［M］. 上海：学林出版社，1997：105.

了现代主义鼓吹功能主义却又篡改建筑的功能意义的弊端。两人都对形式与功能的二元对立提出了质疑，但同路易斯·康一样固执于一端的理论，斯克鲁登的非功能主义，意在重振建筑往日的雄风，使建筑重新成为艺术，使建筑师成为艺术家；赛维的唯功能论，意在让建筑师重新理解功能，表现功能，在功能的完美展现中创造全新的形式。打破和抛弃到目前为止的那些社会传承的"样式"，重新用独创的观点解释世界，成为一种个性的表现，但未能彻底逃出功能与形式的双向循环。

美的创造是建筑师的最高职责，贝聿铭有意识地寻求现代主义建筑中的美，提供解决形式与功能问题的东方智慧。大师经历了西方建筑界的现代主义、后现代主义、结构主义、解构主义等历次思潮，他不喜欢论战，不嗜谈理论，在这些此起彼伏的建筑思潮里，贝聿铭始终保持着审慎的态度，探索着现代主义建筑中永恒的精髓。贝聿铭受到格罗皮乌斯、密斯·凡·德·罗和马歇尔·布劳耶（Marcel Breuer）的直接教育和影响，把勒·柯布西耶奉为精神导师。但他对建筑的探索，没有完全跟随第一代现代主义大师的道路，而是从东方视角、工程学科的背景出发，开拓了一条与西方第二代现代主义建筑大师、日本现代主义建筑师和中国大陆第一代、第二代建筑师不尽相同的新的途径。

发源于欧洲、成熟于北美的现代主义建筑，对于中国以土木材料、梁柱结构为物质基础、礼制文化为思想核心的传统建筑体系来说，是一种被动的移植，"现代主义思想最终在中国没有成为一种革命性的建筑运动"。[1] 20 世纪 80 年代初，在改革开放的推动下，中国建筑界出现了大力倡导现代主义建筑的思潮，一些激进的建筑学家甚至提出"补上现代建筑运动这一课"[2]，然而与中国一样经历了建筑体系由传统模式向西方模式转变的日本，以鲜明的东西方融合的特征、继续向精神层面发展的要求和趋势，对现代主义建筑的卓越贡献得到世界的广泛认可。

处于东西方交汇点上的"明星建筑师"贝聿铭同样为现代主义建筑美学提供了中国智慧。浸润了中国传统审美意识的美学原则，贝聿铭专心地发展自己现代主义建筑美学的设计体系，完成了许多被公认为具有时代意义的作品。各种体量的综合安排，材料、形式和空间的完美协调与强烈对比，充满了戏剧性，表明贝聿铭已经与密斯过于严峻，缺乏人情味的"皮包骨"式的国际式风格分道扬镳。中国传统文化背景，使他对西方建筑的精髓和问题更加敏锐，达到取其精华，去其糟粕的高度。贝聿铭融合西方现代主义结构、古典主义的布局和装饰、东方建筑的细腻和结构部件装饰化使用，

1 赖德霖. "科学性"与"民族性"——近代中国的建筑价值观 [J]. 建筑师，1955，(1)：51-53.
2 邓庆坦. 中国近、现代建筑历史整合研究论纲 [M]. 北京：中国建筑工业出版社，2008：9.

在现代主义原则之中进行完善提高，寻找具有恒久的典雅品质和东方文化底蕴的建筑美学思想，体现了中国美学思想对现代主义建筑的贡献与发展。

以贝聿铭为代表的典雅主义与之前的现代主义、功能主义比较接近，虽然其影响没有粗野主义、后现代主义那样先声夺人，但是讲究良好的功能，反对戏谑、夸张的形式处理，因而反倒能够把现代主义建筑带到21世纪，成为粗野主义、"高科派"、后现代主义已如明日黄花之后，依然能够存在、发展的一种现代主义建筑风格。从功能与形式的二元对立到空间创造的关注，显示了贝聿铭从封闭走向开放的美学观，突出了现代主义建筑的内在复杂性，及其理论意图与形式源泉的丰富性和广泛性。

贝聿铭称得上是新时代卓越的修辞学家，继承现代主义反装饰的纯净美学，发展现代主义几何构成和抽象方法，善于通过对几何体的分拆、穿插、叠加、并置甚至异构，建立起一套全新的逻辑体系和句法系统。他是20世纪最后的一批完美主义者之一，对细部精心处理，典雅的形式推敲，合乎理性的空间组织，对整体审美效果的考量，创造的高品质的视觉形象绝不弱于古典主义的经典之作。可以说，他的作品是当代剥光了装饰的新古典主义。在建筑中创造性地表现了古典建筑的精髓，体现了具象与抽象的巧妙结合，是富有个性的极端艺术化的现代主义建筑。其作品包含强烈的个性意识，创造意识以及文化意识，思想中包含强烈的自主意识、浓厚的时代精神以及永不满足的探索精神。

本书从现代主义建筑的现实情境出发，在充分考虑建筑这一特殊审美对象特性的前提下，保持一个长远的历史视角，结合具体的建筑现象和建筑作品，揭示贝聿铭作品所包含的美学思想和价值。在具体的社会、文化、历史的境遇中，对其所蕴含的东方智慧、历史精神，做出客观、准确、公正的评判；采用辩证的方法，在建筑实践动态的历史发展中把握审美意识的发展与本质。以宏观论辩与微观分析相结合，理论论辩与实例考察的双重视角，对贝聿铭设计演变过程进行细致梳理，对其建筑思想、设计手法、美学精神的独特品质进行深入探讨，阐明其理论和实践从审美角度对现代主义美学实现的回归和超越。

总之，本书力图通过对贝聿铭建筑审美实践活动全面、系统地考察，概括和总结使现代主义建筑具有普遍可接受的美学原则、客观属性和话语表述方式，并将贝聿铭与西方、日本、国内的第一代、第二代现代主义建筑大师的审美创作相互印证、相互阐发，超越传统建筑美学以建筑实体及其构图原则为中心对现代主义建筑风格化、表面化、简单化的源流分析，深入探讨、挖掘现代主义建筑形式背后所隐含的时代美学思想、审美取向及其演变，揭示贝聿铭以中国传统美学独特的致思方式对现代主义建筑美学思想的创新和发展，突出他在现代主义建筑历史上的地位和作用，并为当代中国建筑实践建构具有参考价值的理论框架体系。

2. 实践指导意义

现代主义建筑左右了整个 20 世纪的建筑活动，在第二次世界大战后短短几十年的时间里，取得正统地位的现代主义建筑方盒子式的简单外形和光墙大窗，以高度的可视性迅速改变了世界物质面貌。美国建筑师詹姆斯·瓦臣斯（James Wines）认为，"现代主义的失败主要是由于它想拯救世界的幻想夸大的野心，还有后来专用风格化意象满足发展的工业对廉价和权宜的建筑技术渴望的可怕的妥协。"[1] 现代主义建筑特别是"国际式"单一的风格和垄断姿态主导了时代的精神，影响着当代大多数人的生活、工作、交流、娱乐方式，影响着人们的思想观念和美学价值。世界范围内建筑的民族特色、地方特色和建筑师的个人风格逐渐消退，建筑和城市面貌趋同于缺乏人情味的单调和刻板。20 世纪 70 年代后，以戏谑、瓶贴的方式使用历史建筑或通俗文化符号，以夸张的形式突出高科技的结构象征性，和反对二元对立以貌似凌乱、模糊、随心所欲的方式达到丰富建筑的审美性、娱乐性和识别性的后现代主义建筑成为流行的新风格。

与建筑界对现代主义建筑僵化的"方盒子"的普遍失望和怀疑不同，贝聿铭坚持道，"有人说现代建筑死亡了，我不这么看。目前的许多建筑流派实际上是在现代建筑的基础上发展起来的，是现代建筑这棵大树上发芽抽枝的。各种流派也会像大树上的树枝一样，有的粗，有的细；有的繁茂，有的枯萎。"[2] 为了激发并赋予现代主义建筑活力，作为有历史和社会责任感的建筑师，贝聿铭拒绝重复和玩弄形式，植根于社会错综复杂的矛盾进程中，对所处时代和社会特征进行凝聚，同时也提炼或远或近的传统、转化其他内部和外部世界的现实，将这些化作自己的语汇。贝聿铭在专业的内部逻辑和文化的外部影响之间，在社会的考量和个人的维度之间以及在个人的独特创新和普通的常规实践之间挣脱了传统手法、流行模式的控制，为未来定义了新建筑。

贝聿铭认为"历来建筑师可以分为两类：一类是专心致志研究理论著书立说的；一类是埋头苦干承担实际设计任务的。但两类建筑师的工作都很重要，不可偏废。"[3] 而他则属于践行者而不是理论家，坚持艺术与历史相结合的创作理念，继承传统是为了汲取灵感、激发创新，使有深度的建筑能在多个层面上占据时间，创新也使传统更具活力。贝聿铭审慎、准确而

1　邓庆坦. 中国近、现代建筑历史整合研究论纲 [M]. 北京：中国建筑工业出版社，2008：9.
2　王天锡. 贝聿铭 [M]. 北京：中国建筑工业出版社，2002：10.
3　王天锡. 贝聿铭 [M]. 北京：中国建筑工业出版社，2002：4.

又敏锐地理解自己在传统中的位置，将融汇了东方精神的美学以独特的手法凝固于现代主义建筑的空间特性之中，坚持按照功能进行设计、以非对称性等建筑语言的普遍原则创造新颖空间。

技术已经使制作复杂的建筑设计成为可能，作为当代建筑领域中现代主义美学孤独的守望者，贝聿铭不依赖技术而是坚信"艺术将永远为建筑提供灵感"[1]。跟单一考虑建筑的功能关系和形式要素的设计思路不同，贝聿铭将建筑定位为一种空间美学，它的终极效果围绕建筑空间（包括周围的环境空间）的合理组织、巧妙调度与协调来实现。与自然环境和历史文脉相和谐的"必然的统一感"，将建筑的各个部分有机组合在一起，秩序井然却又充满灵气的体系，揭示了建筑本身的核心价值。体现理性设计的多样性统一整体，使贝聿铭的建筑作品高尚且具体、平淡而和谐、震撼又谦和。《纽约时报》建筑评论家赫克丝苔伯尔（Ada Louise Hextable）在评价艾弗森艺术博物馆时，称赞其审美和社会价值为"把现代艺术和现代技术集合体现于一身"，避免现代主义建筑过于刻板，过于理性的倾向，并预言"未来的美术史将会把它称为时代的建筑。"[2] 一旦超越既定风格的外部特征，就可以发现一种更为本质的延续，进而就可以用个性化的方式重新诠释现代主义建筑的"基本"价值。贝聿铭非常善于运用光线，"光一直在我的作品中扮演很重要的角色"[3]，在他的作品中光与空间的结合，使得空间变化万端。贝氏典型的空间架构天窗的中庭，光线经过透明的玻璃，投射在空间与墙体、地面上，形成光的庭院。贝氏忠实于材料的质感表现力，喜好混凝土的谦卑但高雅，注重研究挖掘它的受力特征与视觉表现力，在建筑设计中将结构与装饰融为一体，从而将对混凝土的应用推到一个新的高度。同时贝聿铭在继承现代主义建筑师的基础上充满激情地采用几何学，以三角模组丰富了几何构成空间感的复杂性，从而为流于僵化的现代主义建筑开拓了新的道路，从而更好地激励后来者去自由选择未来。

正如爱因斯坦所言，"我们时代的特征是工具完善与目标混乱。"[4] 中国的现代主义建筑发展之路，从近代建筑模式语言的社会性发生机制、建筑师群体的职业化进程、"学院式"教育研究体系、资本与权力博弈，到建筑工业体系的建立等方面无不体现出外来影响与本土建筑文化内在转变的影响因素和动力机制缺乏现代主义建筑与中国传统美学融合的策略、路径的指导和引领。改革开放以后，很多建筑师以抄袭拼凑、贪大求洋、断章取义、一知半解的态度从事建筑设计，为新奇而新奇的形式主义趋于表达

1 ［德］盖罗·冯·波姆.贝聿铭谈贝聿铭［M］.林兵译.上海：文汇出版社，2004：39.

2 贝聿铭与当代博物. https：//max.book118.com/html/2017/0104/80073307.shtm.

3 ［德］盖罗·冯·波姆.贝聿铭谈贝聿铭［M］.林兵译.上海：文汇出版社，2004：29.

4 刘先觉.现代建筑理论［M］.北京：中国建筑工业出版社，2000：1.

过分或表达不足，给城市的面貌带来严重损失。实践中的问题暴露出理论建构的不足，中国城市建设目前的状态真实地反映了我们的大众审美水平，真实地反映了部分当代建筑师的文化虚无取代意义的寻觅和深度的追求。

香山饭店是贝聿铭在祖国设计的第一件作品，他没有生搬硬套西方的现代主义风格，也没有重复中国的仿古形式，而是充分尊重香山幽静典雅的自然环境和文化因素，以钢筋混凝土结构为主，采用中国传统住宅多院落区分又联系的布局方式、灰白色基调和符号特征，在结构基础上锤炼深层的建筑空间和实体，成为中国众多庭园酒店的原型。追求"中而新，苏而新"[1]的苏州博物馆在三维空间上和香山饭店有所不同，屋顶设计上加入了体量化的斜坡，在精心组合的现代几何造型中体现了错落有致的江南特色，并且"以壁为纸，以石头为绘"[2]的诗意构造创新了山水园林。香山饭店、苏州博物馆精致、洗练的造型体现了贝聿铭把现代功能与传统审美、自然环境以及城市的延续性结合，广泛在形式和材料上体现地方和民族特色。光线、空气和景观弥漫于具有统一氛围的整体中，优雅的比例、精致的材料、谦和的色彩运用，以及在自然环境中巧妙的布局，创造出富有民族审美情趣的建筑形式和环境。贝聿铭以生动的实践案例，在不破坏现代主义建筑的理性原则下，试图厘清现代主义建筑美学的精华、普遍价值，并不注重形式而在精神上与传统美学结合，以传统丰富现代、以现代激活传统的思路，指导现代主义建筑的民族化及中国当代建筑实践走向未来。

综上所述，恰如当代建筑师西扎的警句，"建筑师什么也没有发明，他只是改造了现实。"[3]贝聿铭的建筑作品跨越了时间、空间漫长的纬度在不同的地域生长，呈现出地域性的文化特征，同时又具有当代文化的性格。贝聿铭以光线下丰富雅致的几何造型，及在建筑形式上表现出的强烈雕塑性，向人们表明，现代主义仍是有活力的，它绝不是一种机械主义，而是依然可以呈现多姿多彩的艺术形象。他创造的不是一种新的风格，而是一种具有普遍意义的风格品质，希望创造与现代社会环境、历史文脉和建造方式完全一致的建筑语汇。另一方面，他也很渴望将某种确切的普遍性赋予建筑形式，寻求的是历史上一切伟大风格所拥有的深邃、严谨和广泛适用性的建筑语言。现代主义建筑的基本语汇在他的手里具有功能和表现的双重作用。贝聿铭创作的建筑作品，作为场所的艺术，在传承中不失个性，又在项目差异中保存传统的一贯性，表明现代主义

1 徐宁，倪晓英. 贝聿铭与苏州博物馆 [M]. 苏州：古吴轩出版社，2007：17.
2 徐宁，倪晓英. 贝聿铭与苏州博物馆 [M]. 苏州：古吴轩出版社，2007：20.
3 罗小未. 外国近现代建筑史 [M]. 2 版. 北京：中国建筑工业出版社，2011：64.

建筑的遗产能够适用于新的表现性领域。在新的历史语境中，阐明贝聿铭作品的现代主义建筑要素和中国传统文化要素以及这些要素如何为整体的目标和价值服务，对中国建筑实现民族性与现代化中西合璧，形成迁想妙得、艺匠独造的传统建筑符号与现代设计语言的对撞，符合公共期待视域、能唤起传统文化审美共通感的"中国样式"提供了有效的实践案例和借鉴启示。

第二节 国内外关于贝聿铭的研究现状及趋势

一、研究现状

1. 国内研究概况

1979年贝聿铭应邀设计北京香山饭店，这是其在中国的第一件作品，是将现代建筑艺术与中国传统建筑特色相结合的精心之作，并于1984年获得美国建筑学会荣誉奖。香山饭店的成功掀起了中国建筑界对中国传统建筑与现代主义建筑结合的探索，也开启了国内对贝聿铭的持续关注与研究。

1979年10期《世界科学译刊》刊发了P.Goldberger的文章《杰出的建筑师贝聿铭》，1980年1期《世界建筑》道格拉斯·戴维斯的《贝聿铭与现代派建筑》，1980年代初《建筑学报》连续刊发系列文章——彭培根的《从贝聿铭的北京"香山饭店"设计谈现代中国建筑之路》、张钦哲的《贝聿铭谈中国建筑创作》、王天锡的《略谈锐角几何图形的建筑构图》，1982年9期《建筑工人》《誉满全球的建筑师贝聿铭》等对这位驰名全球的华裔美国建筑师进行了全方位的介绍。

从香山饭店的设计、施工一直到1982年10月建成营业，对该项目的研究、讨论持续不断，《建筑学报》《新建筑》等刊物相继推出《"合、借、透、境"及其他——小议香山饭店的室内设计》《从香山饭店探讨贝聿铭的设计思想》《香山饭店设计的得失》《从香山饭店谈我国建筑创作的现代化与民族化》等研究论文。

追随贝聿铭建筑实践的推进，国内对其新作的推介、品评几乎与其事业发展同步进行，如1984年《耸立在波士顿海滨的"纪念碑"——约翰·F·肯尼迪图书馆》、1988年《香港中国银行大厦》《贝聿铭论卢浮宫金字塔》《建筑大师贝聿铭及其最新成就》《略谈贝聿铭建筑事务所》。对贝聿铭的解读也逐渐由具体项目向其思想和创作的理念深化，如1984年1期《时代建筑》中《贝聿铭先生建筑创作思想初探》、1986年5期《建筑施工》中邓宝其的《建筑艺术中存在着推陈出新的无限可能性——介绍贝聿铭建筑设计哲学思想》、陈炜的《谈贝聿铭建筑艺术的独特性》、王建柱的《贝聿铭：飞翔在两个世界之间》、黄海峰的《东西方文化的交融 传统与现代的共生——贝聿铭建筑哲学思想及作品诠析》、余玮的《寻求建筑和艺术的和谐统一——世界著名建筑大师贝聿铭的设计人生》、勒士维的《协调，不仅只是形式——从贝聿铭的实证与深层心理结构探讨现代建筑表现概念》等文章，从建筑的社会艺术观、多元因素和环境观、空间和形式的综合观等方面对贝聿铭现代主义建筑的原则和文化内涵方面进行了阐述。

又如谢勇的《浅析贝聿铭建筑设计中光环境与空间营造》、毛开宇的《从香山饭店到玻璃金字塔——贝聿铭建筑创作的两种创新》、曹昊的《贝聿铭建筑设计中三角形符号的文化探索》，以及《造景——解读雕塑与贝聿铭建筑的关系》《解读贝聿铭建筑中的窗饰艺术——以香山饭店和苏州博物馆新馆为例》《浅析建筑"中庭"空间营造手法——以贝聿铭的建筑作品为例》《解析贝聿铭建筑作品的空间文脉传承关系》，从建筑创作手法视角出发，对其设计案例的研究与分析，尝试从某一具体、独特的形式属性去认识、理解这位大师的建筑设计理念，所表现的方法的探索和地域文化特征，力求可以深层次地解读贝聿铭作品的内在逻辑。

研究贝聿铭的专著也陆续出版：1990 年王天锡著《贝聿铭》，以《贝聿铭的成功之路》一文简略概括贝聿铭的建筑创作生涯，一方面展示他所取得的成就，另一方面探索他之所以获得成功的关键。书中介绍了贝氏建筑作品实例 46 个，文中大量图照不仅提供了一些建设细节的处理，而且生动体现贝聿铭从环境出发确定建筑构图原则的基本观念。书中还记录了贝氏的演讲和接受采访的谈话数篇，并附有包括格罗皮乌斯在内的建筑大师和理论家们对贝氏的评论以及贝聿铭传略。还包括贝聿铭建筑事务所简介和事务所建筑作品一览表、获奖作品一览表等资料。

我国台湾《建筑师杂志》主编黄健敏，1996 年、1997 年相继推出《贝聿铭的艺术世界》和《阅读贝聿铭》。前者以贝聿铭最著名、擅长的美术馆设计为主线，介绍大师的发展轨迹及其设计的艾弗森美术馆、得梅因艺术中心、康奈尔大学约翰逊美术馆、美国国家美术馆东馆、巴黎卢浮宫金字塔、达拉斯莫顿·梅尔森交响乐中心，还包括贝聿铭的设计建筑物中预先设计、安置的艺术品。后者汇集了贝聿铭研究中文资料内的一些关键文章，以中国人看中国人的观点阅读贝聿铭。分以其人、其作与其书三篇，呈现大师早年对现代建筑的观点。透过东海大学建筑系主任陈其宽、北京市建筑设计研究院顾类、台湾大学建筑系吴金镛、美国纽约州立大学水牛城分校建筑研究所陈惠民等不同背景作者的笔，更进一步迈入贝聿铭多元的艺术世界。

2004 年华语电视史上第一次全景式记录全球顶尖华人的大型纪录片《华人纵横天下》，制作了《贝聿铭》专辑。以卢浮宫改建计划、贝聿铭雀屏中选、和密特朗的危险关系、法国人群情哗然、危机公关、出人意料的惊喜、会发光的金字塔为线索，通过巴黎民众对卢浮宫改建的反对声浪以及波士顿保险公司建筑大楼窗户纷纷跌落街头的灾难事件等职业生涯中的重大事件，带领观众去接近、触摸这一个性格迥异又极具魅力的人物，丈量建筑与权力，移民和同化的心路历程、思想轨道与情感世界。表现贝聿铭以美国式的奔放和中国化的收敛，成就了自己，也成就了一个时代的建筑。感受和领悟贝氏不借助过度装饰或历史的陈词滥调创造出的绝妙的公共空间，揭示他的建筑冲破藩篱和整个时代，对当代生活及文化变迁所施加的影响。

2007 年由徐宁、倪晓英所著《贝聿铭与苏州博物馆》一书，以图文相间的形式，详尽记录了建筑大师贝聿铭先生在晚年接受挑战，亲自为故乡苏州设计苏州博物馆新馆的全部过程。该书认为苏州博物馆本身就是一件艺术品。贝聿铭赋予历史街区以新的生命，并以建筑艺术的方式，完美拉近了他与故乡苏州之间业已逝远了的时间距离。他的赤子情怀、他的创新理念、他的卓越智慧，将伴随这座精美的传世之作，永远留在故乡，留在故乡人民心中。

2008 年廖小东著《贝聿铭传》揭示了这位举世知名的杰出华人建筑师的生活道路和事业成功的奥秘。以引人入胜的文笔深入揭示了 20 世纪最重要的建筑师之一、举世知名的杰出华人贝聿铭深湛、独到的现代主义建筑艺术与非凡的个人魅力、社交艺术。

2014 年张一苇编著的《神秘的东方贵族：贝聿铭和他的家族》，对吴中大家族贝氏的家族谱系和重点人物作了俯瞰式的梳理和由点带面式的介绍。因涉及的贝族人物谱系较为繁杂，从国内到海外都有，作者筚路蓝缕，精心采访、查询和搜集，终于有条理地将贝族人物谱系作了科学而规范的梳理，并对由于历史事件而发生的人物命运的变化作了点睛评述，读来既有历史感又有一定的趣味性。揭示了这个祖籍在苏州、成长在上海、成功于纽约的当代建筑大师的一生，他的艺术修养横贯中西两个世界。

91 岁高龄的贝聿铭 2008 年创造出涵盖伊斯兰建筑精华的建筑博物馆，把凝聚自己一生勇气和智慧的封笔之作留给了这座大型文化建筑。随着建筑创作的完结，对贝聿铭的研究也步入全面总结和体系化时期。2013 年战风云的硕士论文《现代主义建筑中东方文化的渗透 ——贝聿铭等大师的作品剖析与启迪》，阐述了贝聿铭的建筑作品体现出现代主义由开始的功能至上、追求单纯的形式感，而演变为一种富有地域文化特色的新时代建筑，指出他的作品将现代与传统完美地结合在一起，体现出一种现代而又富含东方传统神秘的新时代建筑韵味。论文试图通过对东方文化在现代主义建筑中的渗透展开分析，通过对世界著名建筑大师贝聿铭及其作品的剖析，寻求东方文化与现代主义建筑之间的契合点，并对未来建筑室内设计的发展进行了一些大胆的探索。

中央美术学院刘彦鹏的论文《论"留白"在贝聿铭建筑作品中的隐现》，认为贝聿铭的很多建筑作品直接渗透着传统文化对他的影响，文章站在新的研究视角来论述"留白"在他建筑作品中的隐现，采用哲学、视知觉和心理学方面的知识对留白的历史渊源和审美价值加以梳理，并研究归纳出留白在建筑设计中的一般存在形式。然后以贝聿铭的具体代表作品为实例，分析研究了留白思想在他的中国园林式建筑和西方现代建筑中的隐现。最后论述了留白思想在贝聿铭作品中的价值体现。解读贝聿铭建筑作品中的留白文化，使我们从一个侧面理解了大师的创作意图和体现在其作品中的东西方文化异同。

王中田的《现代性的转化 —— 贝聿铭的三个中国建筑分析》，认为中国传统建筑的精髓主要在于墙与庭院，通过对贝聿铭读书时期设计的上海艺术博物馆、20世纪80年代初设计的香山饭店和21世纪初设计的苏州博物馆3个中国现代建筑的分析，揭示他在设计这些建筑时的思想与手法。通过对比分析，探索贝聿铭的价值与意义，同时也为继续探索中国现代性建筑指出了方向。杨乔娴的《中国现代建筑的民族性表达 ——以苏州博物馆新馆为例》，对苏州博物馆新馆从中国现代建筑民族性表达的角度进行剖析，对新馆作为现代建筑彰显其民族性特征的两种手法进行分析：一是寓现代的建筑材料和几何造型于中国传统建筑的"土木结构"形式，具体表现在采用群体化布局、大屋顶、庭院、墙体等元素；二是寓现代建筑空间于中国传统建筑元素，具体体现为用庭院、厅堂等传统建筑元素构建"透明性"空间。并从思想和教育的高度对贝聿铭将现代性和民族性成功结合的原因进行了分析。

蓝志杰的《安藤忠雄与贝聿铭建筑作品分析与比较研究》，以安藤忠雄和贝聿铭为研究对象，他们分别于1995年和1983年获得普利兹克奖，都成长于东方文化背景下，均追随过第一代建筑大师：勒·柯布西耶与密斯·凡·德·罗。两人都将本民族文化精神与现代主义建筑结合起来，形成了各自鲜明的建筑风格。论文采用计算机建模和图形来分析大师作品，比较了两人作品中的个性元素，剖析了这些个性元素背后深层次的文化内涵，得出结论——安藤忠雄与贝聿铭均吸收了本民族的美学观，融合了中、日园林设计手法，继承了传统建筑的精神内涵，在不沿用传统建筑形式与材料的情况下，用混凝土、玻璃、钢材等现代建筑材料，塑造了丰富的几何形体。本研究对丰富建筑设计手法、了解大师创作思路、体会东方文化内涵有积极的指导作用，对传统建筑的继承方式有极大的启示作用，对树立民族文化自尊有促进作用。

随着研究的深入和细化，受西方"坚持全部造型性手工艺（包括建筑在内）都和比较精致的各种再现性艺术共同具有象征价值"[1]的影响，对贝聿铭建筑作品的研究也逐渐溢出了建筑学领域，成为文艺学、美学研究的对象。张慧《从我国建筑艺术的发展看中国艺术的现代性特征——以贝聿铭国内建筑为例》，探讨西方的艺术思想对中国艺术界产生的巨大冲击和西方现代艺术对中国艺术的影响。方四文的《探讨贝聿铭设计作品中的个性符号》挖掘贝聿铭设计作品中的菱形、三角形以及圆形等设计元素的运用，以及如何将既富有传统文化内涵又具有现代感的设计元素，转化为自己作品中的个性化表现符号。吴冠中在1985年4期《文艺研究》发表《香山思绪——绘事随笔》，阐明贝聿铭对中国传统绘画的吸取。

比较有代表性的是武汉大学王娟的博士论文《贝聿铭的建筑美学思想》，选取马克思主义哲学和美学观点作为立论的基础，将美看作对象化了的人与人之间相同的情感，和对象化了的自由本质。探讨了著名华裔美籍建筑师贝聿铭所设计的建筑的功能技术之美、空间之美、与环境和谐之美、传统文化之美。但将贝聿铭的建筑美学思想脱离现代主义建筑发展历史的宏大背景，对其作品按照单一视角进行孤立地解读，不足以体现贝聿铭建筑美学思想的形成与发展及其在现代主义建筑历史上的独特性和价值所在。

对贝聿铭建筑作品"去背景"化的解读，凸显了国内对现代主义建筑美学研究的薄弱、贫瘠，因为从传统形态向现代形态过渡中，现代主义建筑对中国来说始终是十足的舶来品，缺乏对现代主义建筑有效的创造性和批评性的话语体系。2004年同济大学罗小未主编的《外国近现代建筑史》，作为国内建筑院校学习西方现代建筑及当代各种建筑思潮的主导性教材，客观呈现了国外自18世纪中叶工业革命以来两百余年的建筑历史的重大事件，深入挖掘隐藏在丰富的历史现象后面的思想内容和意识，试图还原世界现代主义建筑发展和演变的整体图景。该书将贝聿铭定性为擅长于设计高层办公楼、研究中心和文化中心的一位杰出的第二代建筑师，认为他"形成了自己的善于运用钢筋混凝土，独特地表现房屋的容量与空间的风格"[2]。

同济大学万书元教授著《当代西方建筑美学新潮》，把西方当代建筑美学归纳为四种美学风格：历史主义美学、新现代主义美学、技术主义美

---

1 [英] B·鲍桑葵. 美学史 [M]. 张令译. 北京: 中国人民大学出版社, 2010: 407.
2 罗小未. 外国近现代建筑史 [M]. 2版. 北京: 中国建筑工业出版社, 2011: 313.

学和有机主义美学。认为贝聿铭属于新现代主义建筑美学的代表人物之一。万书元指出，新现代主义同现代主义美学有着一定的血缘关系，是一种雅化的现代主义，或者一种造反的、叛逆的现代主义。有着与现代主义美学类似的抽象和纯净，很少装饰，也很少表现或营造文化情境。新现代主义建筑基本是沿着两条线索发展：一条是迈耶、贝聿铭、安藤忠雄等雅化的现代主义；一条是以筱原一男、高松伸等为代表的偏重机器美学的新现代主义。他们的共性是，继承现代主义反装饰的纯净美学，发展现代主义几何构成和抽象方法。对现代机器文明表现出一种积极向上的乐观态度。区别是，端庄秀丽的迈耶和贝聿铭更典雅，更富有文化内涵，对机器文明虽然抱着一种相当开放的态度，在作品中却很少表现出技术或机器的兴趣，是富有个性的极端艺术化的现代主义。其作品包含强烈的个性意识、创造意识以及文化意识，思想中包含强烈的自主意识、浓厚的时代精神以及永不满足的探索精神。万书元教授的研究具有宏阔的历史视野和精微美学辨析，但囿于篇幅所限，将贝聿铭作为当代西方建筑美学思潮一个分支的代表人物，不能对贝聿铭建筑美学思想的渊源、发展阶段和自身特性，进行全面、详细地梳理和阐释。

贺承军的著作《建筑：现代性、反现代与形而上学》，基于现代建筑的危机，从建筑学和思想史更深更广泛的关系角度，反思"现代性"与"反现代性"这种变化的种种形象和根据，探讨西方建筑意义不变的因素和建筑师作为知识分子在现代社会发生的作用。天津大学范东晖的博士论文《建筑·审美·现代性 ——现代性张力中的建筑美学谱系》，把"现代性"作为一个文化乃至哲学概念，看作对自文艺复兴、启蒙运动以来的社会及文化变迁的概括，论文在综述一系列与建筑及美学相关的现代性概念范畴的基础上，以"现代性张力"为切入点对现代（性）建筑中的审美现代性问题进行了系统的理论研究，试图厘清现代（性）建筑在美学上的发展轨迹，为现、当代建筑问题的考察提供批判性视野。研究将关注点放在贝聿铭等设计的处于19～20世纪之交的建筑，分析了建筑从"现实主义"向"现代主义"发展的必然性，指出建筑对审美救赎的追求是这一转向的内在动力。同时为20世纪之后的现代（与后现代）建筑建立一个审美现代性的谱系，并对它们各自的审美现代性特征进行了比较。该研究将贝聿铭某一时间段的建筑创作作为建筑从"现实主义"向"现代主义"发展的例证，而非聚焦于贝聿铭建筑创作历程和审美特性。

根据人文社会科学领域文献计量学方法，国内关于贝聿铭的研究词频分析如图1所示。

前20名高频词及其频次				
排名	词汇	频次	排名	词汇	频次
1	建筑	55	11	卢浮宫	11
2	艺术	52	12	美学	9
3	苏州博物馆	33	13	伊斯兰	9
4	文化	17	14	传统元素	8
5	金字塔	15	15	光影	8
6	玻璃	14	16	香山饭店	8
7	环境	14	17	几何	7
8	传统文化	13	18	园林	7
9	符号	12	19	创新	7
10	现代主义	12	20	风格	6

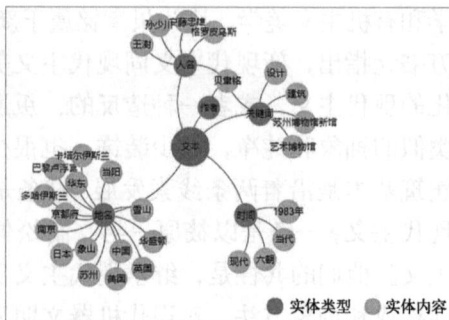

（a）前20名高频词及其频次　　　　　　（b）实体抽取分析图

图1　国内关于贝聿铭的研究词频

由此可见，自20世纪70年代末至今，贝聿铭始终是建筑领域关注和研究的热点。由最初的成名作品、人生经历的简介，对其建筑创作的实时追踪，到建筑思想、创作手法、美学特色和家族人生、文化基因的探寻，研究的视角逐渐超越了建筑历史、建筑理论和建筑设计领域，向更宽广的美学、社会学和文化比较发展。相对于研究的数量庞大，研究的深度和质量差强人意。要么仅仅选取贝聿铭的单一作品或某一类型的建筑作品作为分析对象，缺乏对其创作生涯长远而全面的历史梳理；要么聚焦于贝聿铭设计在香山饭店、苏州博物馆上的创新，任意夸大其建筑的民族特色，忽视了贝聿铭建筑的现代主义美学本质。要么脱离贝聿铭独特的人生经历和自觉的美学追求，强调贝氏的现代主义特色，至于他对现代主义建筑的创新和发展言之不详。要么把贝聿铭与格罗皮乌斯、勒·柯布西耶、密斯·凡·德·罗、弗兰克·劳埃德·赖特、阿尔瓦·阿尔多、山崎实、安藤忠雄等现代主义大师做单一的对比，缺乏将之作为统一称号下的群体进行参照的全景式历史视野和不同层面相平行、相交叉或相背离的流派解析，足见国内对建筑美学理论和创作理念的研究相对比较薄弱，对现代主义建筑美学理论与实践问题的反思极为苍白，建立现代主义建筑的审美谱系、探讨现代主义建筑美学中的中国特色更无从谈起。

2. 国外研究概况

波士顿的肯尼迪图书馆和华盛顿特区的国家美术馆等重要作品让贝聿铭在美国早已家喻户晓。法国改建卢浮宫引起的巨大争议和戏剧性的成功反转，使贝聿铭闻名世界。随后他的作品传至中国、日本、新加坡、卢森堡、德国和卡塔尔。《生活》（LIFE）、《时代》（TIME）、《新闻周刊》（News Week）、《时尚》（Voge）等媒体无不争相报道贝聿铭及其作品。

1973年美国Architecture Plus第一次以专辑的形式介绍贝聿铭的作品。

1976 年日本《A+U》杂志也为贝聿铭制作了内容充实的专辑，1982 年日本《空间设计》杂志（Space Design）再次发行贝氏专辑，介绍更加深入。1987 年美国《建筑纪事》（Architectural Record）以美国国家美术馆东馆为封面，1988 年美国《时尚先生》（Espuire）中文版于秋季在我国香港发行，创刊号封面人物就是贝聿铭。美国《前卫建筑杂志》（Avant-garde Architecture）读者意见调查，贝氏被评为最有影响力的建筑师。1990 年美国建筑师学会刊物《建筑》（Architecture）于 2 月刊出《贝聿铭、考伯、弗里德联合事务所作品分享》（Pei，Cobb，Freed&Partners Portfolio），同年卡特·威斯曼（Carter Wiseman）所著的《贝聿铭——在美国建筑界的简况》（I.M.Pei——A Profile in American Architecture）一书问世，此乃第一本有关贝氏的英文专著。此书高度评价了贝聿铭，认为"他设计了 20 世纪一些最优美和有影响的建筑[1]"，比如美国国家美术馆东馆、北京香山饭店、中国香港中银大厦等，包括大胆并且富有戏剧性反转影响的卢浮宫金字塔，赢得了建筑领域所有重要的大奖，从而在艺术和事业领域成就了自己作为亚裔移民的个人传奇经历。作为第一本全面研究贝聿铭生平和创作的英文专著，作者对贝聿铭及其家人、同事进行了大量的访谈，将研究的重点聚焦在与贝聿铭事业发展息息相关的 12 件作品上，从建筑学、社会学和个人因素方面进行了仔细考察。通过大量的手绘、设计图纸和模型，解读贝氏的作品具有的丰富多样性和令人印象深刻的视觉效果。作者非常关注贝聿铭作为一名杰出的建筑师如何通过事务所的集体运作获得事业上和美学上的成功。强调贝聿铭师从格罗皮乌斯和布劳耶的思想渊源，及柯布西耶、密斯和康对他的深刻影响，强调对现代主义建筑美学的坚持，使他在后现代主义、解构主义的浪潮中独树一帜，成为晚期现代主义的代表。认为贝氏的作品虽然不是革命性的建筑，但高度重视使用者对建筑的体验和场所环境所蕴含的文脉。作者驳斥了批评界对贝氏作品的片面解读，赞赏美国国家美术馆东馆对几何形体的创造性应用，卢浮宫金字塔对永恒的形式和现代科技的结合，中国香港中银大厦对高层建筑的重新定义。

　　1995 年 11 月美国麦克·坎奈尔（Michael Cannell）关于贝聿铭生平的传记《贝聿铭——现代主义泰斗》（I.M.Pei Mandarin of Modernism）在全美各大都市书店上架，1996 年中文译本在我国台湾出版。坎奈尔的新闻背景，使他能够获得许多第一手的资料，以旁征博引、引人入胜的故事，聚焦贝聿铭在西方的建筑作品。

　　作为建筑师贝聿铭一向希望世人通过他的建筑了解他，2005 年德国波

1　Wiseman，C. I. M. Pei：A Profile in American Architecture[M]. New York：Harry N. Abrams，Inc.，1990：13.

姆（Gero von Boehm）著《贝聿铭谈贝聿铭》（Conversations with I.M.Pei）这本书，是贝聿铭首次从家庭背景、上海年代和早期影响、建筑与音乐的关系、美国的建筑教育、卢浮宫的挑战、中国香港中银大厦、贝聿铭的中国情怀等不同的角度，详细地谈论他受到的影响、建筑思想、设计与风格，揭示"贝聿铭的建筑独特地反映了欧亚两大传统交融产生的新美学标准——永恒的石材和玻璃。[1]"

2008 年作为唯一由贝聿铭办公室授权的，以时间为序、全面介绍研究建筑大师贝聿铭 70 多年建筑创作的专著《贝聿铭全集》（I.M.Pei Complete Works），由法国艺术期刊《艺术知识》（Connaissancedes Arts）总编菲利普·朱迪狄欧（Philip Jodidio）和建筑历史学家、布朗大学博士珍妮特·亚当斯·斯特朗（Janet Adams Strong）共同编写。《贝聿铭全集》以其最著名并广受赞誉的卢浮宫作为焦点，通过构思草图、设计图、效果图并结合背景文字资料，展示了贝聿铭一众卓越的雕塑感造型作品。这本全集专注于贝聿铭本人最感兴趣并直接负责的作品——纽约圆形螺旋公寓、亚特兰大海湾石油公司办公大楼、纽约齐氏威奈公司、丹佛里高中心、华盛顿哥伦比亚特区华盛顿西南区城市重建项目、纽约中央车站双曲面大楼、基普斯湾广场、我国台湾的路思义纪念教堂、费城社会山项目、麻省理工学院，以更好地展现大师的巨大影响力。而珍妮特·亚当斯·斯特朗曾在贝聿铭及合伙人建筑事务所任沟通总监，对于贝聿铭及其作品有着独到的内部视角和见解。

2010 年 Louise Chipley Slavericek 在 ASIAN AMERICANS OF ACHIEVEMENT 系列中推出了传记《贝聿铭》，以法老金字塔、中国的根、求学美国、开始从业、名声初创、两项成就、回到中国、繁忙的退休时光、步入 21 世纪为纲领，回顾介绍了贝聿铭的人生经历和事业发展，将美国国家美术馆东馆和卢浮宫金字塔看作他最突出的成就。

2011 年吉尔·鲁瓦尔卡瓦（Jill Rubalcaba）所著的《贝聿铭——时间、场所和实用的建筑师》（I.M.Pei——Architect of Time, Place, and Purpose），回顾了贝聿铭在中国早期的生活、来到美国、从事房地产开发设计师的经历，列举了美国国家大气研究中心、肯尼迪图书馆、美国国家美术馆东馆、北京香山饭店、中国香港中银大厦、法国卢浮宫金字塔、日本美秀博物馆等建筑的创作过程，阐释了贝氏对建筑场精神的挖掘，对光线的重视和应用，对钢结构技术的掌控，把时间、场所和实用看作贝氏建筑决定性的因素。推崇他以现代主义建筑的形式对建筑永恒精髓的体现，对历史建筑风格的重新表达。

1　[德] 盖罗·冯·波姆，贝聿铭谈贝聿铭 [M]．林兵译．上海：汇文出版社，2004：1．

英国历史学家、批评家和作家 William J.R.Curtis 的《20 世纪世界建筑史》（Modern Architecture since 1990），是 20 世纪建筑理论的标杆性著作，1997 年获得美国建筑师协会颁发的建筑图书奖（Architecture Book Prize）。作者以长远的历史眼光，将现代建筑与各种更早的传统联系起来，展示了那些不朽的原则如何被持续演绎。在视野上具有真正的全球性，并把现代建筑传统的总体发展历程和对建筑个案的精湛分析与解读，在论述中完美地融合在一起。作者采用一种整体的方式，融合了实践、美学和社会等多个维度——但是其重点仍然是在艺术的形式与象征层面。作者认为现代建筑以多种多样的面貌呈现，继续坚守着对社会变迁的承诺。并高度评价贝聿铭新文脉下恰当的建筑形式，适应新的气候、文化、信仰、技术以及建筑传统，提供给人灵感。

美国洛杉矶大都会区的艺术中心设计学院教授、美籍华人王受之所著《世界现代建筑史》（A History of Modern Architecture），重在揭示了现代主义建筑形式变化的内在动力和社会根源，将现代建筑史分为现代主义建筑（20 世纪 20 ~ 50 年代）—"国际式"风格和其他（粗野主义、典雅主义、有机功能主义）相关风格（20 世纪 50 ~ 70 年代）—后现代主义、高科技风格（20 世纪 70 ~ 80 年代）—解构主义和其他现代主义之后的风格（20 世纪 80 年代至今），完整和清晰勾勒出 19 世纪到 20 世纪世界现代建筑发展脉络和轨迹，深入阐述和讨论了历史发展、理论体系分析、建筑家、建筑流派等。将贝聿铭与山崎实等一起归入典雅主义，认为他的创作讲究结构精细、典雅的细节处理，属于"国际式"风格流派分支，建筑表面处理简单但是干净、利落、精致。指出这个流派在"国际式"基础上对细节进行的典雅处理，改变了"国际式"风格单调、刻板的面貌，赋予现代建筑典雅的形式，并在 20 世纪八九十年代继续发展。

日本学者秋元馨的《现代建筑文脉主义》一书，认为在现代主义以后的建筑设计主流中，体现的就是对文脉和文脉主义的重视。指出相对于现代主义特别是国际样式的建筑所表现出的那种明显的"单一性"和"普遍性"而言，后现代主义提倡"多样性"和"历史性"的观点。原来回避历史记忆和已经习惯了现代主义建筑形态要素的状况，发生了较大的变化因而出现了一段肤浅的、被视为折中形式思潮的时期。秋元馨把贝聿铭定位于文脉主义，强调他对物理文脉的重视。认为贝聿铭设计的华盛顿国家美术馆东馆，不仅体现了纪念性风格，而且与具有古典样式的美国国会的圆形屋顶交相辉映。

与专著的大而全不同，关于贝聿铭的研究论文多以某一件或某一类型建筑作为研究对象。1991 年美国彼得·布莱克（Peter Blake）在著名杂志《建筑实录》（Architectural Record）上，以《扩展新的高度》（Scaling New

Height）为题，对贝聿铭设计的中国香港中银大厦进行了介绍评价。把这座当时亚洲最高的建筑誉为密斯的西格拉姆大厦之后30年最优雅的高层建筑，认为它设定了新的结构标准。中国传统文化"竹子节节高"的寓意给予建筑的灵感，虽然三角形的造型使建筑在使用上有些受限，但成功使一座商业建筑成为艺术品。汤马斯·施瓦兹（Thomas A Schwartz）等在《汉考夫大厦玻璃幕墙的失败——解开迷雾》（The John Hancock Tower Glass Failure——Debunking the Myths）一文中，从这座当时最大的玻璃外表面建筑所遭遇的受人瞩目的失败入手，以技术角度分析了材料、结构、受力等各方面的原因，同时指出在建筑领域要有新的突破和革新，这种失败是必由之路。1993年142期《时代周刊》发表桑克顿·托马斯（Sancton Thomas）和伊夫里·本杰明（Ivry Benjamin）《贝的卢浮宫艺术》（Pei's Palace of Art），认为卢浮宫金字塔是历史性的革新，带来了光线和连接。

也有的研究从设计思想、设计手法和人生经历切入：威斯康星麦迪逊大学城市与环境工程学院的W.B.斯托夫（W.B.Stouffer）等人联合发表的文章《让陌生熟悉：创造力和未来的工程教育》（Making the Strange Familiar：Creativity and the Future of Engineering Education），赞誉贝聿铭与弗兰克·盖瑞（Frank Gehry）、圣地亚哥·卡拉特拉瓦（Santiago Calatrava）等明星建筑师，如同充满创造力的梦想家，达到了设计柔性和审美的一面。1995年98期《科技评论》（Technology Review）刊登了对贝聿铭的访谈《贝聿铭：对科技和艺术的感觉》（I.M.Pei：A Leeling for Technology and Art），涉及科技在其作品中的地位、职业生涯、教育背景、所获荣誉、建筑作品、在建筑领域的机会和发展等主要内容。指出对细节的精益求精，使贝聿铭实现了科技和艺术的完美结合。在英国谢菲尔德哈勒姆大学（Sheffield Hallam University）2008年举行的程序设计研究学术会议上，Hall Jon G和Rapanotti Lucia提交的论文《自然设计的规范》（The Discipline of Nature Design），以卢浮宫金字塔作为成功案例，说明建筑设计如何在各种限制性因素中实现与建筑场所文脉的和谐，达到更高层次的秩序统一。2010年231期《建筑师杂志》（Architects' Journal）戴茨（Deitz Paula）的《贝聿铭：一生在建筑中》（IM Pei：A Life in Architecture），对刚刚荣获英国皇家建筑师奖的贝聿铭，进行了传记式介绍。认为他把现代主义的几何造型与对建筑环境、历史文脉的敏锐相结合，从历史中创造出未来的建筑。

其中也不乏中国留学生或国内学者提交国际学术会议的论文，如英国格拉摩根大学Erica Liu《中国建筑师的乐园（1984年之前）：问题和建议》（The Architectural Fairyland of China（1984 onward）：Problems and Recommendations）指出，过去中国缺乏对现代主义建筑清晰的演绎。在全球化背景下，受贝聿铭、约翰·C.波特曼（John C.Portman）、芦原义信（Yoshinobu）等国际知名建筑师的影响，开启了多元的、富有创造力的建筑实验。贝聿铭及其子设计的中国银行北京总部在传统与现代之间，实现了"追寻身份"与"寻求发展"的平衡。在中国有一些建筑师"急不可耐"地向西方吸收灵感的时候，贝聿铭等大师却在强调那些根植于这个国家的、与众不同的东西，引导本土的建筑师从不同的角度欣赏本国的建筑传统。贝聿铭的香山饭店创造了中国传统与现代结构的和谐，采用灌木、屏风和空白强调了比例、自然和几何。中国香港中银大厦将反光玻璃和铝合金造就的水晶体般的视觉效果与中国传统建筑纯净的几何形体、拱门、灯笼柱、侧面宽阔步道、带鱼池和叠水的三角形花园等相结合。武汉理工大学艺术设计学院王刚《全球化背景下文化艺术的地方化研究》（Culture and Art Location Research in Globalization Background）认为，格罗皮乌斯在包豪斯开展的设计运动，在其到达美国后逐渐演变为国际式，贝聿铭在哈佛大学读书时，与格罗皮乌斯的设计理念的分歧，代表了当代全球化与地方化之间的冲突。黄石理工学院艺术系陈叶磊《经典艺术与现代艺术的结合——贝聿铭在建筑中对苏州园林因素的运用》（The Combination of Classical Art and Modern Art——on the Use of the Elements of Suzhou Garderns in the Architecture by Ieoh Ming Pei），分析贝聿铭设计的北京香山饭店、日本美秀博物馆、苏州博物馆在总体布局及山水、亭台、廊庑、小桥的设置都体现了传统苏州园林的特色，将建筑融于自然。

总之，正如"布尔迪厄深刻地指出，真正的艺术价值并不是直接由艺术家创造出来的，而是由种种体制所创造的对艺术家的崇拜和信念所造成的[1]"，贝聿铭并非受到举世的推崇，国外对贝聿铭的研究相对于国内而言冷落了很多。第二次世界大战以后发轫于欧洲的现代主义建筑的中心转移到美国，格罗皮乌斯、勒·柯布西耶、密斯·凡·德·罗等齐聚美国，还有美国本土的建筑师弗兰克·劳埃德·赖特，可谓大师云集、群星璀璨。对于贝聿铭来说，"也许没有领导美国建筑师的先锋派，但在先锋派阵容发生变化以后，他将以其非凡的才能和不容置疑的正直继续创作出可列为美国最好的建筑[2]"。即使美国国家美术馆东馆和卢浮宫，确保了他的名字会超越很多同时代的建筑师而长远流芳，但贝聿铭无法得到第一代现代主义大师作为潮流创造者所达到的至高无上的地位。在第一代现代主义大师的光芒掩映下，批评界对埋头建筑设计而无理论建树的实践型建筑师贝聿铭的关注自然不可与英雄般的"先锋派"同日而语，

1　周宪.审美现代性批判[M].北京：商务印书馆，2005：261.
2　王天锡.贝聿铭[M].北京：中国建筑工业出版社，2002：261.

将之定位为一个整合者，而非先驱。

此外，贝聿铭一生的 50 多件作品"无一例外"地与金钱、权力和政治纠结在一起，其亚裔移民身份，以及与政府官员的关系使其在美国人眼中长袖善舞、左右逢源的商人形象大于建筑艺术家。这种文化和身份的偏见，某种程度上也削弱了对贝聿铭的研究和评价，且大部分研究以人物纪传体、作品编年史、记者访谈的形式，缺乏理论的深度，或将其作为建筑史中的一个从属地位的支系代表一笔带过，而对贝聿铭避免形式乏味，力图弥合美和理性、形式和功能之间的裂痕，在美学上对现代主义建筑的提升和发展的贡献言之不详、着墨不多。

二、研究趋势

20 世纪建筑界最有影响力的现代主义运动，兴起于欧洲，而第二次世界大战后通过美国传播到全世界，成为影响人类物质文明的重要设计活动。现代主义建筑作为一种思潮和某些流行的手法，在形式历史上构成了一次重要的革命，直接影响着建筑创作的方向，也使得一些集合住宅、超高层商业建筑等基本的类型和真实性、流动性、几何性、通用性等理念获得新的阐释。

20 世纪 50 年代后，现代主义建筑在 20 世纪二三十年代鲜明的个性特色在大量的简单复制、沿用传抄中陷入虚假的功能主义的束缚，逐渐走向教条和僵化。在 1956 年现代建筑国际协会（CIAM）第十次会议上，筹备会议的、被誉为"十次小组"（Team X）的青年建筑师"宣称要'反对机器秩序的概念'、建筑师的创作'要有个性、特征及明确的表达意图'，要注重建筑的'精神功能'"[1]，抓住建筑现实中的危机，动摇了现代主义建筑片面强调纯净的建筑语言的基本观点，预示着建筑仅仅受到功能、形式、经济这三个方面约束的实用主义道路已经结束，建筑思想与设计方法同时受到美学、语言学、哲学、社会学、伦理学的多元影响，其中影响最大的研究趋势如下。

1. 建筑美学

建筑并非自古以来就被视为艺术，但作为有意识的创造活动，建筑是"按照美的规律来塑造"[2]，因此自 18 世纪美学诞生以来，建筑都成为美学著作中的重要议题之一。众所周知，1750 年鲍姆嘉通（Baumgarten）的未竟著作《美学》（Aesthetica），将美学定义为感性认知的科学，致力于建立

---

1 刘先觉. 现代建筑理论 [M]. 北京：中国建筑工业出版社，2000：1.

2 马克思. 1844 年经济学—哲学手稿 [M]. 刘丕坤译. 北京：中国出版集团研究出版社，2021：51.

指导审美判断的准则。并指出"'普遍的感性认识之美'存在于三个方面，首先是'思想的和谐'，其次'在于秩序和序列的和谐'，最后，'在于表达方式自身之间的一致性，以及表达方式与秩序的一致，表达方式与事物的一致'。[1]"因此美不能还原为知觉形式或意义内容的单一维度，成功的艺术作品通过其形式、内容、材料或表达方式来使我们愉悦。

德国古典美学奠基人康德，继承了鲍姆嘉通把美基于情感的说法，把形式主义和情感论扩展为自己的美学体系，从本质上为德国哲学和美学奠定了智性基础。康德不是孤立地谈论美学问题，而是将其作为自己哲学体系的必然构成。认为审美判断是与情感相关的形式的主观合目的性判断，美的产生"无目的的合目的性"是事物的形式合乎了人的某种主观目的，而令人得以情感满足的结果。其从质、量、关系、情状四个方面分析了审美活动及美感本身的特点。康德把美分为自由美和附庸美，自由美又叫纯粹美、形式美，即与功利无关、不以概念为前提的美；附庸美又叫依存美，是以对象的完美性概念为前提的，文学艺术属于附庸美。康德高度推崇自由美，却又认为附庸美更能体现人的理想。"这样的一个判断就是关于对象的合目的性的审美判断，它并不建基于任何现成的对象概念之上，也不提供一个这样的概念。[2]"康德认为艺术美是审美观念的表现、是想象力的创造物，"合目的的形式"是想象力和理解力处在一种和谐的关系中。康德把雕塑和建筑归于造型艺术，即塑形的艺术，认为建筑的"形式不是把自然，而是把一个任意的目的当作其规定根据，这种体现在这个意图上的同时也是在审美上合乎目的的"。[3]在康德看来，建筑只有自由地表现自己的时候才可能产生美，但由于建筑始终存在功能性的评价，建筑必须既是美的，又是实用的，因此对于建筑艺术的评价难以达到那种可在其他艺术形式中找到的纯粹的境界。

歌德的《论德意志建筑艺术》被誉为 18 世纪最深刻的美学论文之一，为哥特式建筑正名，热情讴歌了斯特拉斯堡大教堂有别于希腊罗马的建筑风格是德意志精神的集中表现，表达了对文艺复兴瓦萨里在《意大利艺苑名人传》中将哥特式看作北方野蛮、粗俗、衰弱表现的批评以及对新古典主义和巴洛克追求典雅、圆润趣味的不屑。经过为期一年多的意大利游历，歌德超越了对建筑直观体验的层面，对建筑史进行了深入思考，把建筑分为"当下的目的""较高的目的""最高的目的"三个层次及其对应的建筑形态。并提出"作为美的艺术之一，建筑作品只服务于视觉。不过它更应

1 [美] 彼得·基维. 美学指南 [M]. 彭锋，等译. 南京：南京大学出版社，2008：31.
2 [美] 彼得·基维. 美学指南 [M]. 彭锋，等译. 南京：南京大学出版社，2008：33.
3 [德] 康德. 判断力批判 [M]. 邓晓芒译. 杨祖陶校. 北京：人民出版社，2004：167.

该主要是为人体的运动感服务"[1]，而无论古典主义还是哥特式，内在的比例及整体与局部的和谐都是同样重要的，"古人的最高原则是意蕴，而成功的艺术处理的最高成就就是美"[2]。歌德认为只有当建筑成为一个和谐整体的时候，建筑才能称为一种艺术，建筑的最高境界是运用想象力成为一种表现艺术。

黑格尔在《美学》中提出，"美是理念的感性显现"，否定了传统的经验式与抽象形而上学的研究方式，主张美的研究应从理念出发，克服了西方美学史上长期存在的割裂感性与理性关系的弊端。在黑格尔看来，无论美的客观存在还是主观欣赏，美的概念都带有自由和无限，即审美带有令人解放的性质。艺术美是绝对理念的直接再生、复现，是最真实的；自然美只能是心灵的部分映像，无法到达最真实的境界，因此艺术美高于自然美。"美这个概念本身就是要求把美表现于艺术作品，对于直觉关照成为外在的，对于感觉和感性想象成为客观的东西。所以美只有凭这种对它适合的客观的存在，才真正成为美和理想。[3]"在黑格尔看来，艺术的理想境界是理念与感性形象、精神内容与物质形式的统一，并根据艺术作品体现出来的二者之间关系的不同，将艺术分为象征型、古典型和浪漫型三种。黑格尔认为作为艺术起源的建筑，在内容上和表现方式上都是前古典时代的艺术，即单纯象征型艺术的最高峰，"建筑是与象征型艺术形式相对应的，它最适宜于实现象征型艺术的原则，因为建筑一般只能用外在环境中的东西去暗示移植到它里面去的意义。[4]"因此建筑并不创造出本身就具有精神性和主体性的意义，而是创造出一种外在形状以象征方式去暗示意义。但建筑比其他艺术更直接、更完全地再现了精神和物质之间本质上的冲突，反映出作为理性动物的人的内心的本质冲突，并以艺术史的哲学高度和辩证思想指出建筑的一些特征和规律。

与黑格尔同时代的叔本华，认为艺术是意志的直接客观化。美有两个方面，一方面把我们从意志中解放出来，另一方面，又用一种"观念"即意志在某一等级上的客体性来充实我们的心灵。叔本华把建筑的本质归结为纵向符号与横向符号的冲突，也从艺术哲学的高度剖析了建筑审美中的"意志"和"表象"。建筑审美的主题不是具体的形式和手法，而是重力荷载和材料的结构特征之间的斗争。"建筑艺术家的大功就在于审美的目的尽管从属于不相干的目的，仍能贯彻，达成审美的目的，而这是由于他能

1　陈平. 歌德与建筑艺术——附歌德的四篇建筑论文 [J]. 新美术，2007，28（6）：55-70.

2　[英] B·鲍桑葵. 美学史 [M]. 张令译. 北京：中国人民大学出版社，2010：206.

3　[德] 黑格尔. 美学（第三册）：上卷 [M]. 朱光潜译. 北京：北京大学出版社，2017：3.

4　[德] 黑格尔. 美学（第三册）：上卷 [M]. 朱光潜译. 北京：北京大学出版社，2017：31.

够巧妙地，用多种方式使审美的目的配合每一实用目的。[1]"

自叔本华之后，现代西方美学打破了黑格尔美学的形而上学体系，围绕艺术与审美经验问题，走向多元化的演变，美学思想流派众多、各种思潮不断涌现，美学的领地急剧向外拓展。完形（格式塔）心理分析美学、自然主义美学、实用主义美学、表现论美学、生态美学等西方现代美学最具代表性的思想流派，都不同程度上影响到建筑理论。其中格式塔心理分析美学的"完形"理论和建筑艺术总体、局部及建筑与环境的构成因素相当契合，运用力的平衡、张弛、方向、诱导等"力场"构成原理分析空间序列、动势、实体空间与负体空间的交错也十分有效，均等、平衡、鲜明等视觉感受也成为综合处理建筑形式美的法则。

作为美学与建筑学结合的产物，新型的交叉学科建筑美学、环境美学日渐兴起，改变了建筑只是美学理论的例证和注脚，成为美学独立的研究分支，借鉴美学理论的最新成果，同时承接维特鲁威（Vitruvius）、阿尔伯蒂（Alberti）、塞利奥（Serlio）和帕拉第奥（Palladio）的传统，对现代主义建筑进行解读或批判，如奈尔维（Pier Luigi Nervi）《建筑的审美与技术》、勒·柯布西耶（Le Corbusier）《走向新建筑》、密斯（Mies Van de Rohe）《谈建筑》、吉迪恩（Sigfried Giedion）《空间·时间·建筑》、约翰逊（Philip Johnson）《论国际式风格》、佩夫斯纳（Pevsner Nicolas）《现代设计的先驱——从莫里斯到格罗皮乌斯》、加斯东·巴什拉（Gaston Bachelard）《空间的诗学》、布鲁诺·赛维（Bruno Cervi）《建筑空间论》、罗杰·斯克鲁顿（Roger Scruton）《建筑美学》。其中，罗杰·斯克鲁顿（Roger Scruton）的《建筑美学》最具哲学思辨色彩，"对于20世纪的建筑理论思维上的贡献是不可否认的[2]"。罗杰·斯克鲁顿从现代主义建筑的功能主义、空间理论、比例法则等基本学术信条切入，强调现代主义建筑美学的核心是"功能主义"的技术美，坚信现代主义建筑与工业社会的条件和需求相适应，倡导发挥现代材料、结构和技术的特质，抛弃历史上建筑风格和装饰的束缚，借鉴现代造型艺术的成就，创造现代主义建筑美学新风格。

"任何富有革新的东西，一旦在思维上形成惯性，在创作上形成套路，在风格上定于一尊，它就必然走向审美的反面。[3]"现代主义建筑废退之后，相继出现了后现代主义、解构主义、技术主义、新理性主义、有机主义、文脉主义等一系列建筑美学思潮，体现出不懈的批判精神和超越精

1 [德]叔本华.作为意志和表象的世界[M].石冲白译.北京：商务印书馆，1982：301.
2 王贵祥.建筑美的哲学思辨——读罗杰·斯克鲁顿的《建筑美学》[J].建筑学报，2004，(10)：82-83.
3 万书元.当代西方建筑美学[M].南京：东南大学出版社，2001：28.

神，以及混沌 - 非线性的思维方式，如文丘里（Robert Ventruri）《建筑的复杂性与矛盾性》、阿尔多·罗西（Aldo Rossi）《城市建筑学》、查尔斯·詹克斯（Charles Jencks）《后现代建筑语言》、沃尔夫（Tom Wolfe）《从包豪斯到现在》、菲利普·朱迪狄欧（Philip Jodidio）《新形式》。当代在文丘里等为首的挑战现代主义建筑美学正统地位的基础上，彼得·艾森曼（Peter Eisenman）、盖里（Frank Gehry）、屈米（Bernard Tschumi），以现代主义的方法反现代主义和一切总体性美学规范，反造型、反形式以及以自我结构的倾向挑战建筑的本质。艾森曼在《反对派》上发表了题为《后功能主义的社论》，宣称后现代主义建筑死了，以对历史、传统的重新审视来复兴建筑理论的重构主义美学思潮，从现代主义之前的美学中锻造出富有文化底蕴的新美学。屈米《事件建筑》倡导一种功能和空间均不确定的建筑，把社会事件纳入具有灵活的、重新组合的建筑空间。为当代建筑确立了一种反对一切形式主义，表现社会和建筑的混乱和非审美的状况。

环境美学的创始者和主要代表人物是艾伦·卡尔松（Allen Carlson），1974 年在《环境美学与"喜剧敏感"》一文中首次提出"环境美学"概念，1979 年《欣赏与自然环境》标志着早期环境美学的正式建立。卡尔松的环境美学思想起源于对自然欣赏的反思，围绕"在自然审美中我们到底欣赏自然的什么东西，以及如何才能适当地欣赏自然[1]"这两个问题，他否定了在自然审美欣赏中的"对象模式"和"景观模式"，提出"环境模式"即"自然是自然的"与"自然是环境的"相适应的欣赏模式。卡尔松的环境美学建构在将自然视为环境，从总体上将环境分为自然环境、人类影响环境和人类环境三大类。进入 21 世纪，卡尔松将研究的重点转向人类环境，呼吁对将建筑视为艺术品的传统美学观念进行反思。他认为这种观念违背了建筑的本质，"建筑并非孤立、纯粹的审美对象，而是一种功能性存在"[2]，建筑的主要特征即存在、位置和功能。作为欣赏对象，建筑审美的中心不是单个建筑的形式、结构，而是建筑内部、不同建筑之间以及建筑与所处区域位置间的特定功能的适应性关系，乃至建筑物对使用者的利益、文化观念的表达。

与国外建筑美学研究的长远、深入相比，国内的建筑美学研究起步较晚，而且很不成体系。中国传统建筑根植于我国自然、社会、经济、文化、科技和艺术的土壤，在汉代基本形成，到唐代日臻成熟。随着中国传统建筑的程式化发展，先后出现了春秋战国《周礼·考工记》、唐代《营缮令》、宋代《营造法式》、明代《长物志》、清代《工程做法则例》等建筑理论、

1 薛富兴.艾伦·卡尔松环境美学研究［M］.合肥：安徽教育出版社，2018：3.
2 薛富兴.艾伦·卡尔松环境美学研究［M］.合肥：安徽教育出版社，2018：11.

设计规范、施工方法、生产工艺方面的著作。其中,明代造园家计成的《园冶》、李渔的《闲情偶寄》居室部是中国造园思想的典范之作。但除了园林艺术美学,通过范畴体系与命题体系解释建筑创造和审美鉴赏规律的著作付之阙如。

1932 年梁思成、林徽因在《平郊建筑杂录》一文中说:"这些美的存在,在建筑审美者的眼里,都能引起特异的感觉,在'诗意'和'画意'之外,还使他感到一种建筑意的愉快。[1]"但以梁思成、刘敦桢为核心的营造学社研究的重点不是"建筑意"昭示的美学问题,而是秉承西方现代建筑学科学严谨的态度"整理国故",通过广泛的田野调查和详细测绘,整理和保存了大量中国传统建筑的文献资料和实物记录。

宗白华被誉为是中国建筑美学的第一个拓荒者。1926 年的《艺术学》到 1988 年的《谈技术美学》,他均探讨了作为艺术门类的建筑,提出建筑艺术是生命之表现,初步建立了基于生命本体论的建筑美学框架。通过对歌德美学思想的吸收和中国传统美学的继承,宗白华敏锐地将空间作为建筑的首要品质,在此基础上,构建了对建筑意境和建筑时空统一一体的阐释。

随着我国 20 世纪五六十年代的"美学大讨论"与 20 世纪 80 年代伊始美学学科成为"显学",一批以美学视角研究建筑的著作也相继问世。主要有:王世仁《建筑中的美学问题》、王振复《建筑美学》和《中华古代文化中的建筑美》、汪正章《建筑美学》、余东升《中西建筑美学比较》、侯幼彬《中国建筑美学》、许祖华《建筑美学简明教程》、金学智《中西园林美学》、吴庆洲《建筑哲理、艺匠与文化》、孙宗文《中国建筑与哲学》、万书元《当代西方建筑美学》、沈福熙《建筑美学》、吕道馨《建筑美学》、熊明《建筑美学纲要》、曾坚和蔡良娃《建筑美学》、唐孝祥《岭南近代建筑文化与美学》。其中,王振复的《建筑美学》一书,在分析建筑基本属性的基础上,对建筑、建筑美的本质作了系统分析;《中华古代文化中的建筑美》运用文化学的方法,对中国传统建筑美进行了系统的理论总结,探寻古代建筑"尚中"的文化之源,论述了中国古代园林建筑的文化基质是道家情思。侯幼彬的《中国建筑美学》阐述了中国建筑的"伦理"理性精神和"物理"理性精神,深入地论述建筑意象和建筑意境的含义,概述了建筑意境的构景方式和山水意象在中国建筑意境构成中的作用。此外,我国香港李允鉌先生的《华夏意匠》,总结了中国古代具有中华民族与地理环境特色的建筑与规划理论。我国台湾汉宝德所著《风水与环境》是当代中国风水研究的力作,认为风水景观学首先要追求景观客体要素的和谐,

---

1 林徽因. 林徽因文集·建筑卷 [M]. 梁从诚编. 天津:百花文艺出版社,1999:16.

对中国风水审美形式化的研究具有开拓性。

与我国丰富的建筑文化遗产和如火如荼的建筑实践相比，建筑美学的研究要么立足于挖掘传统建筑的审美价值，要么泛泛讨论建筑艺术门类的审美的普遍规律和范畴，要么从审美文化的角度对中西方传统建筑进行比较研究，要么着力于西方建筑美学思潮的推介，而对于从西方引入、迅速构成主要城市景观的现代主义建筑却放弃话语权，阐释效力匮乏、对建筑创作的影响近乎式微。

2. 建筑语言学、符号学

当代人文社会科学中的一个显著趋势就是"语言学转向""符号论转向"，两种转向的核心是一致的，那就是强调语言或符号的话语实践的重要性，即将社会乃至意识形态的塑造，视为一种通过语言或其他符号形式而运作的话语构型。

瑞士著名语言学家费迪南·德·索绪尔（Ferdinand de Saussure）1894年正式提出符号学（Semiology）的概念，在 1916 年由其弟子整理出版的《普通语言学教程》（Course in General Linguistics）中，集中体现了索绪尔的思想，他认为语言学仅仅是符号学。该书阐释了语言基本特征的"符号"的概念，对言语和语言进行了区分，强调建立共时语言学的重要性，将语言划分为可用物质形式表现的符号"能指"和"能指"实际代表的概念、思想"所指"。能指与所指之间有一种任意的对应关系，每一种语言都有一个差异系统，符号通过相互的位置关系发挥功能。索绪尔认为在语言状态中，一切都以关系为基础，"在语言里，每项要素都由它同其他各项要素对立才能有它的价值。"[1]这种关系分为横向组合关系和纵向组合关系两个向度。并指出要以语言学为根基建构起一套名为"符号学"（Semiology）的学科。

索绪尔语言学为我们更深刻地理解事物如何表达含义提供了崭新的视角和工具，开启了西方哲学史上继"认识论转向"后的第二次大的转向——"语言论转向"。正如索绪尔在《普通语言学教程》中所预示的"语言学问题吸引着所有的人，包括历史学家、文字学家，以及那些必须对付文本的人。更明显的是语言学对于文化的普遍意义"。[2]

与索绪尔同样重要的现代符号学的奠基人、美国实用主义哲学家皮尔斯（Charles Sanders Pierce）的符号理论建立在对意义、表达及符号概念分析的哲学基础上。把符号（Semiotic）分为 3 个型——图像（Icon）、标志（Index）

1　[瑞士] 费尔迪南·德·索绪尔. 普通语言学教程 [M]. 高明凯译. 北京：商务印书馆，1980：128.

2　[瑞士] 费尔迪南·德·索绪尔. 普通语言学教程 [M]. 高明凯译. 北京：商务印书馆，1980：128.

和象征（Symbol），从逻辑学角度推动符号学发展。查尔斯·莫里斯（Charles Morris）综合奥格登、里查兹和皮尔斯的符号学理论把符号设想为关于象征性的综合科学，在《符号、语言和行动》中建构起一种结构主义符号学，将艺术品与其意义之间关系的研究作为"符义学"，将艺术的交往功能视为"符用学"，将审美符号与艺术符号的各要素之间的组合关系称为"符构学"。

德国哲学家恩斯特·卡西尔（Ernst Cassirer）率先提出符号形式哲学，认为创作符号是人的基本特征，一切"文化形式都是符号形式"，[1] 即人类符号活动的现实化。艺术包括视觉艺术都是符号体系的一种，要真正理解任何一符号系统，必须同时与其他符号系统进行比较。艺术不是对现实的简单模仿和简化，而是对现实的发现和定型；艺术不是感情本身，而是感情的形象，因此艺术实质上是一种符号体系或符号语言。

美国当代哲学家苏珊·朗格（Susanne Langer）继承了卡西尔的符号论，作为艺术符号学的代表人物进一步把符号形式分为语言符号和艺术符号。语言符号构成的是"逻辑符号体系"，艺术符号则作为"表现性符号体系"，因此符号是形式的、概念的抽象，但又蕴含着丰富的感情形象。苏珊·朗格在《情感与形式》中，指出"艺术是人类情感符号的形式创造"[2]，通过符号形式作为中介沟通艺术与情感，但艺术所表现的不是个人情感的自我表现，而是艺术家所认识到的人类普遍情感。在诉诸视觉的"可塑性艺术"里，建筑是"种族领域"的符号，蕴含着一个时代、民族的生命图式。"种族"是一种历史行为或文化的积累，是活生生的一群人的生活，"领域"是这种文化积累或人群活动的空间遗迹。

用韦伯的话来说，人是悬浮在自己所编制的符号之网中的动物。20世纪50年代末语言学、符号学理论引入建筑领域，60年代日渐兴盛，七八十年代后现代建筑运动时达到高潮。从语言学的角度研究建筑是基于这样一种假设：建筑和语言之间具有启发性的相似性。建筑是可以被感知到的、被赋予了某种意义的现象，而且建筑像语言一样由习惯规则统治着，有关秩序的经典理论可以在符号关系学或某种风格的语法所要表现的东西中找到解释。但建筑在什么情况下可以像语言一样具有普遍性、为人理解性，怎样能够使不是建筑师的普通人能够通过建筑的普遍性来了解建筑的意义，围绕这些问题很多学者关注如何使建筑这门艺术纳入符号的框架，探索通过不同的途径将语言学、符号学方法应用于建筑的分析。

途径之一，强调建筑作为语言的交流功能。约翰·萨默森（John

1　[德] 恩斯特·卡西尔. 人论 [M]. 甘阳译. 上海：上海译文出版社，2013：33.
2　[瑞士] 费尔迪南·德·索绪尔. 普通语言学教程 [M]. 高明凯译. 北京：商务印书馆，1980：128.

Summerson)《建筑的古典语言》(The Classical Language of Architecture, 1964)考察 5 种柱式为代表的古典建筑语言的性质与运用。布鲁诺·赛维（Bruno Cervi)《现代建筑语言》(The Modern Language of Architecture, 1977)总结了 7 条用于现代建筑交流的普遍法则。查尔斯·詹克斯（Charles Jencks)《后现代建筑语言》(The Language of Postmodern Architecture, 1980)，主张建筑采用"隐喻""词汇""句法""语义学"作为交流的模式。

　　美国加州大学伯克利分校建筑学教授克里斯托弗·亚历山大（C.Alexander) 1975 年的《俄勒冈实验》(The Ovegon Experiment)、1977 年的《模式语言》(A Pattern Language) 和 1979 年的《建筑的永恒之路》(The Timeless Way of Building) 被称为模式语言理论的三部曲，从设计哲学、设计方法论到设计实践都进行了深入的研究。亚历山大认为"把设计的研究同设计的实践分离开来是荒唐的"[1]，其理论的中心点就是通过模式语言建立起建筑中行为模式和模式之间的对应关系，试图以复杂的数学方式代替"无意识"的形式创造。模式语言的建立和使用，有赖于对人的行为、活动和场所的大量调研，有赖于公众的参与和设计者对建筑全过程的参与。亚历山大在《模式语言》一书中，提出区域、城镇、邻里、建筑群、建筑物、房间等 253 条基于模式间的关联、从大到小排列的模式，描述了在我们的环境中发生的问题和解决这一问题的核心。模式语言是基于人的爱好、需求和行为，亚历山大希望模式语言能作为一种公众语言实现它的交际功能，目标是使形体环境和行为需求良好结合，实际上是功能主义的一个新分支。

　　途径之二，强调意义作为建筑语言的核心范畴。查尔斯·詹克斯（Charles Jencks) 和乔治·贝尔特（George Baird）编辑的论集《建筑中的含义》(Meaning in Architecture)，则在符号学的基础上首先打开了通向建筑学的全新进径——建筑代码及其可能的意指方式。意大利语言学家艾科（Umberto Eco)《功能与符号：建筑的符号学》(Function and Sign：Semiotics of Architecture) 试图针对建筑中可能存在的含义基本单元进行描述，符号指示出建筑的第一位功能，同时包含了、暗示了第二位功能。艾科认为每座建筑都有一定的表达功能，能传达其所处社会的情形，因此"建筑师应该把基本功能设计得富于变化，以便给第二位功能留下更开放的空间。"[2]艾科用建筑遮风避雨的基本功能和表达特定世界观、意识形态和精神特质的第二位功能来区别指示意义和暗含意义。

　　借鉴索绪尔对语言共同结构的研究方法，"布拉格学派"的罗曼·雅

1　刘先觉.现代建筑理论 [M].北京：中国建筑工业出版社，2000：412.

2　[美] 卡斯滕·哈里斯.建筑的伦理功能 [M].申嘉，陈朝晖译.北京：华夏出版社，2002：91.

各布森（Roman Jakobson）开展对语言"诗性功能"的研究、穆卡洛夫斯基（Mukarovsky）从符号学角度对语言表现功能的研究，代表了西方文论由 20 世纪初的俄国形式主义向 20 世纪六七十年代法国结构主义的过渡。继而出现结构人类学家克劳德·列维 - 斯特劳斯（Claud Levi-Strauss）、结构主义文论家罗兰·巴特（Roland Barthes）、结构主义精神分析心理学家雅克·拉康（Jaques Lacan）、结构主义历史学家福柯（Michel Foucault）及结构主义马克思主义者阿尔都塞（Louis Althusser）等结构主义"五巨头"，结构主义几乎扩展到一切学术领域，成为一个复杂而庞大的理论流派。

途径之三，建筑逐渐转向结构的研究与解释。英国的杰奥弗里·勃罗德彭特（Geoffrey Broadbent）在《建筑的深层结构》一文中，探究功能主义感念与符号结构的关系，建筑符号的深层结构和建筑符号的种类，并依此将设计归结为时效型设计、类比型设计、象形型设计和法则型设计四大类，这四种设计方法概括了产生建筑形式的基本方式，也可视为生成建筑形式的基础。玛利奥·冈德索纳斯（Mario Gandelsonas）与大卫·莫顿（David Morton）联合撰写的论文《论：阅读建筑》（On Reading Architecture）把研究建筑（阅读建筑）与通过语言的知识的、意义的创造、传达和接受过程联系起来。比尔·希利尔（Bill Hillier）的空间句法、彼得·埃森曼（Peter Eisenman）的形式句法，将建筑的结构和建筑语言、建筑符号结合起来，企图建立建筑学的语法体系。

按照尼采的观点，"所有风格的意义都在于以符号的形式进行交流，包括这些符号的节奏，即一种心情、一种内心的安宁或悲怆。"[1]符号学在 20 世纪 50 年代后期引入建筑学的讨论中，正值当时建筑师质问"国际式"的含义危机，对现代建筑忽视语义功能深感不安并着手寻找地方性和历史性的变通方式。曼弗雷多·塔夫瑞（Manfredo Tafuri）提出"建筑批评中出现的语言问题正是现代建筑所遇到的语言危机的答案，"[2]现代建筑所面临的语言危机不是指定的指示作用或基本功能，而是建筑所要表达的第二位意义。语言学中结构主义理论的核心认为，"事物的真实本质不存在于事物本身，而在于我们在各种事物之间构造，然后又在它们之间感觉到这种关系。"[3]重视具有智慧的作品中的编码、规范、程序，也就是研究这个作品是如何产生具有社会能够认同、接受的意义的，以及意义产生的条件和状况。现代建筑所面临的语言危机不是指定的指示作用或基本功能，而是它

1　[美] 卡斯滕·哈里斯. 建筑的伦理功能 [M]. 申嘉，陈朝晖译. 北京：华夏出版社，2002：61.
2　[美] 卡斯滕·哈里斯. 建筑的伦理功能 [M]. 申嘉，陈朝晖译. 北京：华夏出版社，2002：82.
3　[英] 特伦斯·霍克斯. 结构主义和符号学 [M]. 瞿铁鹏译. 上海：上海译文出版社，1997：8.

的第二意义出现了危机。

而罗兰·巴特、雅克·拉康、福柯也是从结构主义向解构主义过渡的重要人物。福柯的叙述多元性理论，使建筑理论转向对建筑与社会关系的研究，脱离英雄观转向对大众与建筑关系的研究。解构主义建筑理论的中心内容之一是认为建筑的主要问题是意义的表达。后结构主义（解构主义）最大的特色是反中心、反权威、反二元对抗、反非黑即白的理论，认为历史是主观含义的叙述，其实是虚构的。艺术家、建筑师不得不依赖于系统来表现自己，对被视为经典的现代建筑体系、现代建筑中的精英主义提出质疑，改变对主体、对象的研究，而重视建筑的规范、过程。

3. 建筑现象学

德国哲学家埃德蒙·胡塞尔（Edmund Husserl）所创立的现象学，要求返回到现象或实体的世界，研究事物作为"形相"（Appearances）呈现于我们日常体验中的各种不同方式。马丁·海德格尔（Martin Heidegger）把对存在的研究奠定在现象学的基础上及从语言和诗学角度对人类存在属性和真理进行研究。1951年的演讲《建造、居住、思考》（Building，Dwelling，Thinking）关于世界、居住和建筑之间关系的论述，为建筑现象学提供了哲学基础和指导思想。莫里斯·梅洛 - 庞蒂（Maurice Merleau-Ponty）的《知觉现象学》，强调人日常体验的世界是一个前反思的、知觉的、空间的与时间的世界，我们的身体存在于当下的一个无定形的、动觉的知觉场，凭借它我们生产了时空关系，它对艺术和建筑作品视觉结构的兴趣具有明显的现象学特征。

20世纪70年代初期，挪威克里斯蒂安·诺伯格 - 舒尔茨（Christian Norberg-Schulz）把胡塞尔、海德格尔存在现象学凭借直觉方法从现象中直接发现本质的方法和莫里斯·梅洛 - 庞蒂的知觉现象学通过人的身体与环境的互动来察觉世界存在的方法引入建筑领域，对建筑场所与生活世界的关系以及建筑知觉与生活体验的关系进行了图像化的解释。"建筑是一种具体的现象。它包括大地景观和聚居地，以及房屋和有关房屋的种种阐释"[1]，可见舒尔茨不是从建筑的物质属性而是从建筑的文化与环境的现象，探求建筑的本质和意义，建筑的本质是让人类安居下来，地点（Site）变成真实、具体的人类行为发生的"场所"（Place），试图为建筑提供一种自然环境、人造环境及自然环境与人造环境组成的有意义的整体——场所精神。

舒尔茨作为一位享有极高国际声誉的理论家，在其一些论著中，现象

---

1 [挪] 克里斯蒂安·诺伯格 - 舒尔茨. 西方建筑的意义 [M]. 李路珂，欧阳恬之译. 北京：中国建筑工业出版社，2005：7.

学不仅是考察建筑的方法，而且建立起一种新的建筑理论——建筑现象学的基础和架构。1967 年《建筑的意向》(Intentions in Architecture)、1971年《存在·空间·建筑》(Existence，Space and Architecture)、1975 年《西方建筑的意义》(Meaning in Western Architecture)、1980 年《场所精神：迈向建筑现象学》(Genius Loci：Towards a Phenomenology of Architecture)、1985 年《居住的概念》(The Concept of Dewlling)、1985 年《现代建筑的起源》(Roots of Modern Architecture)、1988 年《建筑的意义与场所：论文选》(Architecture：Meaning and Place：Selected Essays) 和 2000 年《建筑——存在、语言和场所》(Architecure：Presence，Language and Place)，均是从现象学的理论出发，直面事物本身，将意识与其所指向的事物作为一个整体进行考察，对历史上的建筑及景观的空间与形式所构成的内在结构、表达的意义进行探索，对与这些空间与形式密切相关的宇宙观念、宗教信仰、文化取向、艺术旨趣等精神现象进行阐释，并从历史遗存中还原出建筑所展现的现象原初和本真的价值和意义。

　　舒尔茨继承和发展了海德格尔"'建筑'的真正含义是'定居'，反过来，'定居'原来的意思是'存在、建造'，所以，'定居'是人类存在的基本特征。"[1]将居住问题作为建筑现象学的一个核心问题，提出居住和建筑的关系："居"意味着生活发生的空间和场所，只有当人经历了场所和环境的意义时，他才"定居"下来。"山洞象征第一个空间单位，纵横关系是一个秩序原则，两者相对而生。两者结合产生了所谓的第一套建筑符号体系。"[2]

　　居住是人类思想中需要和平、清净的需求的结果，场所的本质意义在于以具体的建筑形式和结构使人在世界中居住下来，并从中深刻而广泛地经历到自身和世界的意义。场所意味着本真的建筑环境，居住环境的场所精神是使人们体会居住在某种空间形式之中的总体气氛和生活在物质环境中的意义。因此在历史中形成和发展的场所精神应具有安全感、意义感、归属感，尊重和保持场所精神被建筑理论界广泛认为是建筑理论中现象学的重要代表。

　　建筑现象学把自然环境的认识还原为自然元素的体量、秩序、特征、光线和时间，并认为这五个因素都有相应的、可识别性的现象、结构和个性精神。人造环境现象是通过呈现（Visualization）、补充（Complementation）和象征（Symbolization）赋予人们意义，所谓"呈现"是指人造环境与自然环境结合、共鸣，"补充"是指用人造环境补充自然环境，从而更加突出自然环境，"象征"是使人造环境的形象引起人们的

1　[美] 卡斯滕·哈里斯. 建筑的伦理功能 [M]. 申嘉，陈朝晖译. 北京：华夏出版社，2002：151.
2　[美] 卡斯滕·哈里斯. 建筑的伦理功能 [M]. 申嘉，陈朝晖译. 北京：华夏出版社，2002：112.

联想，要理解某个建筑的象征意义就是要了解它运用了什么样的象征方式、引起了怎样的联想。建筑现象学认为场所精神比外部形式和内部空间有着更为广泛和深刻的意义，建筑原来仅仅关切空间、体积、墙面处理、顶篷、布局等等，而根据现象学的要求更注意建筑的三维存在是如何形成的，特别是光线、材料、色彩等与人视觉感、嗅觉感、听觉感等感受之间的相互影响及这些因素对人的感觉造成的象征性感受，它们综合起来造成的感觉意义。

建筑现象学的基本目的和任务是揭示建筑环境的本质和意义，帮助人们完整理解人与建筑环境之间的各种复杂关系及其意义，彻底认清当今世界环境中的问题及其根源，进而从根本上找到解决这些问题的方法。这无疑是后现代主义理论家关心的核心。哲学家阿尔伯托·佩雷兹-戈麦兹（Alberto Perez-Gomez）在《建筑在爱之上》（Built upon Love）中进一步发挥了海德格尔的"居住"观念，他认为居住的内容是人类"存在趋向"决定的，包括文化象征和认同感、历史关联感在内。在"可靠"的建筑中提供人们一个立足点，他们就可以通过"居住"的超越性能来应付死亡。他的理论把现象学在建筑中的运用提高到了一个人类与死亡这种现象在思想上抗争的高度，因为"可靠"的建筑可以提供人们以对抗和应付的立足点，缺乏这类象征功能的现代建筑是无法承担这些功能的，他的理论为后现代主义建筑的出现奠定了理论基础。

实际上，除了建筑美学、建筑语言学、建筑符号学、建筑现象学，环境心理学、行为建筑学、建筑类型学、生态建筑学等理论也各具特色、影响巨大，显示出当代建筑理论广泛吸收了许多人文科学、自然科学和技术科学的最新成果，借助跨学科的工具在一个更广阔的智性背景下展开。以上的研究和阐释，不仅为设计提供更严谨的基础或批评工具，也在不同方面、层次上影响着我们的审美方式和判断结果。

本书拟采撷以上研究趋势的理论众长，以现代主义建筑美学的发展历程为背景，将贝聿铭的创作放到现代主义建筑运动的过程中，以格式塔心理学、符号论美学、现象学美学等西方现代美学流派最具代表性的理论方法，纵观贝聿铭整个人生经历，全面考察其创作生涯，阐述其建筑作品表层语言的风格与深层语言的精神本质、审美特征和价值取向的发展嬗变、逻辑形态和基本规律。从形式、造型、色彩、材料、尺度上解读贝氏建筑如何实现理性与感性的完美结合，把东西方建筑文化精神与造景思维有机融合，把经典传统的建筑艺术和现代最新、最前沿的科学技术融为一体，从而创作出独特的艺术风格，从新的历史维度推动现代主义建筑蜕变和发展。

第三节 研究目标及方法

一、研究目标

"像佩夫斯纳提出的那样，美学掌握着区分建筑艺术和单纯房屋的关键"[1]。贝聿铭坚持建筑是艺术和历史的融合，坚持建筑创作的科学化和人情化，以及既有思想性又有文化意义的创作过程。以卓越的几何才能、精密的秩序逻辑和工匠精神实现结构、形式、材料、光线、色彩的高度整合，高品质的建筑空间和形式体现了当代的理想与憧憬，但同时也能借鉴并改变各种各样的过去的遗产。贝聿铭将自己的现代主义建筑愿景以作品的形式散布全球，许多作品成为一个城市标志性的建筑。贝聿铭始终秉持着现代主义建筑的传统，他从不为自己的设计辩说，从不自己执笔阐释解析作品观念，他认为建筑物本身就是最佳的宣言。

同贝聿铭的非凡成就和在建筑领域的巨大影响相比，对贝氏的研究缺乏审美关照，还是以生平和作品的传记性、描述性居多，几乎成为史料和考证资料的汇编。忽视建筑作为艺术的自身规律和美学规律，而只关心贝聿铭建筑作品的形式演化，忽视产生这些形式背后的建筑发展历程与审美历程的变化，因此有待于进一步从历史与美学规律统一动态发展的创作视角系统梳理和深化挖掘，激发对贝聿铭建筑创作的新阐释与美的新发现。

本书坚持把美学价值放在首位，采取形式分析法坚持逻辑与历史相统一、文献资料与实例分析相映照、田野调查与跨文化比较相结合，吸收格式塔心理学、现象学美学、符号论美学等西方现代美学流派最具代表性、影响性的理论，分析贝聿铭建筑的思想渊源、审美理想、风格嬗变和艺术特征，在现代主义建筑发展、演变的整体图景中客观评价其在现代主义建筑美学发展历史上的地位和贡献，寻找适用于中国现代建筑转换的途径策略和审美表达，构建建筑民族化发展、艺术化发展所需的精确的、表达意义的符号体系。

具体目标为：第一，挖掘中国古代博大精深的哲学思想对建筑本质、建筑审美的理解和价值取向，还原构成、解读贝聿铭建筑作品的内在精神和终极坐标。第二，立足现代主义建筑发展的基本格局，寻绎现代主义建筑美学思想在贝聿铭建筑功能、形式、象征、材质、色彩中的融合，以期实现对贝聿铭建筑实践对空间和形式的多种探索、大胆创新的有效阐释、价值重建和深层的系统揭示。第三，着眼人类漫长的建筑历史和灿烂的建筑文化，梳理现代主义建筑发展的历史脉络、总体特征，辨析第一代现代

---

1 [美] 卡斯滕·哈里斯.建筑的伦理功能 [M].申嘉，陈朝晖译.北京：华夏出版社，2002：9.

主义建筑大师与第二代现代主义建筑大师在审美理想、价值追求、表现手法上的传承与发展，通过精微的纵向分析、横向对比，准确定位贝聿铭在现代主义建筑发展史上的地位和贡献。第四，分析中国当代以西方价值观为主体的技术至上、中西古今建筑语言错位以及建筑文化的趋同现象。揭示这一建筑语境形成的历史渊源和生成机制，以贝聿铭的成功实践，探讨中国当代建筑实现民族性与现代化中西合璧，形成传统建筑符号与现代设计语言的对撞，打造能唤起传统文化审美共通感的"中国样式"的可能与途径。

围绕研究目标，首先广泛搜集、研读史料。以事实为本，不预设观点，只设定研究的对象，通过扎实的文献研究、比较研究等对研究对象进行全面考察，展示贝聿铭建筑创作的基本面貌，及其在现代主义建筑发展历史中的特色、地位，继而结合对研究现状的分析，选择研究的重点。其次进行深入的个案研究。不仅关注贝氏建筑多样性的个体实践积累到一定程度自然呈现出的具有普遍性的形制特点，而且注重分析其丰富多元的项目和策略所蕴含的精神品格和美学范畴，注意建筑、文化、社会三者的联系，将建筑转型与社会文化思潮综合分析，还原新现代主义建筑美学特质及当代建筑的发展历程，激发人们对现代主义建筑的崭新体验。

二、研究方法

方法是科学研究的灵魂，是达到既定目标所采用的途径，也意味着沿着正确的道路运动。在西方人的眼中，自文艺复兴以来，建筑就与绘画、雕塑一起构成了三位一体的"赋形的艺术"。茨奥尼斯（Alexander Tzonis）和拉斐尔（Raphael）宣称建筑艺术就像其他艺术形式一样，"建筑的诗意不体现在它的稳固性、功能或成效上，而是所有上述东西被削弱，都服从于纯形式上的要求。"[1]而注重艺术的形式分析是西方艺术和美学研究的重要特征和一贯传统，认为"形式"与人类的情感之间有一种密切的关系，是美和艺术的本质或本体存在的方式。而形式主义在现代主义美学中，也是指向审美现代性的基本倾向。

形式分析在艺术史研究领域有悠久的历史，也是建筑作品案例研究的重要方法。形式分析法以 19 世纪末、20 世纪初的知觉、经验等心理学命题为背景，将研究对象定位在形式本体，对确定艺术学科独立地位和自身特色具有重要价值。形式分析法的 3 个分支中，结构分析关心的是形式（Form），象征分析关心的是意义（Meaning），文本分析关心的是符号（Sign），其中结构分析是基础，象征分析和文本分析都依赖结构分析的手

---

1 ［美］卡斯滕·哈里斯．建筑的伦理功能［M］．申嘉，陈朝晖译．北京：华夏出版社，2002：22.

段。艺术品的形态是艺术史研究中最重要的部分，形式既是具体的，同时又是具有普遍意义的。虽然形式分析法过分强调形式的客观性、抽象性，把审美主体看作纯自然的人，忽视审美主体的社会性、文化性和历史性，把艺术史降格为不断解决形式问题和技巧问题的形式史，容易陷入历史目的论和机械循环论的局限，但形式分析法在跨地域的建筑美学研究中具有明显的优势。

1. 哲学、美学范畴的"形式"

在美学和文艺学中"形式"属于美和艺术总体观念层面的基本概念。从词源上说，"拉丁文的'形式'（Forma）源于希腊文'μορφη'和'ετδsos'两个单词，前者指可见的形式，后者指概念的形式，"[1]造成了"形式"一词丰富而深刻的含义。形式分析（Formal Analysis）方法以"形式"作为研究对象，本属于哲学、美学讨论的范畴。

毕达哥拉斯学派首先开启了西方美学对于形式的研究。他们将"数"作为万物的来源，认为"数理"是物质世界存在的状态和基本规律，并发现了"黄金分割率"以及关于人体、雕刻、绘画、音乐等比例关系的解说等"数理形式"的美学规定。

苏格拉底的"美善合一"论预示了形式概念从"自然数理"意义向人文伦理意义的转变。柏拉图进一步提出"理式"（Idea）论或者说"形式"（Form）论，"凡是若干个体有着一个共同的名字的，它们就有着一个共同的'理式'或'形式'"。[2]在《狄迈欧篇》里区分了经由理性思辨可被人理解的"恒常之物"和只是感官所察的"流变之物"，"凡具体之物均为视觉而非知性之对象，然形式为知性而非视觉之对象"，[3]进而把形式分为内形式和外形式。柏拉图还坚持包括建筑在内的全部造型性手工艺和精致的再现性艺术共同具有象征价值，只是相对简单和抽象。

亚里士多德以"四因"说对柏拉图的"理式"论提出质疑，提出自己的共相说和"形式"与"质料"的理论。亚里士多德认为共相不能自存，而只能存在于特殊的事物，正是凭借形式，质料才能成为某种确定的东西，事物的生成就是将形式赋予质料，即质料的形式化。亚里士多德尝试分析一种艺术形式的结构和演变，并把它归根于人性的基本倾向，某种程度上打破了希腊美学的形式抽象性，但"'形式'之于他，正如'理式'之于柏拉图一样，其本身就是形而上的存在"。[4]

1　[波] 符·塔达基维奇. 西方美学概念史 [M]. 褚朔维译. 北京: 学苑出版社, 1990: 296.
2　[英] 罗素. 西方哲学史 [M]. 何兆武，李约瑟译. 北京: 商务印书馆, 2005: 163.
3　[古希腊] 柏拉图. 理想国 [M]. 郭斌和，张竹明译. 北京: 商务印书馆, 1986: 163.
4　[英] 罗素. 西方哲学史 [M]. 何兆武，李约瑟译. 北京: 商务印书馆, 2005: 217.

滥觞于古希腊关于形式在理式与实体两极的纷争在西方哲学延绵不断。罗马诗人贺拉斯又提出与"合理"相对的形式概念即"合式"，美和艺术是"合理"与"合式"的统一，这一思想被黑格尔发展为内容与形式的辩证统一。随着德国古典美学的兴盛，"形式"上升为审美和艺术本质或本体的独立范畴，从而奠定了西方形式美学的哲学根基。

18世纪末德国古典哲学和美学创始人康德，把艺术作品从它的深刻动人的政治价值、社会价值、教育价值、经济价值、战斗价值中抽象出来，成为单纯形式。在《纯粹理性批判》中康德把形式理解为时空构形，人类的身体结构是形式，通过这一形式人类去把握有形的东西，感性的纯粹形式称作"纯粹直观"（Anschauung）："这种形式有两个，即空间和时间，一个是外部感觉的形式，一个是内部感觉的形式。"康德所谓的"形式"从属于事物呈现于人的过程，"鉴赏判断只以一个对象（或其表象方式）的合目的性形式为根据"，[1] 研究审美现象就是关注审美主体头脑中的美的事物的先验形式。从而脱离了柏拉图的预设的理念和亚里士多德的实体形式，使"形式"进入认识论的领域，开创了形式主义或称形式论（Formalism）的概念，标志美学开始在哲学中确立自身的独特位置。作为知性立法和理性立法联结中介的判断力，以"自然的形式的合目的性"[2] 为先验的原则，这种合目的性只与对象对于主体认识能力的适合性相关，因为具有形式上普遍引起愉悦的特点。康德使形式被纳入美学，作为沟通主观与客观的要素。

黑格尔批判了康德过分强调先验形式和审美的主观性，割裂了主客体之间内容与形式、物质与精神、感性与理性的联系，认为艺术是普遍理念和个别感性形象对立统一的精神活动。艺术品的内容既不是柏拉图所说的脱离客观存在的抽象理式，也不是亚里士多德所强调的"自然的模仿"，而是将"理念"视为"美"的本质，视为"艺术真实"。艺术的特点在于它总是依附于可以感知的、直观的具体形式而存在，"在用明确具体的形式使内容意义体现为实际存在（作品）之中，艺术就变成一种专门的艺术"，[3] 当内容和形式和谐统一时，才是真正的艺术。从历史发展的角度，经过了物质外形压倒理念的象征型艺术、物质外形与理念统一的古典型艺术、理念压倒外形的浪漫型艺术，物质性不断降低，理念不断上升。

第一个提到"形式"的建筑师是德国的森佩尔（Gottfried Semper），他认为艺术借助形式的合法则性效仿或反映自然的法则，在《论风格》（Der

1　[德] 康德.判断力批判 [M].邓晓芒译，杨祖陶校.北京：人民出版社，2004：56.

2　[德] 康德.判断力批判 [M].邓晓芒译，杨祖陶校.北京：人民出版社，2004：15.

3　[德] 黑格尔.美学（第三册）：上卷 [M].朱光潜译.北京：北京大学出版社，2017：29.

Stil）中指出建筑"寻求的是形态的构成成分，它们并非是形态本身，而是理念、力量、材料与手段，换句话说，是形态的前提基本。"[1]森佩尔对"形式"的理解一方面是纯粹观念论的，指的是某种存在于形式的原则或想法的必然结果，即黑格尔所谓的高于物、先于物的属性；另一方面是物的属性，即歌德所谓可被辨识为"胚胎"或一般规则。可见当"形式"的思辨进入建筑领域时，依然没有脱离哲学中关于"质料-形式"的二元对立。

　　"形式"的概念从柏拉图、亚里士多德到康德，再延伸到歌德、黑格尔直至森佩尔，逐渐从哲学观念论中解脱出来，成为艺术史学科里独立于特定艺术作品的研究对象。俄国形式主义理论家维克多·什克洛夫斯基（Viktor Shklovsky）的《作为技巧的艺术》中，把艺术的本质归结为形式技巧。稍后的英美新批评将形式规定为文学所具有的"文学性"。除了基于现代语言学之上的形式研究，荣格、弗莱的"原型批评"、格式塔美学则从心理学角度阐释形式的现代审美规律。原型批评的"原型"，无非是被心理学化的"理式"和"先验形式"。阿恩海姆（Rudolf Arnheim）把美和艺术归结为一种"视觉形式"，《艺术与视知觉》《视觉思维》对格式塔心理学在艺术形式与视知觉之间建立起完善的美学关系。此外还有以卡西尔和朗格为代表的符号学美学，英伽登和杜弗海纳为代表的现象学美学，以及西方马克思主义对形式作为艺术的主体性和社会批判意义。19 世纪末，经由赫尔巴特"美在形式"、齐美尔曼（Georg Simmel）对"绝对引起快感和不引起快感的限度内形式"的区分、费舍尔（Robert Vischer）的"形式的视觉感"、利普斯（Theodor Lipps）的"移情论"、费德勒（Konrad Fiedler）的"视觉经验的认知方式"、希尔德勃兰特（Adolf von Hildebrand）的"构形"理论等美学理论肯定了抽象形式的独立价值，将形式分析纳入系统的研究，随之成为 20 世纪美学的中心话题。艺术独特的媒介和表现出来的形式语言成为艺术与非艺术的区别，形式主义美学体系逐步建立。

2. 形式分析法

　　形式分析在艺术史研究领域有悠久的历史，也是建筑作品案例研究的重要方法。康德哲学将人的心灵分为感性、知性、理性三种能力，艺术史研究开启了形式论、理念论和感觉论三个基本流派。1967 年，洛伦兹·迪特曼（Lorenz Dittmann）在《风格，象征，结构：艺术史范畴研究》中，将沃尔夫林（Heinrich Wolfflin）、潘洛夫斯基（Erwin Panofsky）、泽德尔迈尔（HansSedlmayr）分别作为艺术研究中形式分析代表人物加以比较研究。

1　[美] H.F. 马尔格雷夫. 现代建筑理论的历史，1673—1968 [M]. 陈平译. 北京：北京大学出版社，2017：199.

具体的艺术作品形式分析主要有结构分析、象征分析和文本分析三种方法。

（1）结构分析

阿洛伊斯·李格尔（Alois Riegl）、海恩里希·沃尔夫林（Heinrich Wolfflin）是结构分析的代表人物，将艺术史的研究视角转移到艺术作品本身，认为艺术研究的重点是解读艺术视觉特征的普遍原理。线条、块面、比例、形体、体积、空间、轮廓、构图、光线、动势等艺术作品和艺术视觉文本的特有的形式语言是艺术的生命所在，具有独立的生命意义，成为风格研究的主题内容。

李格尔的《罗马晚期的工艺美术》，将心理分析引入对艺术史的探讨，着力强调形式对于艺术研究的重要性，指出"艺术史研究的另一个新的研究取向，即要摆脱一般文化史的、图像式的和传记式的旧有艺术史模式，建立独立自主的'艺术科学'学科，这一学科的研究对象是纯形式要素和知觉方式的发展演化。"[1]李格尔将形式分析建立在观者知觉方式的基础上，认为不是材料、技术而是知觉方式的变化决定了形式和风格的发展。并引入艺术形式要实现自己目标的原动力——"艺术意志"的概念，分析不同阶段的艺术对形式选择的内驱力，认为正是这种内驱力才是风格变化的必然逻辑规律。李格尔还将视觉艺术分为具象艺术——雕刻和绘画、抽象艺术——建筑和工艺，从而抽象、具象地看待自然世界中的形式转向对视觉艺术中可视空间、形式结构的探索。

沃尔夫林继承了温克尔曼（Johann Joachim Winckelmann）《古代艺术史》、布克哈特（Jacob Buckchardt）《意大利文艺复兴的历史》，将艺术史作为风格学研究的方法，在代表作《艺术风格学》中以作品为本位的视角衍生的风格学方法追溯艺术史发展的自身逻辑演变规律，寻求把不同区域、民族、时代的作品联系在一起的一般模式和内在演变逻辑，从实证的立场通过对具体作品视觉形式的分析引申到艺术风格自律的发展史观，标志着西方艺术风格学理论的成熟。在《美术沉思录》（Gedanken zur Kttnstgeschichte）的导论中沃尔夫林"自豪地接受'形式主义者'这个称呼，因为这意味着我实现了我作为一个艺术史学家最重要的作用，即分析直觉的形式"，[2]沃尔夫林以艺术品的形式分析为切入点，聚焦于作品的线条与涂绘、平面与纵深、封闭与开放、多样性的统一与匀称的统一、清晰性与模糊性等形式秩序和结构特征。沃尔夫林的原则说明建筑的风格能传达同时间的某种关系，这种关系同时又有助于传递一种特定的风格。形式诸要素的排列组合共同构成艺术的内涵，割裂艺术品本身知觉形式之外的政

1　[奥地利] A·李格尔. 罗马晚期的工艺美术 [M]. 陈平译. 长沙：湖南科学技术出版社，2001：9.

2　江嘉玮. 从沃尔夫林到埃森曼的形式分析法演变 [J]. 时代建筑，2017，(3)：62.

治、经济、宗教、伦理等社会因素，以艺术史内向观排除对整体的价值判读，将形式看作内容、以作品为本位使形式分析科学化。

柯林·罗（Collin Rowe）严肃地关注可见形式，将建筑视为一种纯形式的与智性的过程，在《理想别墅的数学分析》中继承了沃尔夫林的形式对比法考察古典建筑与现代建筑，在平面形式上并置一座文艺复兴建筑和一座现代主义建筑，主要分析建筑平面和立面中的抽象形式的几何关系，这种以简化图形式分析的方法在 20 世纪后半叶广泛传播。柯林·罗没有过多涉及立面的文化意义，而是引用数学家吉卡（Matila Ghyka）关于矩形和谐比例与黄金分割的图解，用正方形、对角线等图形关系的几何方法分析现代建筑的形态学问题，将从几何分析出来的形式关系推广到文化原型和心理图式，相信序列、比例、围合、虚实、整体与局部等形式中存在不变的永久性因素，代表了建筑几何秩序的本质的美。总之，柯林·罗维护一种形式自律的建筑理论，即在其自身视觉法则圣殿内部运作的审美形式主义。

（2）象征分析

瓦尔堡（Aby Warburg）、潘洛夫斯基（Erwin Panofsky）、维特科夫尔（Rudolf Wittkower）是象征分析的代表人物。他们通过对艺术形式的文化学解读，反对沃尔夫林倡导的艺术史就是风格史的观点，挑战了沃尔夫林对艺术品形式的经验判断。象征分析采用图像学、符号学的方法，将艺术品置于文化史的上下文，着重挖掘形式"隐喻"的观念或象征的意义。象征分析注重传统意味，与社会学、心理学、精神分析等学科交叉，关注古典母题在形式和意义上的延伸和变化，从而保卫了艺术形式的"表意的"特性。

瓦尔堡作为现代图像学的先驱之一，认为图像与文化整体密不可分、映射出深层的时代精神，反对抽象意义上的"纯视觉"观点。"在他看来，往昔的图像作为文献是十分重要的。只要我们能够成功地恢复它们的最初背景，成功地将它们置于产生它们的文化环境，只要我们揭开将它们与往昔的人们联系起来的线索，它们就向我们揭示出它们所在的时期的心理结构，和关于那一时期主要的精神状况与态度的一些情况。"[1] 瓦尔堡追求图像的意义和深度，试图从艺术视觉形象中的主题和题材出发，研究人类观念被视觉化的过程及原因，从人类学与神话的角度解读图像背后象征的历史人文意义的形成、变化和发展。"明确地抵制对艺术史的'单线'解释，力求得出对构成一个'时期'的那些复杂的力场的解释"，[2] 使瓦尔堡的图像

1 [英] E.H. 贡布里希 . 瓦尔堡思想传记 [M]. 李本正译 . 北京：商务印书馆，2018：143.
2 [英] E.H. 贡布里希 . 瓦尔堡思想传记 [M]. 李本正译 . 北京：商务印书馆，2018：362.

学超越艺术领域，成为一种"无名"的意义之学、文化之学。

潘洛夫斯基在李格尔潜在的、包含了内容和形式的概念、自发的形式冲动"艺术意志"(Kunstwollen)的基础上引申出"艺术观念"(Artistic Attention)，"面对任何一件艺术品，无论要对其进行审美再创造还是进行理性的研究，都要受到物质形式、观念（在造型艺术中就是母题）和内容这三个因素的影响"。[1]潘洛夫斯基并不否认艺术品的意义在于形式本身，但他反对沃尔夫林将形式与内容对立及对内容的忽视，认为纯粹的形式主义分析只能对风格作出描述却无法解释观看及再现的普遍视觉形式背后的含义。潘洛夫斯基进一步指出每一种形式都承载着不同的精神内涵，艺术品的意义恰恰在于图像蕴含了观念和文化，艺术品中包含着时代精神和人类心灵的基本倾向。他主张"追溯某种图像志的主题，从一种类型学的历史或其他特别的影响中得出某种形式的综合，来解释一位特定的大师在其时代关系中的艺术成就……而不是从艺术品自身存在的范围之外的一个固定的阿基米德点来决定它们绝对的位置和意义。"[2]通过图像学方案重建的方法返归艺术家的创作历程及所使用的技术程序特征，重构艺术家为何选择某种形式来再现意义，阐释具体的视觉艺术品所反映的普遍的时代文化和人文精神。

受过沃尔夫林专门指导的鲁道夫·维特科夫尔(Rudolf Wittkower)，1915 年发表论文《造型艺术的风格问题》，批评沃尔夫林抽象的视觉论，开启了艺术研究的另一个方向，即研究艺术作品的内容及艺术赖以产生的历史上下文。1934 年他在《艺术简报》(Art Bulletin) 上发表代表作《米开朗琪罗的洛伦佐图书馆》(Michelangelo's Biblioteca Laurenziana)，尝试通过形式分析剖析古典建筑师如何在建成实物上转化了设计思想。1950 年其出版的著作《人文主义时代的建筑原理》(Architectural Principles in Age of Humanism)，认为建筑与美术、音乐有密切的关系且含有丰富的文化意义，运用图形学和格式塔心理学分析文艺复兴时期建筑的立面、平面、剖面，解读古典建筑空间形式所蕴含的基本思想和文化意味。

（3）文本分析

文本分析的代表人物是罗兰·巴特(Roland Barthes)，他的《写作的零度》《S/Z》及《叙事作品结构分析导论》从理论和实践上为结构主义符号学和叙事理论奠定了基础。罗兰·巴特对作者权威的否定和对读者阅读过程的重视，演变为解构主义的文本阅读理论，彻底否定了文本意义的相

---

1 [美]E·潘洛夫斯基.视觉艺术的含义 [M].傅志强译.沈阳：辽宁人民出版社，1987：43.

2 [美]迈克尔·安·霍丽.帕诺夫斯基与美术史基础 [M].易英译.长沙：湖南美术出版社，1991：60.

对稳定性和读者对文本反映的相对共通性。如罗兰·巴特所宣称的"我主要关心的是文本，也就是构成作品的所指的织体。"[1]分析方法受结构主义和解构主义哲学的影响，借助语言学从"语义学"向"语法学"转向，揭示和模拟结构的自我指涉的意义，表明结构主义对形式作为客体范畴的关注。

与象征分析关注传统，强调"隐喻"不同，文本分析的"指示"是文本的表层和深层结构系统的意义。约翰·萨默森（John Summerson）的《建筑的古典语言》（The Classical Language of Architecture）强调古典建筑柱式和比例的规制性，把"古典"归纳为建筑的装饰构件采用古代世界的建筑语汇，并以达到各部分之间的和谐为宗旨，认为建筑的含义只有放在完整的惯例体系中才是可理解的。布鲁诺·赛维（Bruno Cervi）的《现代建筑语言》（The Modern Language of Architecture）提出维护现代建筑语言性的七条纲领性原则——功能原则、不协调性、反透视法、分解体量、结构表现、时空连续和组织原则，强调语言创造性和开放性的一面。查尔斯·詹克斯（Charles Jencks）《后现代建筑语言》（The Language of Postmodern Architecture）批判现代主义建筑语言追求纯粹而导致形式和内容的单一，主张建筑应容纳混杂的含义，通过隐喻、语汇、句法、语义提供多重解读的可能，使建筑不是按形式而是按语义联结起来。

彼得·埃森曼（Peter Elsenman）部分继承了柯林·罗的形式分析，又结合当代语言学的研究成果，把建筑作为形式上自治的客体，将对建筑的形式分析作为"批判性阅读"与"文本性阅读"。2005年出版的著作《现代建筑的形式基础》（The Formal Basis of Modern Architecture）认为，"建筑将形式（形式本身是一个要素）赋予目的、功能、结构与技术。由此形式被擢升至以上诸要素排序等级的最高位置，我以这种方式宣告形式的至高无上。"，[2]彼得·埃森曼史无前例地提升了"形式"的地位，进而试图阐释形式在建筑里形而上学及美学维度的逻辑问题。埃森曼反对以格式塔心理学为代表的建立在感知之上的形式分析，反驳形式的视觉与图像概念，采用文本分析的方法模拟语言的结构，对建筑形式展开概念化的阅读（Conceptual Reading），把建筑视为一种摆脱了视觉感知的、具有逻辑性的话语，将梁、柱、墙等建筑构造元素作为句法单元，经过组合、转换、分解等建筑形式的生产法则，产生新的文本，探讨建筑构造、材料、色彩等物质属性和社会环境之外纯粹形式的生成机制。从语汇（Vocabulary）、语法（Grammar）和句法（Syntax）阐释形式自身的构成逻辑和结构意义，解读一系列建筑，以一种清晰可见的秩序归于同一范畴的形式配置系统。

1 马新国. 西方文论史［M］. 3版. 北京：高等教育出版社，2008：461.
2 ［美］彼得·埃森曼. 现代建筑的形式基础［M］. 贾若译. 上海：同济大学出版社，2018：8.

总之，形式为建筑提供表达意向和承载功能的具体方式，以及创造有序环境的普遍方法。因此建筑在本质上就是为意向、功能、结构和技术赋予形式的过程，赋形必然意味着对某种秩序的表现，不论这一秩序是指向具体建筑物意向和功能的清晰表达，还是指向单体建筑物与整体环境之间关系的清晰表达。建筑师的想象力、直觉在功能与形式语汇的秩序和微妙交织中共同作用，不同地域建筑形式的相似性超越了内容的差异性，从而有可能揭示出建筑艺术发展的共性特征。建筑批评中的形式分析通常都是综合性的，高度依赖文本和图，文本是书面语言的表现形式，包括建筑师的建筑思想、设计立意和心路历程，图包括平面、立面、剖面、鸟瞰图、轴测图等建筑设计图，以及构思草图、图解、效果图。

小　结

　　现代主义建筑无可争议地构成了当今世界主要的视觉景观，现代主义建筑因与中国传统建筑处于不同时代、不同地域，形式与功能、结构与技术相距甚远，被视为从西方舶来的建筑类型。贝聿铭以独特的东方视角审视现代主义建筑自身的局限和在当代所面临的挑战，并从建筑观念、建筑语言、建筑营造方面推动了现代主义建筑的发展，被誉为"现代主义泰斗"和"最后一个现代主义大师"。

　　纵观国内外对贝聿铭的研究，数量可观但研究的深度和质量参差不齐、差强人意。要么仅仅选取贝聿铭的单一作品或某一类型的作品作为分析对象，缺乏对其创作生涯长远而全面的历史梳理；要么聚焦于贝聿铭在香山饭店、苏州博物馆中的设计创新，任意夸大其建筑的民族特色，忽视了贝聿铭建筑的现代主义美学本质；要么因文化和身份的偏见，某种程度上削弱了对贝聿铭的研究和评价。且大部分研究以人物纪传体、作品编年史、记者访谈的形式，缺乏理论的深度，或将其作为建筑史中的一个从属地位的支系代表一笔带过，而对贝聿铭力图弥合美和理性、形式和功能之间的裂痕，以中国传统美学独特的致思方式对现代主义建筑美学的提升和发展言之不详。

　　因此，将贝聿铭卓越的建筑设计创作纳入现代主义建筑的总体发展框架，紧密结合现代主义建筑美学思想渊源、历史脉络、语境特点和生成机制，通过将贝聿铭与格罗皮乌斯、柯布西耶、密斯、赖特、阿尔瓦·阿尔托等第一代现代主义大师和路易斯·康、迈耶、丹下健三等第二代现代主义大师集体诉求和个人探索对比分析，从微观视角对贝聿铭作品的艺术形式与象征层面深入分析，解读其建筑个案，梳理其创作历程、手法流变，进而对这些空间与形式所表达的思想和意义进行美学的审视和提炼、评价和阐释，探索其美学精神、风格、规律和原则，揭示贝聿铭所反映的中西两大传统交融产生的新美学特色对现代主义建筑美学思想的创新和发展，具有较强的理论和实践意义。

本书拟采撷建筑美学、建筑语言学、建筑符号学、建筑现象学等研究趋势的理论众长，坚持把美学价值放在首位，将建筑在本质上视为意向、功能、结构和技术赋予形式的过程，把形式作为建筑提供表达意向和承载功能的具体方式，以及创造有序环境的普遍手段。借鉴艺术史研究的形式分析方法，在建筑形式研究中引入结构分析、象征分析和文本分析，通过观念探讨和案例实证相互生发。坚持逻辑与历史相统一、文献资料与实例分析相映照、田野调查与跨文化比较相结合。把贝聿铭的创作放到现代主义建筑运动的整体框架和中国建筑现代化转型的历史脉络中，纵观贝聿铭整个人生经历，全面考察其创作生涯，阐述其建筑作品表层语言的风格与深层语言的精神本质、审美特征和价值取向的发展嬗变、逻辑形态和基本规律。从形式、造型、色彩、材料、尺度上解读贝氏建筑如何实现理性与感性的完美结合，把东西方建筑文化精神与造景思维有机融合，把中国经典传统的建筑艺术和现代最新、最前沿的科学技术相互映衬、相互生发，从而形成自身独特的艺术风格，从新的历史维度推动现代主义建筑蜕变和发展。同时在现代主义建筑发展、演变的整体图景中客观评价其在现代主义建筑美学发展历史上的地位和贡献，寻找适用于中国现代建筑转换的途径策略和审美表达，构建建筑民族化发展、艺术化发展所需的精确的、表达意义的符号体系。

同其他著作相比，本书创新之处在于：（1）研究角度创新。作为一种历史现象，建筑文化和其他文化一样，具有历史的继承性和革新性。将贝聿铭的建筑作品置入更为广袤的历史和文化视野中，寻找更为广阔的社会文化参照系，以中西文化比较的视角，以现代主义建筑美学理论发展脉络，透视和剖析贝聿铭建筑作品的精神品格、艺术特征和历史地位。（2）跨学科研究。坚持跨学科的视野和鲜明的价值论态度，研究中把美学、符号学、语言学、现象学和历史学等不同学科的理论和知识交织结合在一起，在现代主义建筑美学框架下采用形式分析方法对贝聿铭建筑的艺术独创性、现代主义建筑审美特质及中国现代建筑语境进行全景式的考察。将建筑思想与创作实践有机结合，理论与作品相互映衬、相互生发，综合经验的分析与思辨的推论，以新的思路和空间扩大贝聿铭建筑美学思想研究的广度和深度。

第一章　现代主义建筑美学的渊源及特征

　　一部建筑史，基本是一本风格史或类型史。风格代表了时代，作为建筑视觉经验的中心，记录了历史的发展和演变，风格或类型是建筑传达意义的核心内容。而建筑理论史则是观念史，每一代人的理论都是从当下实际情景与问题出发，对往昔传统观念的一种反映，将建筑历史本身视为各种建筑观念的表征，从时间与历史绵延的角度，把建筑观念的有机发展在一定时空范围内呈现出来。正如黑格尔所言，"建筑的任务在于替原已独立存在的精神，即替人和人所塑造的或对象化的神像，改造外在自然，使它成为一种凭精神本身通过艺术来造成的具有美的形象的遮蔽物。"[1]新的风格、类型总是由观念革新与现实创造支撑的，20世纪初与传统决裂的现代主义建筑，若将它置入更大的历史上下文中来看，起始是关于何为"现代性"这一系列观念在形式与功能、艺术与技术、结构与历史意蕴等方面不断展开的语义代码置换。

　　建筑史上的大变革往往伴随着形式和技术设备的创新，以及超越其上、体现世界观更替的空间观念。19世纪至20世纪初，新的材料、新的技术、新的功能和新的观念是造成新形式产生的条件。现代主义建筑专注于功能和构造，并视功能和构造为一种风格，刻意否定复古和装饰，以空间为核心形成独立的功能主义的、构造性的风格和抽象的几何形美学原则，从而使意义的传达变得更加透明、明确和简洁。现代主义建筑的意义不是预先通过形式而设立的，而是通过构造性、功能性的完成而自然形成的，功能具有科学性和理性特征，而不是简单的美学范畴。因此现代建筑意义的传达，其实不是就建筑本身而达到的，而是通过现代主义建筑组成的都市所形成的文化而传达出来的，反映了社会与技术条件的变化、思想与意识形态的影响，以及深刻的政治与文化冲突。

　　建筑本身具有物质文明的属性，同时又具有精神文明和上层建筑的属性。无论如何强调创造力和个性发展，建筑设计都无法摆脱文明发展的总趋势的影响。建筑风格产生的社会、政治、经济，强调建筑理论模式的建立、建筑的理论探讨，建筑风格和类型产生的解释，而不仅仅限于简单的阐述。因此，时代精神主导下全面梳理现代主义建筑的精神谱系，整体探究现代

1　[德] 黑格尔. 美学（第三册）：上卷 [M]. 朱光潜译. 北京：北京大学出版社，2017：27.

主义建筑的智性基础，深入了解建筑的每个历史发展阶段的特征，了解阶段之间转换的原因，透过建筑形式的改变来认识改变的动机和社会背景，而非形式主义的道路，才能真正理解贝聿铭现代主义建筑美学思想的源泉与实质。

第一节　建筑审美的现代性

一、现代性

　　"现代"（Modern）概念的拉丁文为 modernus，意思是"当前的""最近的"，从语义上说是一个时间或历史概念，在西方的文化语境中指文艺复兴以来，尤其是 18 世纪启蒙运动以来的时代精神（Ethos），与之相对的是"古代"或"传统"。广义的现代性的核心内涵是以进步主义和科学理性为核心的理性主义精神。现代性是用以描述现代时期总体特性和认知范式的概念，是自启蒙运动以来社会、政治和文化思想中最重要的问题之一。"现代"标识了一个有别于传统社会的现代社会，而现代性不属于编年史中按照某种规约而划分的界限分明的、精确的时期，现代性的含义是一种发展过程。社会的现代化进程出现的工业化、都市化、科层化、工具理性化、世俗化、个体化等提出了许多迫切需要解决的问题。卢梭率先提出现代性这个概念，也最早对现代性表示了深刻的质疑。

　　吉登斯（Anthony Giddens）认为"现代性指社会生活或组织模式，大约 17 世纪出现在欧洲，并且在后来的岁月里，不同程度地在世界范围内产生着影响。"[1] 其进一步强调，现代性以前所未有的广度和深度改变了生活的方式。"在外延方面，它们确立了跨越全球的社会联系方式；在内涵方面，它们正在改变我们日常生活中最熟悉的和最带个人色彩的领域。"[2] 霍尔（Stuart Hall）从政治、经济、社会和文化四个层面界定现代性：政治层面是世俗政体与现代民族国家的确立；经济层面是市场经济和私有制基础上的资本积累；社会层面是劳动和性别分工体系的形成；文化层面是宗教衰落，世俗物质文化的兴起。与吉登斯和霍尔侧重生活方式和制度层面不同，福柯倾向把现代性看作一种态度，而不是历史的一个时期，"我说的态度是指对于现代性的一种关系方式：一些人所作的自愿选择，一种思考和感觉方式，一种行动和行为方式。"[3] 同样列费弗尔（Henri Lefebvre）把现代性理解为"一个反思过程的开始，一个对批判和自我批判某种程度进步的尝

1　[英] 安东尼·吉登斯．现代性的后果 [M]．田禾译．黄平校．南京：译林出版社，2000：1．
2　[英] 安东尼·吉登斯．现代性的后果 [M]．田禾译．黄平校．南京：译林出版社，2000：4．
3　杜小真．福柯集 [M]．王简，等译．上海：上海远东出版社，1998：533．

试，一种对知识的渴求。"[1]从而彰显了现代性的思想方式或世界观的意义。

可见现代性的提出和界定本身充满了冲突与张力，功能主义将现代性视为现代化的制度或结构，马克思主义将现代性看作是社会-经济过程，作为一个政治哲学和文化理论概念的现代性，既是现代社会文化的变化及其特性，又是指对这些变化和特性自觉的反思和批判。韦伯（Max Weber）指出现代化过程中存在不可避免的目的理性与价值理性的对立；哈贝马斯（Jürgen Habermas）把这一冲突描述为社会系统、经济系统与其文化系统之间价值上的对立；贝尔（Daniel Bell）将其比喻为企业家的经济冲动与艺术家的文化冲动之间的碰撞；卡林内斯库（Matei Calinescu）指出存在着社会现代化与审美的现代性之间的对抗；鲍曼认为现代性的和谐就是其文化与其社会现实之间的紧张；维尔默（Albrecht Wellmer）直接把这一冲突概括为启蒙现代性与浪漫现代性的对峙。

对现代性的思考是对当下社会现代化进程中文化发展现状的反思，是对传统的体认也是对未来的展望。从启蒙运动到19世纪中叶，人们深切地感受到从传统社会向现代社会的转型，国家资本主义阶段现代性问题逐渐形成。卢梭一方面注意到科学理性精神给社会带来的巨大发展，另一方面又以怀疑的态度去思考世界的变化和所谓的进步，成为现代性批判传统的源泉。"发展出明晰的现代性观念的第一位哲学家"[2]黑格尔，将主体性原则和理性原则作为区分古代和现代的标志。有别于卢梭悲观的经验描述和黑格尔乐观的思辨推证，马克思从生产方式和社会经济运动的政治经济学角度探讨了现代性的特征，并敏锐发现了资本主义深刻的矛盾特性。

19世纪中叶到20世纪中期，启蒙现代性及工具理性深入到社会各个层面，市场化和商品经济得到长足的发展，资本主义发展到垄断阶段。面对日益理性化的社会进程，尼采提出以审美的"酒神精神"对抗启蒙现代性。与尼采敌视启蒙理性的立场不同，韦伯的现代性理论认为西方的现代化体现为清教的禁欲主义和理性观念结合的产物，凸显了现代性与理性之间的密切关系，同时为现代性的理性弊端开出了审美的世俗救赎之途。如果说韦伯基本上是从肯定方面理解现代性的理性，弗洛伊德则完全立足否定的方面，从个体人格结构和种族发展的相似性出发，直面现代性条件下人性分裂和冲突问题。尼采主张重归"酒神精神"，释放被文明压抑的精神潜能，韦伯认为审美在现代社会提供了某种世俗的"救赎"，以及弗洛伊德对本我和快乐原则合理性的辩护，强调了审美现代的独特功能，催生了审美现代性观念的形成。"现代性可以而且将不再借用别的时代提供的

---

1 Henri Lefebvre. Introduction to Modernity[M].London：Verso，2012：1-2.

2 Jürgen Habermas. The Philosophical Discourse of Modernity[M]. Cambridge：Polity，1987：4.

模式所定位的标准；它不得不在自己身上创造出自己的规范。"[1] 在启蒙的现代性与审美的现代性的冲突中，随着宗教的衰落和日常生活趋于工具理性化，审美在现代性中承担了极其重要的角色。

20世纪60年代进入后工业社会、信息社会和垄断资本主义阶段，杰姆逊将其称为后现代主义阶段，另一种表述是"晚期现代性"。利奥塔（Jean-Francois Lyotard）认为启蒙运动所缔造的"原叙事"——解放的叙事和启蒙的叙事，是现代性的标志。现代性意味着总体性、统一性、元叙事和普遍性，后现代则是局部性、多元性、小叙事和不确定性，强调否定和创新。但悖论的是现代性中包含着后现代性，即"现代性和后现代性都不能被清楚地认同和定义为清楚界定的历史实在，其中后者总是在前者'之后'带来。相反，我们必须说后现代总是隐含在现代里……现代性在本质上是不断地充满它的后现代性的。"[2] 哈贝马斯以现代性尚未完成的设想批判了利奥塔的后现代理论，指出现代性本身在知识、道德伦理和艺术等方面的潜能远没有完成，强调以交往理性为核心的现代性规划，以主体间性的哲学为根基，摆脱工具理性的局限，通过交往理性的建构达到普遍认可的共识。如果利奥塔倾向于现代性和后现代性错综包容关系，哈贝马斯主张现代性尚未完成，吉登斯则强调社会制度层面现代性与传统性的断裂，侧重它的未来指向，这种未来指向构造了现代自身的开放性和发展的无限可能性。不管现代和后现代的关系如何，后现代的引入体现了新的观察视角和参照，从而揭示出现代性自身以及对它反思所隐蔽的局限性。

总之，现代性具体体现为启蒙的现代性和审美的现代性两种形态，无论从共时层面上现代性不同规定和研究的路径，还是历时层面上现代性问题史的不同阶段主题和观念的探讨，现代性的核心问题首先是现代性与启蒙运动的关系，现代性的真正出发点是启蒙运动，现代性乃是启蒙运动所发动的社会的和观念的变革。其次为现代性的矛盾性、差异性和暧昧性特征。再次，现代性的"去魅化""合理化"反思总是聚焦于总体性和局部（自主）性及由此带来的碎片化问题。最后，在晚近现代性思考的思路包括集中于社会制度和社会学习层面的认知思路和凸显文化层面和美学反应的美学思路。

二、审美的现代性

现代性内部存在着不同意义的交流和理解，而作为启蒙现代性的文化

1　Jürgen Habermas. The Philosophical Discourse of Modernity[M]. Cambridge：Polity，1987：7.

2　[法]让-弗朗索瓦·利奥塔. 后现代性与公正游戏——利奥塔访谈、书信录 [M]. 谈瀛洲译. 上海：上海人民出版社，1997：154.

产物——审美现代性的出现，无论作为抽象理论话语或感性艺术形态，都是现代性展开过程中分化的产物。审美的现代性所传达、彰显的意义与政治、经济和社会的现代性处于一种复杂的张力状态。审美活动尤其是艺术活动就是一种独特的表意实践，通过创造独特的符号或象征来解释我们所生活的世界及其意义。在宗教日益衰落的现代社会，传统的宗教——形而上学世界观解释范式日趋失效的情况下，与科学认知活动、道德伦理活动相比，韦伯认为"审美具有一种把人们从认知和道德活动的理性主义压抑中解放出来的世俗'救赎'功能。"[1]审美的"无功利性"抵消了工具理性的功利性，审美的主动性和自由消除了工具理性的被动性和压制性。

哈贝马斯认为，席勒的《审美教育书简》是"构成了走向现代性审美批判的第一项纲领性成果"。齐美尔从马克思"物化"思想的基础上透视现代艺术，表述为"生命"（审美）对"形式"（社会、政治、经济等现代化）的颠覆，即突破物质文化对精神的限制，保持主体文化的特性，抗拒不断物化的社会现实。哈贝马斯把审美的现代性视为宏大的文化现代性的一部分，而奠定现代性根基的问题首先是在美学批评中滥觞的，"直到今天现代性仍具有一种核心的美学意义，这种意义是由先锋派的自我理解所塑造的。"[2]马泰·卡林内斯库（Matei Calinescu）在《现代性的五副面孔》中，描绘出审美现代性的现代主义、先锋主义、颓废、媚俗和后现代主义五种具体形态，并进而指出审美现代性标志着"一个重要的文化转变，即从一种由来已久的永恒性美学转变到一种瞬时性与内在性美学，前者是基于对不变的、超验的美的理想的信念，后者的核心价值观念是变化和新奇。"[3]可见现代性始终和美学审美或艺术实践相关，艺术活动中道德判断被趣味判断所取代，成为价值根源和判断标准的提供者。

审美的现代性就是社会现代化过程中分化出来的一种独特的自主性表意实践，世俗的救赎、拒绝平庸、对歧义的宽容作为审美现代性的表征，不只是艺术的自身的形态，更是对社会现代化的反省辨析。艺术所体现的审美现代性带有一种对现代社会深刻反思和批判的功能，它不断反思着社会现代化对人的"异化""拜物化"和"工具化"，并不停地为急剧变化的社会生活提供重要的意义。审美现代性的一个基本标志是艺术的自律性，"如果说现代艺术话语是审美现代性的感性形态的话，现代美学话语则是审美现代性的理论形态。"[4]作为现代美学的一个基本主题，审美现代性的反思性，既体现在作为文化表意实践活动的艺术创作中，也反映在作为一种

1　周宪. 审美现代性批判 [M]. 北京：商务印书馆，2005：66.

2　Jürgen Habermas. The Philosophical Discourse of Modernity [M].Cambridge：Polity，1987.

3　[美] 马泰·卡林内斯库. 现代性的五副面孔 [M]. 顾爱彬，李瑞华译. 北京：商务印书馆，2002：15.

4　周宪. 审美现代性批判 [M]. 北京：商务印书馆，2005：107.

观念或价值反思的美学理论形态中。

个人风格的美学表现体现出审美现代性的一个特征，现代主义艺术普遍强调艺术家个性风格的表现。艺术的自律发展呈现出强调其形式的审美特性的倾向，形式主义倾向在审美现代性中具有相当重要的地位，"艺术结构的形式——内容辩证法已越来越转向热衷于形式。较之于其形式层面，艺术作品的内容，其'陈述'变得越加衰微，形式层面被狭义地界定为审美的。"[1]对现代主义艺术而言，追求新颖，强调表现性和向内转，注重个性风格等形式本体论，标志着艺术自律性的强化，也标志着艺术的反思和通过新形式颠覆旧秩序的追求。

在20世纪审美现代性形成过程中，艺术的感官体验革命赋予了人们观察和思考的新方式，同样也引发了形式层面上的变革。现代主义的艺术代表了一种冲突的历史线索，核心是对传统艺术的思想内容、表现方法、媒介载体的改革。司各特·拉什（Scott Lash）把"文学与艺术中的现代主义看作是文化上对社会现代化所做出的首次具有自反性的美学回应。"[2]现代艺术的核心是自觉地与传统决裂，对以往艺术内容、表现方法和传统媒介的改革。20世纪初到两次世界大战之间欧洲和美国相继出现的艺术改革运动——立体主义、未来主义、达达主义和超现实主义，完全改变了视觉艺术的形式和内容，对现代建筑的影响也是最直接、最深刻的。

立体主义绘画，以毕加索1907年的《亚维农的少女》为标志开始，主张完全不模仿客观对象，重视艺术家自我的理解和表现，将一些视觉片段与抽象形体组合在一起，重新组织或大或小的题材，让空间和形体形成一种新的秩序。其中心形式是对对象的理性解析、重新构造和综合构成，造成对平面结构的分析和组合，且把这种组合规律化、体系化，强调纵横的结合规律和理性规律在表现"真实"中的关键作用，为纯粹主义风格奠定了理论和形体的基础。1910年代晚期及1920年代早期的德国、俄国也出现了衍生于立体主义的形体，其逐渐变得简洁并与机器时代的内容相融合，提供了现代建筑、现代产品和平面设计的形式基础。

意大利发展起来的未来主义，形式上表现出对象的移动感、震动感，趋向速度和运动，探索如何表达四维空间，是直接从艺术中产生出建筑流派的现代主义运动。未来主义对现代主义建筑的主要影响是思想方式方面，强调以机械为未来的审美中心，崇尚与传统决裂的崭新的、现代的形式和风格。这种思想和审美立场为现代主义建筑冲击传统建筑提供了有力的意

---

1 Peter Bürger, Christa Bürger. Institutions of Art[M]. Lincoln: University of Nebraska Press, 1992: 19.

2 [德] 乌尔里希·贝克，[英] 安东尼·吉登斯、[英] 斯科特·拉什. 自反性现代化：现代社会秩序中的政治、传统与美学 [M]. 赵文书译. 北京：商务印书馆，2001: 268.

识形态和思想方法的支持。

达达主义包括两方面的内容，一方面是通过无政府主义的方式，表达对第一次世界大战的厌恶和抵制，而形式上，探索平面上的偶然性、自发性、随意性组合。达达主义具有强烈的虚无主义特点，对于传统的否定立场，给现代主义建筑冲击传统建筑以非常有力的依据。

超现实主义认为社会的所谓真实的表象是虚伪的，只有艺术家的自我感觉可以相信和依赖。超现实主义对现代主义建筑的影响主要在工业城市的形象方面，表现为接受和恐惧的双重性，强大、不可阻挡，同时冷漠、理性，缺乏人情味，造成日后"国际式"风格的刻板、冷漠的垄断状况。

现代主义建筑是现代思想、现代文化的重要组成部分，与其他现代主义运动有着千丝万缕的关联和相互影响，如新艺术运动与瓦格纳学派、法国现实主义绘画与德国建筑改革、风格派与包豪斯以及荷兰现代主义建筑、表现主义艺术与珀尔齐希（Hans Poelzig）的建筑设计、未来主义运动与桑泰利亚（Antonio Sant' Elia）的城市狂想曲……以及美术史中，温克尔曼（Johann Joachim Winckelmann）对建筑理论的贡献，鲁莫尔（Friedrich Von Rumohr）的《意大利研究》中关于建筑问题的讨论，施纳泽（Karl Schnaase）在《尼德兰书简》中对"空间"观念的系统研究，李格尔的"艺术意志"对贝伦斯（Peter Behrens）及现代主义建筑观念的影响，沃尔夫林的形式主义与移情理论对 20 世纪最活跃的现代主义建筑批评家吉迪恩思想的奠基作用。审美现代性的形式解析方法，着重于关于美的基本要素和基本均衡关系，预示了建筑理论和美学领域酝酿着的变革风暴已然来临。

三、建筑审美的现代性

"现代主义"（Modernism）是用来概括发端于 20 世纪初西方建筑运动的一个术语，实际上"17 世纪的'古今之争'使得 modern 作为一个艺术术语流行起来。在 17 世纪 70 至 80 年代发生的这场关于文艺的争论，对现代建筑理论的形成至关重要。"[1] 建筑领域的古今之争中，克洛德·佩罗（Claude Perrault）以卢浮宫的设计和在维特鲁威译本加注的方式对卢浮宫的设计进行说明，从实践和理论两个方面对以弗朗索瓦·布隆代尔（François Blondel）为首的法国学院派所遵循的古典权威进行了质疑，并在确然之美与率性之美的区分这一更宽泛的理论框架下，指出盲目追随古人会窒息一切进步与革新，将建筑美置于习俗与习惯的基础之上，捍卫了时代界定自己艺术精神的权利，表明了他的"现代"立场。之后，关于创

1　[美] H.F. 马尔格雷夫. 现代建筑理论的历史，1673—1968. [M]. 陈平译. 北京：北京大学出版社，2017：17.

造一种新的、现代的建筑风格的争论在欧洲和北美愈演愈烈、日益深化。

18 世纪启蒙运动中，启动现代主义观念的精神力量更加显而易见。"狄德罗编辑的《百科全书》引导了现代主义的方向"[1]，卢梭的《论科学与艺术》《论人间不平等的起源与基础》进一步定义了启蒙运动的观念。"很有天赋的建筑师"苏夫洛（Jacques-Germain Soufflot）设计的圣热纳维耶芙教堂（1793 年改为先贤祠），"将哥特式大厦的轻灵与希腊建筑的辉煌纯正综合起来，构成最优美的形式"[2]，和洛日耶（Marc-Antonie Laugier）撰写的《论建筑》弘扬"理性"是一切设计的指导原则，都与广阔的启蒙运动的进步观念和制度改革精神相契合。1769 年，皮拉内西（Giovanni Battista Piranesi）提倡的巴洛克折中主义为新古典主义在 18 世纪后半期的发展，其主要特征是对古典价值的侵蚀。"革命建筑师"勒杜（Claude-Nicolas Ledoux）采用崭新的构成形式，以一种通用几何形体的古典主义，去除了大部分装饰性符号，成为"第一批吸收新思潮并将其演绎为令人信服的建筑形式的设计师"[3]。

18 世纪下半叶，建立在新的联想与感觉心理学基础上的如画理论（Picturesque Theory），取代了英国帕拉第奥运动中占主导地位的绝对美与绝对比例的古典信念，古典价值观与相对论的观点出现在伊尼戈隆·琼斯（Inigo Jones）和雷恩（Christopher Wren）的建筑理论视界中，注重实用、反对过分奢华，处理美的问题的方法更为理性和科学。

1789 年法国大革命所引发的政治、社会变革与工业革命所带来的变革相吻合，揭开了"欧洲更伟大的道德与精神复兴的序幕"[4]，现代价值清晰可见地展现于建筑及其他文化领域中。迪朗（Jean-Nicolas-Louis Durand）重新评估古典建筑与现代工业社会的社会关联度，在《简明建筑教程》中指出，"显而易见的是，愉悦不可能成为建筑的目标，建筑装饰也不可能成为它的目的。公共与私人的实用性，以及对个人与社会的保护，才是建筑的目的。"[5] 所提出的"适合与经济"（Fitness and Economy）两条基本原理，带来建筑理论革命性的变革。莱昂斯·雷诺（Léonce Reynaud）认为建筑不是一门与批评发展相对的从事有机辩证的艺术，而是一门与科学技术同步发

1　[美] H.F. 马尔格雷夫. 现代建筑理论的历史，1673—1968. [M]. 陈平译. 北京：北京大学出版社，2017：20.

2　[美] H.F. 马尔格雷夫. 现代建筑理论的历史，1673—1968. [M]. 陈平译. 北京：北京大学出版社，2017：26.

3　[美] H.F. 马尔格雷夫. 现代建筑理论的历史，1673—1968 [M]. 陈平译. 北京：北京大学出版社，2017：52.

4　Terry Pinkard Hegel：A Biography[M].New York：Cambridge University Press，2000：22.

5　[美] H.F. 马尔格雷夫. 现代建筑理论的历史，1673—1968. [M]. 陈平译. 北京：北京大学出版社，2017：103.

展的艺术，形式是由材料与精巧的结构所决定的，提倡要设计出一种新的原创性建筑，表现新的"伟大的道德思想"[1]。

19世纪上半叶，尽管如画理论很流行，英国建筑的古典复兴势头依然强劲。普金（Augustus Welby Northmore Pugin）作为为哥特式建筑辩护发声最激烈的理论家，认为每个民族都创造了一种建筑风格以适合它的气候、习俗与宗教活动，并指出两条法则：(1) 一座建筑不应带有任何对于便利、结构或得体而言为不必要的特征；(2) 所有装饰都应该是对于该建筑物构造的美化，被认为是功能主义的先声。同时在普金的论述中，机器成为非人性独裁主义和社会异化的标志。

19世纪30年代随着席卷巴黎美术学院的动乱，法国在建筑理论领域的主导地位逐渐削弱，德国迅速崛起。19世纪最重要的建筑师辛克尔（Karl Friedrich Schinkel）最富创新性的尝试是将建筑理论完全置于结构问题的基础之上，对新时代出现的构造形式进行形态学上的分类。在辛克尔看来，建筑比例基于相当普遍的动力学规律，构造形态是设计的出发点。而不太出名的建筑师许布施（Heinrich Hübsch）的小册子《我们该以何种风格建造？》，坚信"为了建立一种新风格以适应当今的需要"[2]，明确创造出新风格的"客观"原理的基础是需求，并从纯实用性的角度以便利性与坚固性来界定需求。理论家卡尔·伯蒂歇尔（Karl Bötticher）以许布施的方式定义了一种新风格，即一种空间覆盖体系。历史不可避免的新风格要采用能够满足于任何空间与功能的新的材料——铁。

1851年伦敦举办的万国博览会，帕克斯顿（Joseph Paxton）使用铸铁和玻璃设计建造了水晶宫（The Crystal Palace）。铁是建筑史上首次出现的人造建筑材料，玻璃则被视为一种幻景材料，其形式和细节中透明、轻盈的新颖性超出了人们的感知和想象，其采用的标准技术预示了快速经济建造的新方式和建筑的新方向。但对矫饰风格的厌恶，对大工业化的恐惧，是这个时期知识分子典型的心态。欧美国家出现过一系列企图摆脱工业化道路的设计运动，包括"工艺美术"运动、"新艺术"运动、"分离派"运动、"青年风格"运动，其中影响最大的是前两个，代表了现代主义建筑形成前夕的知识分子非工业化设计的探索。

拉斯金《建筑的七盏明灯》，提出献祭之灯、真理之灯、力量之灯、优美之灯、生命之灯、记忆之灯和服从之灯，这些"适用于任何阶段与风

1　[美] H.F. 马尔格雷夫. 现代建筑理论的历史，1673—1968. [M]. 陈平译. 北京：北京大学出版社，2017：120.

2　[美] H.F. 马尔格雷夫. 现代建筑理论的历史，1673—1968. [M]. 陈平译. 北京：北京大学出版社，2017：157.

格的大原则"[1]是永恒真理的道德原则,但拉斯金对材料和结构真实的要求,预示了从早期朦胧的浪漫主义、形式主义立场向比较讲究功能的现代立场转移。设计的功能主义立场,技术与艺术、实用与美观的结合,"是在艺术领域里发起一场真正改革运动的决定因素,改变了 19 世纪的思想路线"[2],为 19 世纪的建筑家提供了发展的启示和依据。通过建筑和设计提出严肃的社会主义思想,强调设计的民主特性,强调设计为大众服务,因此拉斯金是第一位认识到工业革命后艺术的社会基础不再是为少数人服务的思想家,新兴的中产阶级也在建筑中看到了确立自身地位的方式。

拉斯金的思想刺激了英国第一个设计运动"工艺美术"运动(Arts and Crafts Movement)的产生,该运动厌恶工业革命给社会组织和建造方式带来的影响,抵制工业化对传统建筑、中世纪手工艺的威胁,以及对于根本道德文化基础的冲击;为了复兴以哥特风格为中心的中世纪手工艺风气,主张设计的简约质朴、提倡真实诚信,充斥着怀旧情绪。威廉·莫里斯(William Morris)与菲利普·韦伯(Philip Webb)联合设计的"红屋",非对称布局、砖砌外表、结实质朴、毫不矫揉造作,"一个普通人的住屋再度成为建筑师设计思想的有价值的对象"[3],因此被视为现代运动的圣殿之一。建筑与"小艺术"相融合成为新型的"建筑工业艺术",寻求艺术的民主化,使艺术恢复生活气息,为现代建筑奠定了意识形态基础。但"工艺美术"坚信手工艺才是一切艺术的真正根基与基础,憎恶现代工业化生产方式,否定机械化批量生产,梦想恢复中世纪的工艺,因而没有可能成为领导潮流的主流风格,是知识分子一厢情愿的理想主义结晶。尽管如此,"拉斯金和莫里斯的著作及其影响,无疑是使我们的思想发育壮大,唤起我们进行种种活动,以及在装饰艺术中引起全盘更新的种子。"[4]而且当欧洲建筑师发现在英国工艺中存在着一种属于未来的、真正新风格因素时,英国却退回到折中的新古典主义,丧失了新风格形成中的领导地位。

这一"更新的种子"迅速传播,一次影响相当大的装饰艺术运动、内容很广泛的设计上的形式主义运动——"新艺术"运动(Art Nouveau)于 19 世纪末、20 世纪初在欧洲和美国产生和发展,已经具备了国际化特征。该运动主张放弃传统装饰风格的参照,转向采用以植物、动物为中心的装饰风格和图案的发展,也受到巴洛克风格和东方特别是日本江户时期浮世

1 [英] 约翰·拉斯金. 建筑的七盏明灯 [M]. 谷意译. 济南:山东画报出版社,2012:2.

2 [意] L. 本奈沃洛. 西方现代建筑史 [M]. 邹德侬,巴竹师,高军译:天津:天津科学技术出版社,1996:161.

3 [英] 尼古拉斯·佩夫斯纳. 现代设计的先驱者——从威廉·莫里斯到格罗皮乌斯 [M]. 王申祜,王晓京译:北京:中国建筑工业出版社,2004:4.

4 Van de Velde. Henri: Die Renaissanceim modernen Kunstgewerbe[M]. Berlin,1901:23.

绘的影响。维尔德（Henry van de Velde）在莫里斯学说的影响下献身于工艺美术，在其第一部著作《现代工艺美术的复兴》中，他将"新艺术"运动纳入现实主义和自然主义轨道，这两者都关注色彩、线条、形态之类的原始品质以及非符号化艺术，由此摆脱了与历史主义的联系。他主张装饰艺术应该建立在吸引与排斥的科学原理之上，一方面赞美机器，另一方面欣赏自己的艺术风格。他的设计符合"新艺术"运动的精神，带有强劲的力量。霍塔（Victor Horta）的作品中对金属结构的直接表达和植物卷须状优美的线条，因其综合了建筑与装饰艺术并宣扬了新的形式原则而出类拔萃。

美国的"新艺术"运动突出了采用当地材料建造、运用本地建筑方法、考虑本地环境的基本设计原则；更加讲究设计装饰上的典雅，特别是东方风格的细节；希望能够突破欧洲传统的单一影响，从外国的传统特别是日本的传统建筑和设计中吸取养分，发展为为美国中产阶级服务的住宅建筑。英国设计中的东方设计影响主要存在于平面设计与图案上，美国设计的东方影响是结构上的。赖特（Frank Lloyd）赞同拉斯金对粗俗的反对和传播简朴的福音，赞扬莫里斯是伟大的社会主义者，但认为他们低估了机器的潜能。"我的上帝是机器；未来的艺术将是艺术家个人凭借着机器的无尽力量所做的个性表现——机器可以做单个工人所不能做的所有事情。富有创造性的艺术家是那些掌握这一切并理解它的人。"[1]

赖特为机器作精神性辩护的观点受到沙利文（Louis Sullivan）的影响，沙利文相信机器是达到一种新型美的促进因素，是一个装饰艺术的革命者，也是提出"形式追随功能"、采用朴素无华的建筑立面的革命者。沙利文1892年就在《建筑中的装饰》中指出，"装饰从精神上说是一种奢侈，它并不是必需的东西""如果我们能够在若干年内抑制自己不去采用装饰，以便使我们的思想专注于创造不借助于装饰外衣而取得形式秀丽完美的建筑物，那将大大有益于我们的美学成就。"[2]沙利文尊奉的是生动流畅的装饰艺术，一种适用于以宽阔而粗大的线条组成的建筑物的有机装饰，他的装饰主题属于所谓的"新艺术"（Art Nouveau）。

"新艺术"运动的代表作有西班牙高迪（Antoni Gaudi）设计的"圣家族"教堂，源自对自然形态的灵感、发掘材料潜力的巨大兴趣，以浪漫主义的幻想使塑形的艺术形式渗透到三度的建筑空间中去。结构的表露让位于某种原始力量的召唤，其艺术的丰富性来自对梦幻与现实、主观与

---

1 David A.Hanks.The Decorative Designs of Frank Lloyd Wringt[M].New York：E.P.Dutton，1979：67.

2 ［英］尼古拉斯·佩夫斯纳. 现代设计的先驱者——从威廉·莫里斯到格罗皮乌斯 ［M］. 王申祐，王晓京译：北京：中国建筑工业出版社，2004：9.

58

科学、精神与物质的调和。"努力将加泰罗尼亚哥特与勒-杜克（Viollet-le-Duc）的范例转换成一种能赋予生命力的矛盾形式"。[1]"新艺术"运动晚期派别之一的"格拉斯哥四人"的核心人物麦金托什（Charles Rennie Mackintosh），强调普通大众的特点和动态空间的序列，把"新艺术"运动之后的道路引入了更理智的形式表达方向。最具代表性的建筑设计格拉斯哥美术学院大楼，采用了纵横结合的立方形，开始摆脱"新艺术"运动和"工艺美术"运动的烦琐装饰，对玻璃和金属不加修饰的处理引发了对工业技术的坦诚呼唤，成为联系手工艺运动与现代主义运动的关键过渡性人物。"新艺术"运动在奥地利的维也纳称为"分离派"（Sezession）运动，风格上比较讲究理性的建筑形式和有机的装饰细节的结合，具有明显的向现代建筑发展的理性基础。奥地利"分离派"设计师约瑟夫·霍夫曼（Josef Hoffmann）设计的斯托克莱府（Palais Stoclet），结合博物馆、豪华居所以及具有现代品味的示范场所等多种情景，其意向和氛围是向现代设计发展的一个重要里程碑。"新艺术运动原先的朦胧梦想，已让位给了一幅建立新世界艰苦过程的图像。"[2]

　　"工艺美术"运动与"新艺术"运动都是对矫饰的维多利亚风格和其他过分装饰风格的反对，是对工业化风格的强烈抵制，反映了对手工艺时代和建筑精神意义的怀念，旨在重新掀起对传统手工艺的重视和热衷，成为在历史主义和现代运动之间的"过渡"。两者的区别是："工艺美术"运动比较重视中世纪的哥特风格，将其作为重要的参考和借鉴来源；而"新艺术"运动则完全放弃任何传统装饰风格，从自然中汲取灵感，强调自然中不存在直线，在装饰上大量采用铁质装饰，突出曲线、有机形态，反对直线和几何造型，反对黑白色彩。并且"工艺美术运动是牢固建立在莫里斯关于简洁和诚实的教义之上，并为艺术家的社会地位和更健康的设计态度而奋斗。新艺术运动则越出常轨，把它的诉求直接指向美学。"[3]

　　处于力图冲破传统束缚、创造一种新风格的大背景下，更需要持久的原则作为根基。从建筑史的角度看，维奥莱-勒-杜克（Viollet-le-Duc）被视为理性主义建筑思想的奠基人，他提倡表述性结构的建筑艺术，从历史角度论述哥特式风格，坚持风格是从方法上寻求某种基本原理的结果，每种形式都是为解决一个结构问题，因此逻辑结构是一座优秀建筑的本质，阐明了一种理想化的但同时又是科学的功能主义。他重视的建筑设计中心

1　[意] 曼弗雷多·塔夫里，弗朗切斯科·达尔科.现代建筑 [M].刘先觉，等译.北京：中国建筑工业出版社，2000.79.

2　同1。

3　[英] 尼古拉斯·佩夫斯纳.现代设计的先驱者——从威廉·莫里斯到格罗皮乌斯 [M].王申祐，王晓京译：北京：中国建筑工业出版社，2004：74.

问题是建筑如何能够达到他称为的"真实"的目的,"有两种方式可以达到建筑的真——符合功能纲要的真与符合建造方式的真。"[1]即建筑的功能性和装饰性的合理、功能和形式的统一,并按照材料的质量和性能去应用它们。他把功能性放在第一位来对待,接受了新技术与施工效率,并指出伟大的现代风格将在生铁等新的建造技术基础上产生。维奥莱-勒-杜克从理论上摆脱历史折中主义,打破了长期以来以形式先入为主的设计模式,对下一代建筑师产生了重要影响。

森佩尔(Gottfried Semper)《建筑四要素》设定了建筑的四个基本要素——基座(Platform)、火炉(Hearth)、屋顶(Roof)和围合性表层(Enclosure),对某些建筑形态与社会制度之间的关系进行思考,将一种不同寻常的对艺术的深刻理解带入历史考察与研究之中,提出建筑始于构造与形式风格的不可分离。与拉斯金为现存艺术类型的"瓦解"感到悲伤形成鲜明对比,他认为当前建筑的危机不是经济或社会危机,而是风格的危机。风格是指对基本理念及艺术作品所体现的主题起到修正作用的一切内在与外在系数的强调,并赋予它们以艺术意蕴。艺术已富有成效地走进了工业时代,而走出当前困境的途径就是让"好东西和新东西"涌现出来以取代"借来的或偷来的"东西,[2]对新建筑风格的召唤和探索创造新风格的方案成为理解世纪之交德国建筑现代性的驱动力。

由此观之,"现代性"启发了超越民族、特性和信仰的理想,何为建筑的"现代性"的一系列观念和思想经历了漫长、复杂的演变过程。若将现代主义建筑形成前夕的知识分子的理论和实践探索置于更大的历史上下文,19世纪中期以来,"每门艺术将变成'纯粹的',并在这种'纯粹性'中寻找自身具体标准和独立性标准的保证。'纯粹性'意味着自身界定,因而艺术中的自身批判激烈地演变成一种自身的界定。"[3]正如柏林伯格(Clement Greenberg)发现,绘画与雕塑的分离是绘画现代性的主要标志,抛弃传统绘画追求空间深度和逼真幻觉,从三维回到二维的平面性,在平面性和色彩中凸显绘画自身的媒介因素和形式因素。此外,象征派诗歌以来,"纯诗"极力以自身的特征区别于任何非文学和文学的散文形式。因此,吉迪恩(Sigfried Giedion)将19世纪视为一个精神分裂的时代,"它被两种倾向所撕裂,一种是体现了结构整体性的'真实'文化,而另一种是正

1　[英]威廉J·R·柯蒂斯.20世纪世界建筑史[M].本书翻译委员会译.北京:中国建筑工业出版社,2011:27.

2　[美]H.F.马尔格雷夫.现代建筑理论的历史,1673—1968[M].陈平译.北京:北京大学出版社,2017:198.

3　[美]克莱门特·格林伯格.现代主义绘画[J].周宪译.世界美术,1992,(3):62.

在死亡的、强调建筑表现的'虚假'文化。"[1]

新的形式总是由观念及其他因素支撑的，自我批判和自我界定，其本质就是一种区分，分化的结果是走向一种自主而纯粹的审美体验，一种新风格的内核已经形成。现代主义建筑不仅是一种单纯的风格和运动，创造全新的、更高艺术设计感的诉求也是对审美现代性的一种回应。"一种特殊的思维方式，一种艺术的形式展示，源于时代的根基和本质。一个时代只可能拥有一种限定了主要方向的风格。"[2]传统建筑向现代主义建筑的发展，取决于现代生活的特殊条件和它延伸到我们理智中的美学价值，建筑对审美救赎的追求、高雅妥善地满足我们对居住和精神的需求是这一转向的内在动力。手工艺运动崇尚简约质朴，提倡真实诚信，强调符合自然规律的完美理念，使得整个设计界得以净化，德意志制造联盟包含了这些基本信条，并致力于将机械化理念融入设计、为工业产品注入"优良形式"。机械化作为推动历史前进的一种必不可少的动力，需要一种相应的建筑艺术表现形式。

现代性摒弃了已失效的权威，努力协调理想主义与物质世界发展、科学与历史、城市与自然的关系，赋予未来全新的自主权。审美现代性在批判工具理性和惰性时，割裂了艺术与日常生活和普通民众的传统联系，我们可以清晰地看到现代主义建筑的"文化精英主义色彩"，但传统的贵族式古典美学受到工业时代的机器美学、理性的构造美学和反装饰的功能主义美学的强烈冲击。全新的美学体验为现代主义建筑的思维解放和风格解放迈出了一大步，如何将这些资源转化为符合现代条件下广泛适用性的建筑语言成为当务之急，同时形式的产生和传播始终与多种文化的传承、地方传统之间存在着持久的张力。

第二节　现代主义建筑的发展脉络

一、现代主义建筑思想的兴起

"现代主义"的定义非常复杂，一方面是时间的定义，指开始于19世纪中叶、延续到20世纪中叶，西方现代社会所发生的一场文化运动，包含范围极其广泛；同时它也是一个意识形态定义，它的革命性、民主性、个人性、主观性、形式主义性，都非常典型和鲜明。代表审美现代性的现

1　[英] 威廉 J·R·柯蒂斯 .20 世纪世界建筑史 [M]. 本书翻译委员会译 . 北京：中国建筑工业出版社，2011：38.

2　[美] H.F. 马尔格雷夫 . 现代建筑理论的历史，1673—1968 [M] . 陈平译 . 北京：北京大学出版社，2017：295.

代主义，是现代性文化规划的主要形态，是文化上对广泛的社会现代化所作出的美学反应，它不仅意味着新的形式和风格，也意味着艺术的某种激变。美国社会学家伯曼（Marshal Berman）用"巨大的漩涡"比喻现代性的运动状态，现代社会的典型特征就在于它的急速变化和不平衡性。

现代主义不仅是一种新艺术风格，也是西方现代社会内在危机的表现。杰维思（John Jervis）认为，"现代主义艺术本身就是作为一个矛盾现象而出现的，它在文化上是'革命的'，而在社会上则是'保守的'，它的主题和方法是'激进的'，但它的社会角色则显然是'上流社会或精英的'。"[1] 现代艺术家往往不自觉地仍恪守精英主义和贵族立场，一方面嘲笑和鄙夷资产阶级暴发户无教养和无趣味，同时也鄙视大众的庸俗。现代主义作为现代性内部生长出来的一种反思、批判的文化机制，"既歌颂技术时代，又谴责技术时代；既兴奋地接受旧文化秩序已经结束的观点，同时面对这种恐惧的情景又深感绝望；它混合着这些信念：既相信新的形式是逃避历史主义和时代压力的途径，又坚信它们正是这些东西的生动表现。"[2] 因此可见，现代主义艺术对于社会现代性的复杂态度，一方面为现代性提供动机并赋予现代性以自我更新的活力，另一方面不断质疑现代性对经济性或效率的执念。

佩夫斯纳（Nicolas Pevsner）曾说："新风格，本世纪真正、正统的风格是在1914年以前形成的。它包括三个来源，即莫里斯运动，钢铁建筑的发展和新艺术运动。"[3] 引发现代主义建筑产生的最主要力量是工业革命，工业化极大地改变了乡村和城市的现代生活模式和意向，它产生了新的问题，带来了新的业主，提供了新的建造方法，也提示了火车站、商业摩天大楼、博物馆等全新的公共建筑形式。铁路、轮船等交通设施改变了时空关系，彻底改变了场所的观念，也冲击了城市中旧的关系网格和层级格局。工业革命同时带来建筑材料的发展和建筑技术的突破，石头、木头、砖瓦这些自然材料逐渐被玻璃、钢铁、钢筋混凝土等工业材料及其标准化体系所取代，从而消解了厚重的体量并敞开大跨度的空间，实现了钢铁和玻璃的新技术业已成为表达进步理念、经济实力和国家科技领先地位的标志，建立自身美学规范的能力也在不断增长。历史证明了拉斯金的预言："根据过往的经验，每当新的条件、新的情境出现，或者每当新的材料得到发明，任何法则、任何原理，尽可在转瞬之间遭到翻转。"[4] 19世纪的建筑发展，

1　John Jervis. Exploring the Modern[M]. Oxford：Blackwell，1998：265.

2　[英] 马·布雷德伯里，等. 现代主义 [M]. 胡家峦，等译. 上海：上海外语教育出版社，1992：32.

3　[英] 尼古拉斯·佩夫斯纳. 现代设计的先驱者——从威廉·莫里斯到格罗皮乌斯[M]. 王申祐，王晓京译：北京：中国建筑工业出版社，2004：74.

4　[英] 约翰·拉斯金. 建筑的七盏明灯 [M]. 谷意译. 济南：山东画报出版社，2012：3.

必须从如何找到适宜新材料的使用和表现的方法上着手。时代交替期间的某种建筑思想上的含糊和混乱，反映当时建筑界在新材料、新技术和历史风格面前的徘徊状况。新的建筑形式显示和代表的时代的新方法，钢铁和大面积玻璃改变了承重与支撑、外层与框架之间相互关系的本质，实现了大跨度，消解了厚重的体量并敞开了空间，成为新的生活意向和现代性的符号。

美国受到的艺术传统制约弱于欧洲，在蓬勃的自由主义经济、科技实用主义和工业城市的运行机制的共同作用下，19世纪八九十年代高层建筑作为社会与技术力量不可避免的产物成为芝加哥最突出的发展现象。以理查森（Henry Hobson Richardson）为首的建筑师，包括沙利文（Louis Sullivan）、赖特（Frank Lloyd）等为芝加哥学派（Chicago School）奠定了基石。理查森在芝加哥建造的马歇尔·菲尔德百货批发商场（Marshall Field Wholesale Store，1885—1887年），将雕塑化的石砌建筑传统与金属框架两种完全不同的技术和构造理念结合在一起，简洁的立面、透明性和端庄的比例等符合工业时代审美要求，作为一种新型经济关系的产物高高耸立在城市之上。"这是一种充满着不确定和担忧但又力图促进城市化的商业时代的精神"[1]，使新与旧达到了一种紧张共存与均衡。在理查森发展成熟的三段式基础上，美国现代建筑先驱沙利文以"形式追随功能"作为建筑设计理论思想，完成的芝加哥礼堂大楼（Auditorium Building，1886—1889年）基于铁质构件提供的大跨度，进一步为调和石构建筑与框架结构内部延伸的可能性进行了探索。在结构和艺术形式的处理上利用特有的等分手法将建筑形体划分为基座、中段与顶部，复杂的装饰镶嵌同几何形式的完美结合、对竖向效果的弱化以及主要柱体与墩柱的平面化处理，使结构整合为一种自然的装饰语汇，预示了沙利文后来高层建筑的解决方式。

摩天大楼在实质上是一种白领建筑，是管理与制造两种劳动分工相区别的直接体现，摩天大楼模糊的身份也触及了现代建筑的根本问题，昭示了美国从乡村向城市转化过程背后的社会力量。芝加哥学派建筑师对摩天大楼单体形式的理论探索和形态构想，为更广阔的现代主义建筑理念奠定了重要的基础，一种骨架式结构所体现的"有秩序的重复、轻盈、视觉上各种力量交织的网格"[2]的崭新美学潜质逐渐发展完善。

1896年瓦格纳（Otto Koloman Wagner）宣言式的著作《现代建筑》完全置于现代主义运动的情境之中，将现代生活作为艺术创造唯一可能的

1 [意] 曼弗雷多·塔夫里，弗朗切斯科·达尔科.现代建筑 [M].刘先觉，等译.北京：中国建筑工业出版社，2000：51.

2 [英] 威廉 J·R·柯蒂斯.20世纪世界建筑史 [M].本书翻译委员会译.北京：中国建筑工业出版社，2011：46.

出发点，坚称"新的意图一定要产生新的建造方法，进而顺理成章产生新的形式"[1]，并指出未来风格的几点特征——"像在古代流行的横线条，平如桌面的屋顶，极为简洁而有力的结构和材料"，[2]这些从客观构造中发展出的艺术形式，由建筑形态上强调表层的存在感转向现实的墙面，成为轻柔的独立表层，几乎全部呈现出理性外表，对诚实、透明、轻巧、效率和可获得性等建筑社会意图的重新阐释，为建筑摆脱往昔的历史提供了一个理论框架。

这一时期重要性仅次于瓦格纳《现代建筑》的理论文章是穆特修斯(Hermann Muthesius)的《新纹样与新艺术》，针对"新艺术"主观创造的异想天开，提出当代生活对直接接触的现实的真诚、追求客观主义地以物质基础对待事物。对穆特修斯来说，"客观"意味着对产品设计所持的意志客观的、功能主义的态度。着眼于改革工业社会本身，他指出建筑的中心任务是创造无装饰的实用形式，以适应工业社会的需求和方法，因此被称为20世纪第一位重要的建筑理论家，"他具体规定了德国现代主义建筑发展的进程，在这方面无人出其右。"[3]

1907年德意志制造联盟成立，其意图在于将艺术家和工业家联合起来，促进工业艺术改革，不只是商业事件，并带有极强的政治性目的，"德国艺术与技术将为了实现这个目标而工作：建设强大的德意志民族国家，它在富裕的物质生活中展现其自身，而富于精神性的精美设计则使物质生活高贵起来。"[4]通过设计提升生活的道德品质、回归形式基本特性的工程美学是德意志制造联盟经久不衰的一个话题，是对"德意志精神"的本质与形式在历史与国家精神生活中的角色的深刻探究。纪念碑，甚至工厂建筑的表达同样清晰简洁，通过建构来表达尊严和一个新兴的、自信的德意志国家精神所体现的励精图治。穆特修斯(Hermann Muthesius)、范·德·维尔德(Henry van de Velde)、贝伦斯(Peter Behrens)、布鲁诺·陶特(Bruno Taut)、格罗皮乌斯等第一次世界大战前所有重要的建筑师都参与其中，因为他们感到时代的"艺术意志"由正在扩张的资本主义决定。贝伦斯成为贯彻同盟设计目标的第一位建筑师，他设计的柏林AEG透平机工厂厂房(1908—1909)，采用钢铁和混凝土为基本建筑材料，结构上也开始朝玻璃

1 [英] 威廉 J·R·柯蒂斯.20世纪世界建筑史[M].本书翻译委员会译.北京：中国建筑工业出版社，2011：67.

2 [英] 尼古拉斯·佩夫斯纳.现代设计的先驱者——从威廉·莫里斯到格罗皮乌斯[M].王申祐，王晓京译：北京：中国建筑工业出版社，2004：10.

3 [美] H.F.马尔格雷夫.现代建筑理论的历史，1673—1968[M].陈平译.北京：北京大学出版社，2017：336.

4 [美] H.F.马尔格雷夫.现代建筑理论的历史，1673—1968[M].陈平译.北京：北京大学出版社，2017：346.

幕墙方式发展，用重体量的转角夹持轻型的柱梁结构，轻巧与厚重所构成的视觉效应精巧地凸显了整体线条，创造了一种工业化人文主义的建筑，该建筑"被称之为第一座真正的'现代建筑'"[1]。

1908年路斯（Adolf Loos）在《装饰与罪恶》（Ornament and Crime）中猛烈抨击"装饰"这个概念本身，将之作为一个堕落文化的表征："我由此演绎出以下真理并向世界宣布：实用物品的装饰如果得以清除，文化则得以进步。"[2]鼓吹去掉传统的伪装、发掘"诚实"的内在，是路斯建立在大批量生产之上、发展一种真诚文化的重重困难的严肃反思，材料、形体、比例、结构等建筑潜在的根本品质得以不加修饰地呈现，摩登时代真正的"普遍风格"才能被发掘出来。

在造型和构图的视觉效果方面进行的实验和探索中，俄国构成主义以机器形态与抽象形式的理性主义新颖语言暂时走在欧洲前面，倾向建设一种可以作为社会凝聚器的建筑类型。1925年以金兹伯格（Moisei Ginzburg）为首成立了第一个构成主义建筑师团体——现代建筑师协会（OSA）。金兹伯格的现代性语言采用机器的隐喻，机器的张力与强度以及它的敏锐表达取向不仅成为新风格的标志，而且机器也产生了一种具体的建筑形式偏好——非对称的，或最多只是一种从属于运动主轴但与之不一致的单轴向对称。由此看来，俄国构成主义者把结构当成建筑设计的起点，以此作为建筑表现的中心，这个立场成为现代主义建筑的基本原则之一，成为这种新风格形式和空间上的第一个"构成"阶段。

荷兰的风格派与构成主义在旨趣和观念上极为相近，热衷于几何形体、空间和色彩的抽象效果，但手法和形式上更加注重部分与整体在构图上的平衡、反复地运用纵横几何结构和基本的原色。荷兰成为先锋派艺术思潮对建筑实践产生直接和显著影响的少数几个欧洲国家之一，并成为1920年代前半期欧洲建筑领域最具活力的国家。荷兰的现代主义几乎可以等同于画家蒙德里安（Pieter Mondrian）与凡·杜斯堡（Theo van Doesburg）创办的《风格》（De Stijl）杂志以及同名的、集中于新的美学原则探索的艺术团体。蒙德里安对造型主义抱有强烈的兴趣，将色彩和线条作为绘画的本质要素。他的作品由各种浮动的、矩形的彩色平面的构图组成，创造出一套由形体、色彩、节奏等构成的纯净语言，表达超越外在形式的、内在秩序的直觉感受。里特维尔德（Rietveld）设计的施罗德住宅是"风格派"集大成的代表作，非对称的要素主义的布局和构成主义的图式，打破封闭

1　田学哲.建筑初步[M].2版.北京：中国建筑工业出版社，2006：121.

2　[英]威廉J·R·柯蒂斯.20世纪世界建筑史[M].本书翻译委员会译.北京：中国建筑工业出版社，
　　2011：71.

的立方体，将简洁形体及各部分块面动态组织在一起，把悬吊平面、阳台体积等功能空间从立方体的核心离心式地甩开，努力为新造型主义创造一个恰当而真实的句法。以"要素性、经济性、功能性、非纪念性、动态性、形式上的反立方体性、色彩上的反装饰性"[1]将抽象艺术形式赋予了极高的地位，为建筑提供了新的立面模式和新的平面设计模式。

由此观之，众多形式和思想的来源和变化难以从风格或意识形态角度进行单一的描述，这突出了现代主义建筑思想和手法的内在复杂性及其理论意图与形式源泉的丰富性和广泛性。20 世纪初形成的这些原则和原型，既表达了对肤浅的古典主义的憎恶，也反映了诚恳接受工业化带来的新的社会和技术现实，对现代生活的能力和意义所具有的信心。艺术家必须发挥一种协调者的作用来处理形式创新和标准化、个人风格和时代精神相宜的形式。虽然现代主义建筑的语言和习俗，在视觉上和思想上继续以难以预料的方式被转化、嫁接、颠覆、风格化或地方化，一个丰富多样的新传统基于形式思维的本质特征和内在的复杂结构已然形成。

二、现代主义建筑的发展阶段

（一）酝酿阶段

19 世纪末到 20 世纪初第一次世界大战是现代主义建筑的酝酿和准备阶段。佩夫斯纳（Nicolas Pevsner）的名著《现代设计的先驱——从莫里斯到格罗皮乌斯》，将格罗皮乌斯和德国现代主义取得的胜利归结为三重根源：威廉·莫里斯与"工艺美术"运动、"新艺术"运动及 19 世纪的工程师，消除了对现代主义建筑历史延续性的疑虑。而新的时代及其观念的革新，绝不限于包豪斯将艺术与工业、艺术与日常生活统一起来的努力，而是不可避免地交织着辩证和矛盾的建筑现象的复杂性。

无论是 19 世纪末"工艺美术"运动、"新艺术"运动、美国的芝加哥学派和赖特的草原住宅、德意志制造联盟，还是 20 世纪初表现主义、未来主义、风格派和构成主义，都以符合工业化时代的面貌和功能需求为导向，主张以全新的创造摈弃历史主义，在艺术与技术之间建立某种关联，追求简单明了的价值标准，围绕建筑的时代性、建筑形式与建造手段的关系以及建筑功能与形式的关系等焦点，对新建筑功能、意义和形式的组合进行持续和多方面的探索。

基于精神上的、思想上的改革——设计的民主主义倾向和社会主义倾向，也包括技术上的进步，特别是一些新的材料——钢筋混凝土、平板玻璃、

---

1 [美] 肯尼斯·弗兰姆普敦. 现代建筑：一部批判的历史 [M]. 原山，等译. 北京：中国建筑工业出版社，1988：172.

钢材的运用，新的形式——反对任何装饰的简单几何形状，以及功能主义倾向，一种崭新的美的精神得到了发展并逐渐完善。第一代革命性建筑师将工业技术的发展与建立现代城市与社会秩序的理想联系起来，使机器时代的工程技术引入一种新型文化和美学理想的建构之中，但对于建筑如何同迅速发展的工业和科学技术配合、如何满足现代社会生产和生活提出的各种复杂功能要求、怎样处理继承和革新的问题、怎样创造新的建筑风格等当代建筑所涉及的许多根本问题依然没有得到根本和系统的解决。

（二）成型阶段

两次世界大战之间（20世纪20—40年代）是现代主义建筑成型阶段。当各种变革逐步被人们理解和接受之后，创新的巅峰时期随之而来。为使建筑在整个大的现代化进程中扮演更加积极的角色，第一代现代主义建筑大师提出了比较系统和彻底的建筑改革主张，确立了立足于满足现代社会发展需求的理想化类型与模式、同社会化大生产的方式相和谐的理念。创作的包豪斯校舍、萨伏伊别墅、巴塞罗那展览会德国馆，将实用功能、材料、结构和艺术形象紧密结合，成为现代主义建筑先进的范例。包豪斯开创了现代的建筑教育，初步搭起现代主义设计的教育体系。1927年魏森霍夫（Weissenhof Siedlung）的国际现代建筑展，将一种新的、纯粹的、开始精致化的现代主义通过极少数"自命不凡"的建筑师的努力呈现出来，把现代主义建筑运动推向了高潮。1928年"国际现代建筑协会"（CIAM）的成立，则在组织结构和理论上奠定了现代主义建筑的坚实基础。

包豪斯（Bauhaus）于1919年在德国魏玛市开设，包豪斯最初强调工艺、技术和艺术的和谐统一，在设计中反对模仿因袭、倡导自由创造和各门艺术的交流融合，"建筑家、画家和雕塑家必须重新认识：一栋建筑是各种美观的共同组合的实体，只有这样，他们的作品才能灌注进建筑的精神"[1]。作为校长，格罗皮乌斯逐渐不满于以手工艺为基础的教学机制，转而强调技术与大批量生产的立场，呼吁艺术与工业统一，将设计教学与社会生产紧密结合。"面对着经济萧条的局面，我们的任务便是要成为简朴风格的先锋。换句话说，要找到一个简单的形式以满足一切生活之必需，同时又是高雅而真实的。"[2]格罗皮乌斯提倡清晰而有机的形式，探索工业化建筑体系，为学校指明了更加接近时代精神的新的发展方向。在格罗皮乌斯的主持下，包豪斯聚集了法宁格（Lyonel Feininger）、康定斯基（Wassily Kandinsky）、

1　王受之. 世界现代建筑史 [M]. 2版. 北京：中国建筑工业出版社，2012：145.
2　[美] 肯尼斯·弗兰姆普敦. 现代建筑：一部批判的历史 [M]. 原山，等译. 北京：中国建筑工业出版社，1988：77.

保尔·克利（Paul Klee）等一批激进的抽象艺术家，20世纪20年代致力于将生活转化为艺术品的包豪斯成为欧洲革命的艺术流派的中心。"包豪斯已经成为整个现代主义运动的意识形态象征"，[1] 其所提倡的符合生产和使用需要的设计思想，以及纯净主义的功能美学风格造成了广泛的影响。

1927年的魏森霍夫（Weissenhof Siedlung）国际现代建筑展是奠定现代主义建筑的重要里程碑。密斯、格罗皮乌斯、柯布西耶、陶特等主要人物通过建筑设计体现了现代主义的基本设计原则，在广泛宣传新运动方面发挥了重要的作用。在贝伦特（Walter Curt Behrendt）《新建筑风格的胜利》一书中，将之誉为"我们时代的形式诞生了"[2]，并把这种非民族化的、具有明显的民主思想和社会主义精神，以功能、经济、工程技术及空间利用为特征的新建筑的基本表现称之为"技术风格"。挣脱以往传统的控制，现代主义这些纪念碑式的杰作为未来定义了新建筑，一种新的普遍的形式意志全面兴起，现代主义建筑成为欧洲占主流的建筑潮流。

如果说魏森霍夫国际现代建筑展体现了现代主义建筑的设计原则，1928年国际现代建筑协会的成立则是在组织机构和理论上表明现代主义建筑进入成熟阶段。柯布西耶在第一次大会上制定了当代建筑的纲领，从而在组织结构和理论上奠定了现代主义建筑的坚实基础。纲领强调现代建筑同工业社会的条件与需求相适应，关心社会和经济问题，抛弃历史上的建筑样式的束缚，重视建筑的实用功能，发挥现代材料、结构和新技术的特质，创造工业时代的建筑新风格。1933年国际现代建筑协会发布旨在从整体上重塑人类社会、带有强烈乌托邦色彩的《雅典宪章》，以"功能城市"为思想核心的95条命题分别列于居住、闲暇、工作与交通4项基本范畴之下，其实质是关注功能的秩序和生产的合理化，成为诸现代主义建筑的重要文献之一。

1920年代的建筑在形式与概念上与俄国构成主义、荷兰抽象艺术以及德国包豪斯的探索与实验是分不开的，三者奠定了现代主义建筑思想、实践和结构基础，国际现代建筑协会的成立与魏森霍夫国际现代建筑展，是现代主义建筑进入成熟阶段的重要标志。格罗皮乌斯对现代主义建筑满怀信心和期待，认为"新建筑正在从消极阶段过渡到积极阶段，正在寻求不仅通过摒弃什么、排除什么，而是更要通过孕育什么、发明什么来展开活动。要有独创的想象和幻想，要有日益完善地运用新技术的手段、运用空间效果的协调性和运用功能的合理性。以此为基础，或更恰当地说，以此作为

1　[意] 曼弗雷多·塔夫里，弗朗切斯科·达尔科. 现代建筑 [M]. 刘先觉，等译. 北京：中国建筑工业出版社，2000：118.

2　Walter Curt Behrendt. Der Sieg des neuen Baustils[M].Los Angeles：Getty Publications Program，2000：89.

骨骼来创造一种新的美，以便给所期待的艺术复兴增添光彩。"[1]但 1927 年柯布西耶提交的日内瓦国际联盟总部设计方案的落选，表明 1920 年代现代主义建筑开始在规模宏大的纪念性公共建筑中向传统建筑发起挑战，然而新的建筑风格依然被认为只适用于工业建筑和集合性住宅，因所谓缺乏纪念性而没有被官方所接受。

（三）"国际式"阶段

"国际式"在 1950 年代形成体系，强调技术和功能的普适性、灵活性和建筑中的共性表达，高层建筑作为机构与公司的公共图像在城市景观中的象征功能日益凸显，成为美国在第二次世界大战后建筑的一个主要方向，1960 年代影响世界各国、取得无可争议的垄断地位，形成 20 世纪建筑运动的中心和建筑史上影响最大的形式风格——"国际式"。现代主义建筑在美国得到空前发展，民主内容逐渐消失，而形式内容高度发展，日渐采取一种常规的机械方式。

1930 年代前后，德国、意大利等国强调古罗马风格的新古典主义建筑，以明显的政治含义和象征功能来强调政权的稳固、强大。苏联基于意识形态背景，公共建筑也大多采用古典主义和东正教建筑特征。古典复兴潮和第二次世界大战的爆发，使现代主义建筑运动在欧洲遭遇重创。格罗皮乌斯、密斯等一大批欧洲非凡的现代主义建筑家移民美国，带来了成熟的建筑哲学。同时他们也进入了一个迥异的文化时代，他们改变着这个文化，同时这个文化也改变着他们。失去了引发争议的锋芒，把现代建筑思想和美国的需求结合起来，赋予北美国际现代运动以巨大的声望。现代主义建筑改变先锋派的角色走向极为广阔的实践领域，作为适应时代使命与技术进步的现代化模式在全球范围内传播，被移植和嫁接到与之产生之处——欧美完全不同的文化中，最终形成了影响深远的"国际式"风格。

对于结构和技术的考量并没有妨碍对于审美效果的关注，美国本土的建筑批评家亨利 - 拉塞尔·希契科克（Henry-Russell Hitchcock）在《现代建筑》中将摩天大楼视为城市体系的主角、美国特有的使命，"摩天大楼期待着第一位美国的新先锋，他将能以工程技术为基础，并直接由此创造一种建筑形式。"[2]美国最早出现的现代主义高层建筑是芝加哥论坛报大楼。美国的现代主义混合了"装饰艺术"风格和"流线型"运动风格，如克莱斯勒大楼和洛克菲勒中心，标新立异的要求与对尺度的崇拜、机

---

1 罗小未. 外国近现代建筑史 [M]. 2 版. 北京：中国建筑工业出版社，2011：240.

2 Henry-Russell Hitchcock. Modern Architeture：Romanticism and Reintegration[M].New York：Hacker Art Books，1970：201.

器的主题与表现主义细部不同寻常地融合。其核心内容是美国流行的实用主义立场和政策，象征着勃勃的雄心和技术的张扬，追求一种夸张的美国大众文化，以自身的高度成为扩展时代傲慢态度的标志，但依然维持着历史主义的倾向。

沙利文在《高层办公楼的艺术考量》（The Tall Office Building Artistically Considered）一文中，将高层建筑的主要审美特征概括为"巍然耸立"，"它必高高在上，每一英寸都在高位，海拔的动力与力量必藏于其内。它的每一英寸必含有一种自豪遨游之物，以十足的狂喜向上飞升，从底部升向顶部，作为一个单元而没有一根相异的线条"。[1] 沙利文的芝加哥百货公司大楼呈网格状的简洁立面将水平和垂直元素引入结构，在功能上给人以确定感，建筑语汇和视觉质量却并不缺少装饰美化的活力和热情。

密斯将强调点转到了空间水平层，以及漂浮平面的表现上。设计的西格拉姆大厦简洁、轻快、透明，讲究比例严峻，奉行"少即是多"的减少主义原则、反对一切装饰、冷漠而严肃的几何，技术至上和同质性、相关性、清晰性的审美主义形式成为整个西方国家建筑的楷模和依据。单纯的形体、平屋顶，被简化为没有任何屏障与分割的"流动空间"，采用玻璃、金属复合板、瓷砖等无肌理的材料以替代木材、砖头和石材等自然材料，连续性表面，窗户移向幕墙外沿以消除阴影，摒弃装饰而注重细部处理。钢框架幕墙结构，预制装配程度60%以上，建筑的支撑与围合被最精炼地完成和最准确地展现，将对钢和玻璃的建造工艺推向表现的极致。西格拉姆大厦是世界公认的"国际式"风格的正式开始，奠定了"国际式"风格建筑的形式基础。

"国际式"风格因1933年现代艺术博物馆举办的"国际现代建筑展"（Modern Architecure：International Exhibition）而得名，亨利-拉塞尔·希契科克和菲利普·约翰逊（Philip Johnson）合著展览手册及著作《国际风格：1922年以来的建筑》（The International Style：Architecure since 1922），将"国际风格"视为现代材料、现代结构和现代规划本质要求的基本原理的产物，把这种风格描述为作为体积而非体块的建筑，它的特点是没有装饰、规则性而非沿中轴线左右对称。

以包豪斯为代表的现代主义建筑，在形式演变的历史中，普遍有效性的神话被建立起来，正统路线被奉为至尊。在20世纪30年代渗透到美国时，最终去除了极强的民主主义、社会主义的理想和政治色彩，成为代表资本与权力的美国发达资本主义制度化的产物。理想主义和文化内涵的精神内

---

1 [美] H.F. 马尔格雷夫. 现代建筑理论的历史，1673—1968 [M]. 陈平译. 北京：北京大学出版社，2017：421.

核减弱，形式主义的商业味道增强，办公建筑、商业建筑、别墅住宅成为大公司以及资本家炫耀资本实力的建筑形象，芒福德（Lewis Mumford）为《纽约客》撰写的"天际线"专栏文章中写道，"他们模仿勒·柯布西耶、密斯·凡·德·罗和格罗皮乌斯，正如他们的父辈模仿巴黎美术学院的统治之光一样"[1]。现代主义建筑由鲜明的表现主义色彩，蜕变为划定了技术、社会和程序的界限，强调功能主义、刻板、单调、统一和冷峻的风格，改变了世界的物质面貌，带有明显的工具理性、科学主义甚至集权主义色彩。"到如今已经成功地将建筑实践中几乎所有的历史的和古代的象征主义方式统统去除了"[2]。玻璃棱柱作为崭新信念的象征，最终泛滥成容纳商业公司和官僚机构的陈腐的标准形式。20世纪美国最重要的建筑批评家芒福德成功预示了后现代的批评。

SOM（Skidmore，Owings & Merrill）建筑设计事务所作为"皮和骨头"式密斯风格的追随者在形式上打破了"国际式"风格简单的长方形盒子模式，开创了几何形式复杂配合的、全部玻璃幕墙"板式"高层建筑的新手法，结构上采用筒体结构，加强外圈的抗风与抗震性能，成为风行一时的样板，业务范围遍及美国主要城市以及欧洲、中东、东南亚各国。SOM专注于商业和公共事业建筑，基于标准化体系建造、震撼人心的工程威力与技术成就向世界的各个角落渗透与传播，框架与幕墙组合、简洁光亮又轻盈的"国际式"风格勾勒着诸多城市的景观，推动了第二次世界大战后"国际式"风格的普及和流行。

（四）爆发危机

现代主义建筑运动爆发危机时期为20世纪60—70年代，质疑者用历史建筑的符号、美国通俗文化的动机对现代建筑的改造，逐渐形成坚决反对现代主义的后现代主义运动。促使密切关注新材料、新形式所有内涵和可能性的粗野主义、典雅主义、有机功能主义、"高科技"派风格等"国际式"风格的修正潮流，在第二次世界大战之后日渐兴起。强调建筑纪念性的基础在于追求结构上的完美，而不是怀旧式的陈旧图像，其已经抛开国际现代主义的空间抽象和功能主义的迷恋，转而寻求建筑绝对而内在的秩序。

摩天大楼这个美国文明典型的产物，是现代艺术象征符号，是政治和企业策划的综合结果，完全改变了城市的结构和使用功能。"国际式"作为一种公认的时尚性风格，形式的理想化和去物质化以及功能的精确性，

1 ［美］H.F.马尔格雷夫.现代建筑理论的历史，1673—1968［M］.陈平译.北京：北京大学出版社，2017：507.
2 同1。

使得建筑最终被简化为受机器启发的一种功能装饰。绝对的抽象性和刻板的形式主义，是"形式追随形式而非形式追随功能"[1]，建筑的基本要素是功能，但没有敏感性的功能依然只是构筑物。对使用者情感的忽略、对自然景观特色的无差别处理，导致现代主义运动中左翼与右翼即构造形式与地域形式倡导者之间的分化。

CIAM 在 20 世纪 30 至 40 年代很大程度上是由柯布西耶和吉迪恩等理性主义学派的拥护者所掌控的，现代建筑的其他分支没有合适的代表，为大师的观点、建筑制度改革的措施以及对形式的自由探索埋下了分裂的伏笔。1956 年第十届 CIAM 年会后，非官方后续组织"第十次会议小组"兴起，有意识地向 CIAM 所维护的现代主义观点发出了挑战，将结构主义视为 CIAM 功能主义思想的后继运动，开始用居住与城镇的归属感来重新理解建筑和城市。意大利建筑理论家赛维（Bruno Zevi）在 1945 年的著作《走向有机建筑》中，率先对欧洲理性主义的局限提出了尖锐的批评，认为理性及功利主义限制了建筑作出充分表现的潜在可能性，功能主义或理性主义理论已经变成了没有人情味的、抽象的、在运用中过分教条化的东西。

现代主义过分强调预先设定的"现代"范式的抽象观念，第一代现代主义大师滥用技术作为表现符号，排除了设计中的环境、文化和历史情境因素，导致了死气沉沉的形式主义。现代主义建筑所谓功能主义主要是从技术的角度考量，强调的是建造的经济性，无视生物学的需求、社会使命感和个人价值，具有强迫症式的贫乏表现，现代主义建筑的象征性随着国际风格不断被制度化而逐渐丧失，制度化在实施一种福柯所谓的"认知范式"的排斥功能，是一种以"求真意志"或"求知意志"为导向的"权利话语"。以钢和玻璃为材料的摩天大楼作为效率和意志的标志被强行推广，后现代主义将现代主义建筑视为文化的堕落，重新评估被机器文明所扭曲的人类需求。

（五）复杂发展

建筑的复杂发展时期为 20 世纪 80 年代至今，在全新的政治、经济和社会文化态势下，出现了形形色色的思潮、流派和风格，没有单一的建筑思想和形式观点主导，更为开放和更少强制性的轮廓使建筑局面进一步复杂化。解构主义和其他现代主义之后的风格，将长远的模式和议程与当代的问题和当务之急高度综合，建筑理念从各自对应的地方和社会汲取意义，关注着新与旧、地方性与国际性的相互交融，具有复杂的属性。但即使在应对不同地区和传统的同时仍重新利用现代主义建筑的基本原则执着地追

1　Joan Ockman. Architecure Culture 1943—1968[M]. New York：Rizzoli，1993：150.

求指导思想、空间结构、社会理想上的某种普遍性，并激励着深刻的创新对文化、技术和自然的创造性进行回应。现代主义抽象与片面的功能主义原则，追求统一、清晰和秩序，采用同一的方法、同一的设计方式对待不同的问题，以中性方式应付复杂的设计要求，采用无等级差异的、非限定性的空间，忽视个人的审美要求、传统及自然的影响。

现代主义建筑的早期观点作为社会改革的一个积极要素已经走到了尽头，从关切角度对现代主义的思想、实践与审美价值进行重新评估，现代观念遇到了地域主义对本土的彰显，考虑人的舒适感存在着细微的差别，"人们发现，人是一种非常复杂的现象。借助于任何划时代的新方法，都不能满足与理解这一现象。这种认识逐渐带来了一个结果，即反对1930年代的所有过分图式化的建筑。今天我们已经达到了这样一个节点上，一切捉摸不定的心理要素再一次开始吸引我们的注意力。人以及人的习性、人的反应与需求，成为兴趣的焦点，以前从未如此。人们力图理解这些要素，并使建筑真正与之相适应。人们渴望以一种生动的方式来丰富它，美化它，使它成为快乐之源。"[1]建筑理论异常活跃，建筑理论在一个深受人文学渗透的更广阔的理智背景下展开。设计的重心从单一的机器美学转向设计本身的自由鲜活性，实用自然材料丰富了建筑语言，更好地融入环境、植根于本地传统，回应了心理学上的要求，在审美方面将功能主义理论人性化，主张情感价值与技术更加平衡地结合，灵活的功能主义、人文主义、地域主义，以及相互竞争的观念和背道而驰的力量。

1. 新理性主义

罗西（Aldo Rossi）的《城市建筑学》抨击了现代主义认为建筑的形式应根据具体的功能决定的观点，对技术城市的进步神话进行了质疑，批评其"是一种退化，因为它妨碍着我们去研究形式，妨碍我们根据真正的建筑法则来了解建筑的世界"[2]，罗西超越一般关于建筑性质特征与识别认同的讨论，主张建筑设计与传统城市规划重新结合为一体，将建筑现象归源于人类普遍的建筑经验的心理积存，建筑生成的深层次结构存在于城市历史积淀的集体记忆之中。形式应该是从它自身的历史传统与城市文脉的类型学中生发出来，从研究古典风格的、工业化以前的城市规划着手，使建筑融入历史、城市形态与记忆，寻求严肃而宁静、具有纪念碑性和现象学本质的建筑。

1　[美] H.F. 马尔格雷夫. 现代建筑理论的历史，1673—1968 [M]. 陈平译. 北京：北京大学出版社，2017：530.
2　[意] 阿尔多·罗西. 城市建筑学 [M]. 黄士钧译. 北京：中国建筑工业出版社，2006：46.

罗西理论的关注点与文丘里一样，都是围绕着历史与传统展开，但与以美国为代表的广泛吸收古典建筑元素及历史符号的后现代主义不同，罗西对建筑的类型学思考在深层次上是探索建筑"回归秩序"的途径，试图弥补中心感的丧失。出于对个人和集体记忆的需要，罗西服从于一种隐秘的还原法并且否认符号的特殊性，不采用古典的符号、设计细节来达到表面的装饰效果，或以传统的结构达到古典的韵味，而是重新审视传统街道和广场的社会意义、城市潜在的结构和模式，以古典的城市布局为中心，采用轴线的组织、最基本的几何形式和比例，尝试建立一种基于文化与历史发展逻辑肌理的、合乎理性的建筑生成原则。

建筑的核心是与城市文脉的联系性，实现现代与传统、建筑本身与都市传统的和谐统一。罗西 1976 年设计的意大利莫迪纳市（Modena）殡仪馆和骨灰楼建筑，纵横上下完全是工整方形窗格的排列，呈现的不是装饰细节而是强有力的简单几何形式。与罗西同样对古典主义和历史传统具有严肃态度的是格拉西（Giorgio Grassi），与后现代主义戏谑、嘲讽的方式不同，他以敬畏的态度选取古典主义的比例、尺度或某些符号作为设计的构思，具有强烈的责任感和凝重感。

2. 新地域主义

吉迪恩在《新地域主义》中转变立场，应对芒福德和赛维的批评，提出"国际风格"的观念助长了形式主义，忽略了当地气候与文化条件，表明他对地区差别的新关注。新地域主义的理念是注重某一特定地域内典型的、特有的价值和利益，呈现出一种对自身处境和自我身份的体认。将本土建筑与现代建筑的语汇杂糅在一起，这种返璞归真的杂糅使现代主义建筑表现得更尊重气候差异性，也更敏感地尊重场所精神。新地域主义反对工业主义带来的失根性和同质性，认为本土文化具有真实性和原初性，关注特定地方的特征、气候和文化，关注民族神话和区域的连续性，达到某种深层次的文化结构，善于敏感地处理场所、景观、光线以及自然材料。

诺伯格 - 舒尔茨认为，建筑的实质目的是探索和最终寻找到"精神内涵"，在地点上建造出符合个人需求的构造，呼吁通过建筑设计以揭示环境、地点的内涵来表达自然的实质意义，扩大对建筑所在地点的自然属性，而不是消极等待和应付日常需求。根据气候、文化、记忆和各自的社会理想对现代主义普遍特征进行谨慎调整，成为一种自觉、广泛、多样的设计倾向。关注"场所 - 形式"的关联性，建筑主动回应特定的自然条件、生活现状和地方文脉，从场地、气候、习俗出发思考建筑生成条件与设计原则，将本地历史加以转化，以回应一种新的文化氛围，反对工业化批量生产的、千篇一律的模式解决所有的建筑问题，折射出后工业时代全球范围内对于文明与文化相互关系的思考。

传统建筑特别是民俗建筑，是针对特定地点的地理条件和人文传统而发展出来的建筑体系，具有功能、结构和形式上的合理性。对土地和意义的迷恋与工业化迅速摧毁传统的进程恰好吻合。从形式的选用、材质的表现、传统记忆的意向上，寻找与本土文化中传统建筑的某种联系，创造适应和表征地方精神的当代建筑，抵抗国际式拙劣模仿和无限蔓延所带来的建筑文化的单一以及地方精神、独创特色的失落。采用适应地方气候、利用地方资源、吸收地方传统经验和形式等灵活性、综合性的设计策略，将风土人情中有生命力的形式缩微并图示以化成高度抽象的视觉对应物，使建筑重新获得场所感与归属感，使城市化社会得以回望民族历史和乡村根基。

气候是现代主义建筑语言重要的调节因素之一，"已扎根的价值观和想象力结合外来文化的范例，自觉地去瓦解和消化世界性的现代主义"[1]。墨西哥巴拉干（Luis Barragan）充满色彩与宁静感的建筑世界，将形式灵感融入墨西哥乡土建筑，以知觉和静观加以领悟。斯卡帕（Carlo Scarpa）在维罗纳古城堡的中世纪博物馆改造中，以独特的方式将传统手工工艺与历史元素纳入现代设计。在布里昂墓园（Brion Tomb）中一系列平整的地面被塑造成一系列的沟渠、路径、平台和水池，经过雕琢、风化和浸泡的混凝土墙呈现古代遗迹的印象，斯卡帕以层叠、条痕和破裂的手法创造了逝者之地和去往另一个世界的通道。

激进的机器时代已经过去，取而代之的是对于人与自然原始关系的新态度。国际式的平面化让位于更具雕塑感和更粗野的表达形式，裸露的砖块与混凝土、有肌理的立面、墙体的厚重感，美学图谱的扩展实现了地方与传统的新结合，激发对地方特征的新解读和重新阐释，也避免了将现代主义描绘成无根的、普遍的存在，提供了更为地域性的回应。不同于19世纪浪漫的地域主义，也不是简单地从乡土建筑中提取符号作为标签，传统是一种语言，但是由传统所产生的仅仅是词汇本身，它们与事物之间的联系已经以一种新的方式被重写了。从形式和美学上将传统陌生化，在现代主义建筑功能、构造中保留地方传统建筑的基本构筑、形式特征，讲究对符号性、象征性的重新阐释，用现代的方式创作的建筑应该与环境、气候和传统相协调。

1　[美]肯尼斯·弗兰姆普敦.现代建筑：一部批判的历史[M].原山，等译.北京：中国建筑工业出版社，1988：396.

3. 典雅主义

1969 年纽约现代艺术博物馆展出了埃森曼、格雷夫斯、迈耶、格瓦斯梅和海杜克等五人的独立式住宅建筑作品，这被看作是新现代的开始。被称为"纽约五"（New York Five）的作品试图从不同角度重新阐述第二次世界大战前现代派大师的理性章法，把建筑纳入严格的正规体系，通过使纯粹主义和新塑性主义与后现代主义相抗衡的创作倾向，提倡回归以内容和功能为重点的形式问题的基本原则，风格上对轻薄、平面性和透明性的强调是对现代主义传统设计语言的发展。迈耶专注于垂直和水平布置的对比和处理，埃森曼探索基本形式句法和空间的结构逻辑。具有良好功能、优雅的新几何风格的作品，其结构精细，建筑表面处理简单而干净、利落、精致。但形式的逻辑表达区别于功能与技术要求，使形式结果更为抽象，同时对纯形式类型问题的关注取代了对道德内涵的讨论，因此对深层意义的寻求让位于脆弱的形式主义，有走向缺乏生机和过度理智化的学院主义的趋势。

现代主义建筑的最新课题是使合理的方法突破技术范畴而进入人情与心理领域。这一倾向是对理性主义鼓吹建筑形式无条件地表现新功能、新技术以及形式上大量雷同的反动。主张把外来经验结合自己的自然条件或文化传统，巧妙利用地形，与周围自然环境相得益彰，创造性地运用传统材料，空间布局上追求层次、变化，强调人体尺度，不是在对比中寻求互补而是在同一中寻求融合，实现地方的自然与文化特点同当代技术有选择地结合。对现代主义建筑在建筑的风格上只允许抽象的、客观的共性的反抗，简约的设计倾向继承和发展以简洁的形式客观理性地反映事物的本质的现代主义，包含着柯布西耶的拉图赖特修道院的宗教性简约思想，密斯的"少即是多"是采用极端简洁的形式对复杂的升华，但拒绝国际式大一统呆板的景象，融入了当代美学和不同地区文化，从具象到抽象，寻求一种简洁洗练、宁静安详的几何形体和结构，关注空间的开放性和连续性，运用金属、玻璃等人工材料表达一种精工细作、光洁明朗的表面，运用线性的排列、反复创造建筑三维的逻辑性和秩序感，以最有限的手段创造最强劲的视觉张力，作为对拥挤嘈杂的都市和让人无法喘息的快节奏生活的保护性反应。

4. 高技派

高技派认为高科技发展是当今社会发展的必然，技术是机械美学的核心，是推动理想主义建筑发展的动力，现代建筑运动所担负的"进步"使命感及努力追求的更深层次价值被简化为将技术作为消遣之物的多元消费主义。极力以夸张的形式凸显科学技术的象征性内容，鼓吹材料、结构和施工新技术作为美学依据，以极大的热情创造性地采用超高层建筑、大跨度空间结构、玻璃幕墙和预制装配标准化构件等技术手段解决建筑问题。"新精神彰显出来的与以前所有艺术和文学运动不同的特色，就在于它给惊奇以重要地位"。[1]

皮亚诺和罗杰斯设计的法国"蓬皮杜国家艺术与文化中心1976"，把工业环境中的技术特征引入设计，使用标准件、金属接头和金属管的"MERO"结构系统作为建筑的构造，形成了内部巨大的自由空间，立面上挂满了五颜六色的各种管道，技术威力的狂热表演不仅暴露了建筑的结构，也暴露了设备。桁架梁采用特殊制作的套筒结构使各层楼板可以自由升高和降低，各层的门窗和隔墙由于是不承重的，也有可以任意取舍或移动的可能性。"这幢房屋既是一个灵活的容器，又是一个动态机器。它是由预制构件高质量地制成的。它的目的是直截了当地贯穿传统文化惯例的极限而尽可能地吸引最多的群众。"[2]

1980年代以后，技术的盲目热情有所回落，戴维斯（Colin Davies）的著作《高技派建筑》作为历史性总结与思考，更加客观审慎地看待过于强调新技术影响下的建造方式和建筑美学转变的各种实践和探索。高技派把技术毫不掩饰地加以理想化的美学尝试仍在继续，但更加关注"适宜技术"对建筑语言的拓展、对建造方式的优化。高技派热衷于结构的外露、室内空间的开敞，惯常使用插入式舱体，依靠智能化技术，并试图采用航天和汽车工业中的流体力学成果以及新型材料和控制系统等最新的建造技术和工业化生产方式合理改进建筑，探索新技术与艺术性能结合的有效途径、建立城市巨型结构的空间时代形象。高技派因易于受到材料工业和设备工业垄断企业的左右与控制，游弋于商业霸权与技术专治幻想之间，及动态机械主义的倾向中"缺乏人情"和"没有艺术性"而受到批评，但高技派对技术持有肯定、乐观的信念，以这种方式对技术领域与建筑发展的观察仍然延续了现代主义的传统。

1960年代最引人注目的高技派的代表是英国的阿基格拉姆集团（Archigram）和日本的新陈代谢派（Metabolism）。阿基格拉姆集团的目标是描绘和标示一个新的现实，"我们正在追寻一种思想、一种语汇、一些可以与这个原子能时代中的太空舱、计算机以及一次性封装产品相互并存

---

1 ［英］彼得·柯林斯. 现代建筑设计思想的演变［M］. 2版. 英若聪译. 北京：中国建筑工业出版社，2003：276.
2 罗小未. 外国近现代建筑史［M］. 2版. 北京：中国建筑工业出版社，2011：282.

的东西"[1]。感兴趣的方向集中于"可插入"技术、可丢弃的环境、太空舱和大众消费时代的现象，自由的形式和有机的联系暗示了建筑内蕴含的一种可生长和变化的属性。新陈代谢派强调事物的生长、变化和衰亡，"我们需要的并不是固定的、静态的功能，而是能经得起新陈代谢般的变化"[2]，极力主张从空间与变化的功能角度思考建筑，强化不变的和可变的设计元素之间的差别。设计传达出现代工艺的机械主义的高雅性，把握住了传统主义与未来派这两种从根本上影响第二次世界大战后日本的巨大力量。

5. 有机功能主义

有机功能主义是以粗壮的有机形态、混凝土薄壳结构设计大型公共建筑，把现代建筑材料和建筑结构发挥到淋漓尽致。埃罗·沙里宁（Eero Saarinen）的纽约肯尼迪机场美国环球航空公司候机楼，保持了现代建筑的功能化、建筑材料和非装饰化的基本特点，以一只展翼欲飞的鸟的有机形式奠定了有机功能主义的里程碑，突破了"国际式"风格的几何形态，使有机形态和理性主义之间相互补充、更加协调。悉尼歌剧院（1957—1966年）的外形是一个由覆盖音乐厅、歌剧院和餐厅的3组尖拱形屋面系统组成的大平台，如同迎风而驰的帆船，以高耸的白色曲线身姿从海港中探出身来，充满张力的造型和略带肌理的光滑表面，传达出一种视觉张力。某种意义上，悉尼歌剧院就是一座向国家艺术巅峰致敬的现代"大教堂"，并成为澳大利亚的国家标志，也是建筑中地域化倾向的代表。

现代主义建筑在个体意图与集体神话、独特创意与传统延续性脉络之间，表现出了超出人们预料的复杂性、多样性和持久性，"在20世纪80年代及90年代初期，那些最具探索性的作品，大多具备如下这些特征：有说服力的碎片、压缩并置的各种世界、抵制极端激进的技术发展，以及唤起了人、事物与观点之间一种理想化的关系——世界大同的缩影。"[3]拉斯穆森（Steen Eiler Rasmussen）的《体验建筑》将建筑视为一门与视觉、听觉和触觉有关的身体艺术和心理艺术，建筑通过人们的形式感和空间感所领悟，而光、色、肌理、节奏和材料效果等要素又可以使建筑得以升华。班纳姆的经典著作《第一机器时代的理论与设计》中提到，第一机器时代的建筑很大程度上是资本主义精英的工具或力量的象征，第二机器时代要求

---

1 [英] 威廉 J·R·柯蒂斯. 20 世纪世界建筑史 [M]. 本书翻译委员会译. 北京：中国建筑工业出版社，2011：539.

2 [英] 威廉 J·R·柯蒂斯. 20 世纪世界建筑史 [M]. 本书翻译委员会译. 北京：中国建筑工业出版社，2011：510.

3 [英] 威廉 J·R·柯蒂斯. 20 世纪世界建筑史 [M]. 本书翻译委员会译. 北京：中国建筑工业出版社，2011：684.

一种更彻底更激进的概念化过程。索莱里（Paolo Soleri）的著作《生态建筑学：人像之城》（1969）宣告了一种关于人的精神和身体与大自然共生的综合哲学，以及一种预见性的自我维持、自我平衡、与景观特色相和谐的城市生态系统。此外，还有布莱克（Peter Blake）的《形式追随失败》，布罗林（Brent Brolin）的《现代建筑的失败》则以更激进的态度彻底、全面地否定现代主义。

第三节　现代主义建筑的精神实质及美学特征

一、现代主义建筑的精神实质

现代主义对现代精神直接表达的心理需求，从意识形态、价值观念、审美方式各个方面改变了世界和生活的图景，各个领域相互交叠、相互渗透、相互涵养。作为人类文明和社会发展史的一个不可分割的有机组成部分，建筑本身兼有物质文明和精神文明的属性，"对社会的重新建构中，整个现实都会被赋予表现着新目标的形式，这种新形式的基本的美学性质，会使现实变成一件艺术品。"[1]建筑的每次革新必然重构它所根基的神话般的形象和价值表达形式。

一种定义就是一种思路，代表了定义者对现代主义建筑的基本取向。现代建筑（Modern Architecture）是一个具有强烈时间阶段特指含义的概念，指现代的所有建筑活动，特别是指脱离了古典主义和文艺复兴建筑影响以来的整个建筑发展阶段。现代主义建筑（Modernism）是一种建筑风格的特指术语，是指 20 世纪初在德国、苏联、荷兰等国家由一小批具有民主思想、左倾趋向的知识分子精英所探索和奠立的建筑方式和建筑思维方式。具体体现在：建筑有明确的服务对象——穷困的大众，形式简单明确，反对增加成本的装饰性，采用混凝土、平板玻璃、钢铁构件等新的工业材料，采用预制件的施工方法，强调功能性、理性原则、机械美学，隐含着一种本质上的政治、美学激进主义和颠覆的冲动。

20 世纪 20 年代是第一次世界大战结束后相对和平的时期，也是建筑历史上变化之快罕有的历史阶段之一。现代主义建筑作为力图推翻旧有风格的新形式被创造出来，为个体创造力奠定了共同的美学和技术基础。法国建筑家达利认为："各种建筑风格都是从人类社会知识和道德力量中诞生的……建筑因此自然也就成为某种特定的文明的表达……风格的流行仅仅

1　审美之维：马尔库塞美学论著集 [M]．李小兵译．北京：三联书店，1989：113．

是因为这个特定的时代采纳了它而已。"[1]艺术应该符合时代的需求和习俗，每个时代都有自己的精神内核，而种种文化现象则是精神内核的直接显现，同样主导着一个时代的建筑审美趣味和本真风格，反映了特定阶段对建筑的深刻理解。

现代主义强调建筑的功能作用以及对建筑中新技术、新材料的创造性应用，是19世纪以来持续探索的工业化时代建筑发展方式的决定性成果。建筑外形上的悬挑空间、透明层和横向贯通，来源于钢筋混凝土的结构塑性，如同历史上其他重要的形式更迭，新建筑带来了关于世界的新观点和新视野。基于"建筑是居住的机器"，新建筑满怀热情地接受工业模式并信仰技术，表达了激烈的姿态及乌托邦式的情感。现代主义建筑产生的基本思想因素，根植于对传统意识形态的否定态度。自启蒙运动以来，对古典主义体系和从文艺复兴以来固定化的新古典主义体系的合理性和永恒性提出质问，认为建筑应该具有强烈的时代感，应该符合当时当地要求的理性考虑，而不是对历史形式断章取义的抄袭。现代主义概念的实质在于，诚恳地接受工业化带来的新的社会和科技现实。工业革命奠定了现代社会的经济基础、上层建筑和社会形态，也为城市与建筑的功能和类型带来了一系列新问题。工业大生产的发展，促进了钢铁、钢筋混凝土、玻璃等新的建筑材料，电梯等垂直运输的建筑设备的出现和建筑结构技术、施工方法的新突破，不仅打破了建筑在高度和跨度上的局限，也是建筑艺术在平面和空间设计上的表现手段。体现在设计和建筑上的现代主义的内容可以归结为以下几个方面：民主主义、精英主义、理想主义和乌托邦主义。"现代主义的中心目标是积极改革建筑工业的组织形式和城市开发管理的控制方式。"[2]产生于这一重要的社会和技术变革背景，现代主义建筑记录了在一个日渐工业化的世界里，由乡村到城市的逐渐转变。

19世纪到20世纪初伴随着资本主义的发展，大量农业劳动力聚集到城市成为产业工人是西方基本社会现象之一，都市化成为工业化、现代化的必然产物。由此产生的巨大的居住、工作及交通的功能需求，城市土地的稀缺对高层建筑和集合住宅的需求，以及火车站、图书馆、百货公司、展览馆等类型需求，现代工厂建筑的空间、照明和流通等需求，都是促进现代主义建筑形成和发展的基本社会条件和内生动力。因此泰格（Karel Teige）把现代主义的本质归结为一场社会运动，"新的建筑必须重新开始，建立在新的社会基础之上。这并非只是发明自由形式和主观构图的问题，

---

1 [美] H.F. 马尔格雷夫. 现代建筑理论的历史，1673—1968 [M]. 陈平译. 北京：北京大学出版社，2017：335.

2 [意] 曼弗雷多·塔夫里，弗朗切斯科·达尔科. 现代建筑 [M]. 刘先觉，等译. 北京：中国建筑工业出版社，2000：156.

也并非是时尚问题：直角、反装饰论、平屋顶——所有这些都是有魅力的、令人称心如意的，几乎就是新建筑的特色。[1]"

建筑服务对象的思维方式从以前比较单一的考虑发展到针对不同对象需求，改变了数千年来设计为少数权贵服务的基本立场。赛维在《沃尔特·格罗皮乌斯与包豪斯》中就把 1920 年代的先锋派运动解释为一种十分重要的社会与政治力量。如何形成新的设计理论和原则，采用简单的形式达到低造价、低成本的社会需求，使设计为整个社会服务成为现代主义建筑民主主义的迫切要求。现代主义建筑作为影响人类物质文明的重要设计活动，虽然不是为精英服务，但是由一小批处于社会大变革中的精英知识分子发动和领导。为广大的劳苦大众提供基本的设计服务，不仅是对长期以来垄断建筑的、为权贵服务思想的一个重大的反动，而且希望利用设计来建立一个较好的社会，建立良好的社区，通过设计来促进社会正义、实现对传统意识形态的革命，利用设计来达到改良的目的，改变社会的状况而避免流血革命从而"拯救众生"，显然是乌托邦式的、一种小资产阶级的理想主义。

基于以上思想，建筑设计在 20 世纪初期面临的最突出的问题是创新时代风格，使功能、技术和艺术有机结合，解决建筑审美观念的现代与传统之间、新技术与旧形式之间以及新功能与新形式之间的种种矛盾。众多建筑结构与形式，必须形成新的策略、新的体系、新的设计形式、新的技术体系。在形式上，对旧的建筑样式和构图规则进行简化和变通，出现了简单的立体主义外形，石头建筑沉重封闭的面貌逐渐被框架结构的方格形构图所取代，建筑由柱支撑，全部采用所谓的幕墙结构。色彩基本是以白色、黑色为中心的工业化的中性色。建筑设计讲求实用的功能主义基本原则，形成一种单纯到极点、冷漠而理性、立体主义的新建筑形式。

两次的世界大战使欧洲各国陷入严重的政治和经济危机、面临严重的住房短缺问题，在"要么建筑创新，要么革命"[2]的社会态度和社会期望下迫切需要住宅的大批量生产。1924 年到世界经济危机爆发前，建筑技术在结构动力、结构稳定、壳体结构等方面取得重要进展，促进了钢筋混凝土整体框架和各种大跨度建筑的大量应用。铝材、不锈钢、搪瓷钢板、防水胶合板、橡胶、沥青及多种防火、隔声等新的建筑材料逐渐推广，空调、厨房和厕浴设备等建筑设备不断改进，建筑施工技术也相应提高，建筑活动出现了短暂的繁荣阶段，新建筑运动走向高潮。强调功能为设计的中心

1　Karel Teige.Modern Architecure in Czechoslovakia and Other Writings[M]. Los Angeles：Getty Publications Program，2000：291.

2　[法] 勒·柯布西耶. 走向新建筑 [M]. 杨至德译. 南京：江苏科学技术出版社，2014：354.

和目的，以非承重的墙体构造废除厚墙，形式上受到艺术的立体主义影响提倡非装饰的简单几何造型，采用清晰的比例、平直的墙体、对于材料的直接表现及以空间为核心的理念，以实现吉迪恩在《使居住获得解放》中提到的，"今天我们需要一种住宅，它的结构与我们的身体的感觉相一致，正如运动、体操以及与我们相适应的生活方式——轻盈的、通透的、柔韧的——使我们的身体感觉活得解放一样"[1]。

第二次世界大战后，建筑发展经历了大规模兴建简单的、批量化生产的住宅阶段，1950年代后期建筑的重点逐步转移到住宅的表现化，以及由于经济繁荣造成的高层建筑和其他商业建筑的大量兴建。在新的经济形式下，摩天大楼作为城市集中的典型代表企业、大政府、权力、现代化，因此形式本身已经具有了力量、效率和技术象征。以中产阶级为主的美国社会，要求修正现代主义建筑中的朴素社会主义和单调的功能主义原则，把设计提升到满足人们心理、视觉需求的层面。美国社会当时出现了几个基于"国际式"风格的分支流派，从建筑思想、建筑结构、建筑材料方面都属于"国际式"风格运动，但在具体形式上各有特点，丰富了相对单调的"国际式"风格。

总之，压倒一切的时代精神进一步确认了统一的世界图像，意味着使精神价值挣脱个体的局限，提升到客观有效性的高度。作为力量和现代性象征的现代主义建筑的产生从客观上讲是工业化的成果，从意识形态上讲是部分欧洲知识分子社会工程思想，把建筑作为使生活更加美好的主动力，呼吁建筑师应超越其传统角色，站在社会进步的前列在设计中引入民主主义精神，为奠定一种新的政治制度基础、力图为新世纪建筑和城市所面临的社会问题提供新的解决方案的思想结果。其思想内容是民主的、社会的、精英的，形式是无装饰的、现代工业材料的、现代构造的，生产方式是批量的、低造价的。

现代主义建筑注重实用功能，发挥新型建筑材料和结构的性能，拒绝传统的建筑装饰和构图格式，强调建筑艺术处理的重点由平面和立面构图转向空间和体量的总体构图。"大师的艺术手法是创造空间，而不是勾画立面。空间外围是由墙确定的，而空间……是通过墙的复杂性表现出来的。"[2] 抛弃简单的对称而获得一种非对称的动态平衡，建筑不再是实体之中的虚空而是形体与空间的紧密作用，形体打破封闭、体与面从中心自由地伸展到周围环境中，具有简单经济、朴实无华、灵活自由的形式特征。

---

1 [美] H.F. 马尔格雷夫. 现代建筑理论的历史，1673—1968 [M]. 陈平译. 北京：北京大学出版社，2017：395.

2 [美] 肯尼斯·弗兰姆普敦. 现代建筑：一部批判的历史 [M]. 原山，等译. 北京：中国建筑工业出版社，1988：77.

第二次世界大战后其本质从一种排斥旧秩序，按照经济原则，为大众服务的、民主主义的、理想主义的对社会问题解决的探索方式，变成了代表资本主义金钱与权力、缺乏人情味、符合美国大企业、大资本集团和中产阶级的形象需求。

二、现代主义建筑的美学特征

（一）新古典主义的超越

现代主义建筑是在反对新古典主义的斗争中出现的，新古典主义作为对古希腊及其他古典建筑的复兴出现于 18 世纪下半叶到 19 世纪初的法国，"古典主义赋予抽象的、禁锢自由、抹杀社会形态变化的柱式以神话般的意义"，[1] 以柱子的半径作为模数，并执着于对称、焦点、等级等划分空间及控制建筑元素的法式。建筑审美以经典柱式法则及由此产生的宁静和谐为基础。新的生活方式引发了新的需求和新价值，二者均需要在建筑中寻求合适的表达范式。现代主义以功能原则批判古典原则，抛弃柱式、细部之间的固定搭配，粉碎先入为主的设想及所有的传统规范和先例旧习。新范式的力量恰恰在于它能够用形式将特定历史时期关注的根本问题可视化，现代主义运动不仅促成了实际的形式，还改变了观念和感觉的深层结构。现代主义建筑的驱动理念和根本秩序，从根本上改变了我们的物质世界，也很大程度上改变了我们的思维方式、文化特征和审美观念。审美意图的转变产生新的表达目标，进而引导技术进行相应的调整。

1. 真实性

新古典主义建筑的外形依赖于历史的遗存，受某一外在典范形象的制约而非建筑内部的结构表达，"虚伪的建筑：也就是模仿；也就是欺骗"[2]，现代主义建筑最独具的特征之一是它所关系到的道德方面，把新古典主义建筑的正面（Facades）作为"虚假形式"的实例。拉斯金认为"如果沉溺于这些替代品，这民族的艺术就没有进步的希望了。它们之为装饰，其没有实际效用，没有真正价值之处"[3]，他把建筑有别于自己真正风格的构造或支撑模式、呈现与真正所用不同材质和表面的雕刻装饰归于欺骗行为。路斯在《装饰与罪恶》中同样认为"文明进化的脚步，是伴随着对有用物品装饰上的消除而前进的"[4]，把装饰看作落伍和没有创造性的，是内部空间对外

1　[意] 布鲁诺·赛维. 现代建筑语言 [M]. 席云平，王虹译. 北京：中国建筑工业出版社，2005：11.

2　[瑞士] 希格弗莱德·吉迪恩. 空间·时间·建筑——一个新传统的成长 [M]. 王锦堂，孙全文译. 武汉：华中科技大学出版社，2014：211.

3　[英] 约翰·拉斯金. 建筑的七盏明灯 [M]. 谷意译. 济南：山东画报出版社，2012：36.

4　[英] 尼古拉斯·佩夫斯纳，等. 反理性主义者与理性主义者 [M]. 邓敬，等译. 北京：中国建筑工业出版社，2003：28.

部趣味妥协让步的明显标志，其对真实、简洁带有清教徒式的推崇。

现代主义建筑的真实性关注的是材料和结构构成两方面的表达，扬弃以往的历史先例，拒绝附加的装饰，真实运用材料，体现结构的真实成为规范设计的准则。尊重一种材料固有品质，不应该通过镀金、漆饰等方式掩饰为另一种材料，更根本的原则是材料只用来表现和它们固有属性协调一致的任务。根据建筑物的目的而选择真实的风格，建筑的比例以材料对荷载的抵抗力与结构构件尺寸之间的关系为基础，充分发挥结构在建筑造型上的重要作用，追求毫无装饰的轮廓纯正、表面素净与比例优美。由于形式与功能的紧密关系，"设计是从内向外进行的，外部是内部的结果"[1]现代主义建筑相信建筑形式本质上就是结构形式，要求其形式应该是简洁地满足特殊目的的结果，梁、板、柱等起支撑作用，承受垂直、水平方向荷载的平面或空间受力体系应该合理、规则、比例适宜并诚实地在外形上表达出来。建筑复杂的表面图案消失了，一种新型的装饰被创造出来，不是附加的装饰，而是突出材料本身的视觉品质，并且装饰结构化成为线条、形式、比例等建筑几何构图本身。J·M·理查兹在《现代建筑入门》中声称，"现代建筑应该发展到完全成熟，而不失掉这种真诚，它现在是现代建筑的特殊优点。"[2]

2. 透明性

1851年伦敦世博会水晶宫的建成不仅标志着现代主义建筑的产生，也预示了玻璃和金属构造的轻巧和通透结合的当代方法的诞生，一种以钢作为支撑结构、玻璃为主要围护材料并依靠其引起视觉冲击作用的建筑形式语言形成了，"水晶宫乃是建筑上的一次革命，嗣后一种新风格将由此产生"[3]。由于玻璃具有透明、透光、多彩、轻质等材料独特性，建筑大面积使用玻璃形成均匀分散光线的空间，轻盈、纯净、明快，取消了物质感、重量感和空间的束缚，能够把大量的日光引入室内，而且在视线无阻拦的情况下使户外的环境持续地与人亲近，同时将其室内的空间向外界敞开，与民主政治特性不谋而合，因此透明性成为玻璃建筑艺术魅力与文化象征的重要构成条件。

柯林·罗和斯拉茨基定义了两种透明性：一种表示物质的某种内在品质的"真实或者字面意义的透明性"；另一种表达物体内在组织结构的"现

1 [英] 彼得·柯林斯. 现代建筑设计思想的演变 [M].2版. 英若聪译. 北京：中国建筑工业出版社，2003：215.

2 [英] 彼得·柯林斯. 现代建筑设计思想的演变 [M].2版. 英若聪译. 北京：中国建筑工业出版社，2003：246.

3 [瑞士] 希格弗莱德·吉迪恩. 空间·时间·建筑———个新传统的成长 [M]. 王锦堂，孙全文译. 武汉：华中科技大学出版社，2014：183.

象或者外观的透明性",认为透明性是"一种同时产生的对不同空间位置的感知"。[1]1911年格罗皮乌斯设计的法古斯工厂突出了玻璃在构造上的重要性,将玻璃墙面突出于砖砌支柱而颠覆了传统的墙角的概念,晶莹剔透的形象改变了工业产品初期的粗陋。布鲁诺·陶特(Bruno Taut)为科隆市1914年制造联盟博览会设计了一座玻璃馆,密斯更醉心于"水晶"建筑在审美上带给人的满足,"我没有任何的表现主义的倾向,我想要表现出建筑的结构骨架,那么最好的办法就是让它拥有玻璃的外表。"[2]

密斯于1922年就提出玻璃摩天大楼(Glass Skyscraper)的方案,多面的、非承重的玻璃表层包裹着暴露的框架结构。密斯的玻璃建筑建构观极大地提升了内部空间的匀质特性,具有和平主义的现代建筑意识,钢构件与玻璃精美绝伦的高雅品质成为20世纪现代主义建筑的基本标准,推动"玻璃盒子"成为大尺度现代主义建筑的主宰景象。

保罗·谢尔巴特(Paul Scheerbart)在《玻璃建筑》中预言,"我们都生活在封闭的房间里,这些形成了我们文化成长的环境,我们的文化是一种我们建筑产品的切实延伸。假如我们要使我们的文化提升到一个更高的程度,我们具有义务,为更好的建筑。而这唯一变成可能的是如果我们从我们居住的房间拆去封闭的特征,我们可以做的是引进玻璃建筑,它让阳光、月光、星光进入,不只是通过几个窗户,而是通过每一道可能的墙,它将全然由玻璃制成一彩色的建筑。新环境,我们瞬间的创造,必将带给我们一种新的文化。"[3]居住在几乎透明的建筑中,将会彻底地改变人们的感官,让人重新感受与建筑的关系以及与房间以外自然界的关系。玻璃的透明性表明建筑表皮摆脱了承重功能及重力主导的形式法则,打破了传统砖石建筑厚重、封闭、光线昏暗的状态,改变了内外空间之间截然分开的局面,使人们从封闭的空间解放出来、得到释放情绪的感官突破口。玻璃建筑的透明性和透光特质形成了当代建筑与艺术新的视觉属性,从建筑的空间视觉角度,透明性所暗示的不只是一种视觉的特征,它还暗示了一种更广泛的空间秩序,体现了民主政治的社会透明度,对促进社会和精神变革具有特殊的作用。

3.动态性

现代主义建筑空间的形成与绘画艺术上新的同时性空间概念紧密相关,西方最初的空间观念源于苏美尔和希腊建筑量体与量体间的相互作用,罗马万神殿的穹顶架构开启了第二个空间的观念——内部空间的挖空,"第

1　葛楠.建筑的透明性[D].北京:北京建筑工程学院,2006.

2　郑东军,张颖宁."玻璃盒子"与现代建筑之演进[J].新建筑,2005,(1):63.

3　陈华辉.当代玻璃建筑的设计观念与策略[D].南京:东南大学,2012.

三个空间观念是本世纪视觉革命之时开始的，它废除了透视法中的单一视点。这对于人们的建筑观念与城市景观都有根本的影响。独立建筑物的空间发散特质又再度获得认识（不受墙壁所局限）。"[1] 三维空间中采用的透视法是提供一种增加纵深感、获得更确切空间感的方法，但通常使用的街景透视（一点透视）却只是二维空间，用透视的方法建筑本身变得无关紧要，建筑的外观形体反而占据主导地位。

立体派三维反透视，改变了文艺复兴以来以单一的视点再现物体的外观，转而从不同的角度来观察，从内部的结构来掌握物体，演绎出与现代生活关联极为密切的同时性原理。"立体派画面中面的进和退，相互贯通，悬浮，常常是透明的，并无任何东西固定在写实的位置上，这与透视画法中各线条辐集于一个焦点上的方式有本质区别。"[2] 立体主义对于审美问题的形式解析——有关美的基本要素和均衡关系，成为建筑上风格派和构成主义运动的来源，对建筑的主要影响是提供新的立面模式和新的平面设计模式。悬浮在空中的垂直面的组合以及面和点的同时性与多样性成为现代主义建筑的空间观念。多米诺体系将墙壁分解，悬浮的板面不再是一个有限空间的组成部分，而是构成了流水般、连续的空间，随着时间因素的加入，动态空间取代了古典主义的静态空间。

格罗皮乌斯的包豪斯校舍将整个建筑体积分解为宿舍、教学楼和作坊三个不同形状的建筑物，采用无透视法的连接方式，连接三座建筑的通道毫不掩饰地强调着它们之间的不协调性。赖特在草原住宅中强调悬浮的水平要素，采用板与积量相互贯穿的做法，其混凝土板系为一个平面的延长，穿过垂直结构的墙壁、悬浮于地面之上，形成不同深度的平坦面，突出表现各种面与色彩之间纯粹坦率的关系。柯布西耶在自由、开放、明亮的萨伏伊别墅中暗示了内外空间的相互渗透，通过贯穿整个建筑的坡道，引入时间的概念，使建筑从三维空间变成四维空间。密斯的巴塞罗那德国馆中悬浮的平面成为材料与结构的结合点，独立的板块、自由的平面、流动的空间甩掉了透视的锁链，体现了空间本质的多面性和动态性。可见，以新视觉和构造方法探究的现代空间关系由各种量体形式的封闭关系，迈向了更为动态的空间观念。

4. 机械性

建筑是时代精神的产物，柯布西耶在《走向新建筑》中指出"一个伟大的时代已经开始，存在着一种新精神。工业，就像奔向终点的洪水那样

1　[瑞士]希格弗莱德·吉迪恩. 空间·时间·建筑——一个新传统的成长 [M]. 王锦堂，孙全文译. 武汉：华中科技大学出版社，2014：16.

2　[瑞士]希格弗莱德·吉迪恩. 空间·时间·建筑——一个新传统的成长 [M]. 王锦堂，孙全文译. 武汉：华中科技大学出版社，2014：307.

奔腾翻涌，它为我们带来了适应于这个被新精神激励着的新时代的新工具。"[1]20世纪新技术激发了机器的力量和潜能，在革新的时期机器在社会和工业领域获得新的价值，建筑的首要任务是就机器生产的影响重新审视现代设计的特点，对建立在手工业上的价值进行修正，"真正的难题不是使机器生产适应手工业的审美标准，而是为这些生产的新方式找出新的审美标准"。[2]柯布西耶把建筑的巨大变革归功于新技术的各种可能性，认为轮船、飞机和汽车对建筑师具有某种教义，将建筑比拟于机械——"住宅机器"，树立批量生产的观念、效仿机器的效率。美学的观点变成了由机器带来的运动、混乱和刺激的感受，批量生产的建筑是健康的、美好的，归功于机器，"我们的环境同它被利用的情况一样，正从外表经历着全面的变化。我们已经获得了一种全新的视野和全新的社会生活，但是我们还没有使建筑适应这种变化。"[3]

科学、技术和工业化驱动和支撑着新时代，对于新美学而言，其意味着对机器形式的艺术理解及由机器带来的手工艺术形式的改变。机械秩序带来理性化和抽象的美学特点，功能性、合理性、精确性，形式上的精密、加工过程的精细成为有代表性的现代品质。班汉姆（Banham）在《第一次机械革命时代的理论与设计》中引用了对建筑的理性主义或结构主义的态度和方法，把功能的合理性、科学性和设计的精确性作为基础。像机器一样本着功能任务设计，遵循结构原理的要求，使建筑达到最高的效能。使现代建筑与现代科学和工业相一致，现代主义建筑表现出对新精神的敏感和对技术的乐观态度，倾向于标准化制造的建筑工业化思想，有目的地使用钢、玻璃等工业化的建筑材料，大量采用预制构件和拼装的方法，缩短工期、降低成本，并构筑出平坦面朝向空中的动势。

柯布西耶将机械化视为新时代真正的设计表达，"多米诺"（Dom-ino）体系纯净、精确的块面结合形式符合机械时代的建筑语言。1922年雪铁龙住宅（Citrohanhouse）方案，倾心于使用汽车工业大规模生产的流水线方式，解决第一次世界大战后的住房危机。雪铁龙住宅纯净主义的建筑语汇，集中体现了架空底层、屋顶花园、自由平面、自由立面、带状窗等媲美古典五柱式的"新建筑五点"。密斯采用机器时代的抛光材料、闪亮的丝质窗帘和各种不同透明程度的玻璃，通过对材料、比例和透明性的清晰控制，

1　[法] 勒·柯布西耶. 走向新建筑 [M]. 修订版. 杨至德译. 南京：江苏凤凰科学技术出版社，2014：243.

2　[英] 尼古拉斯·佩夫斯纳，等. 反理性主义者与理性主义者 [M]. 邓敬，等译. 北京：中国建筑工业出版社，2003：131.

3　[英] 尼古拉斯·佩夫斯纳，等. 反理性主义者与理性主义者 [M]. 邓敬，等译. 北京：中国建筑工业出版社，2003：4.

使"吐根哈特住宅有着最奢华的戴姆勒—奔驰（Daimler-Benz）汽车般的品质，从这个层面上来看这座建筑是工业制度的庆典。"[1]简约主义与纯粹主义的建筑语言，好像是机械美学的宣言和纪念碑，奠定了机械美学的基本原则和思想脉络。

(二) 后现代主义的挑战

建筑界中后现代概念的提出是与西方资本主义世界进入后工业时代关于社会文化问题的讨论密不可分的，确切地说是对工业文明与现代化模式的全面反思。过于信赖工业化时代的技术力量及其对社会发展的推进作用，现代化从简单性和通用性的角度解决问题的方式实际上削弱了众多国家、地域和种族间的差异性，导致文化传统的破坏，而对技术、理性的一味推崇，也造成了对人性、自然与个性的忽视。从这个意义上看，现代主义建筑衰落了。后现代对现代主义所建立的形式与思想的统一性提出质疑，重新关注个性与差异性，关注人性及心理因素，强调建筑中的文化意义以及与自然环境结合，并转而对被主流文化所淹没的地域主义或传统表现赞赏态度，本土的、人性的现代主义形式，从地方手工传统中汲取灵感，突出材料的表现力，唤起一种地方精神和文化归属感，现代主义建筑向善论的社会前提已经遭到了质疑，造成建筑社会使命的弱化，现代性和现代主义遭受越来越多的批判性审查。

1. 从统一到差异

后现代主义具有怀疑精神，在文丘里（Robert Ventruri）看来，早期现代主义建筑的乐观主义永远成为过去，其呼吁重新审视历史价值、关注商业文化景观，新建筑应从历史建筑、大众文化中汲取营养，以形式的多元化、丰富性改变现代主义单一、刻板的面貌。《建筑的复杂性与矛盾性》（1966年）中关于建筑元素和意义兼得的方法奠定了后现代主义建筑的理论，标志着后现代主义建筑的开始。文丘里采用折中的装饰主义来修正"国际式"的单调面貌，将历史因素作为批判专业现状的工具，指出"少即是多"过于强调清晰性、纯粹性与功能性，正统的现代主义建筑反装饰的垄断方式，以单一的技术理性排斥了建筑所应包含的多元化、矛盾性与复杂性，引向手法主义时期的共有立场。飞速发展的现代体验具有丰富性与模糊性，过分简单意味着乏味的建筑"少则生厌"，因此"在建筑中运用传统既有实用价值，又有艺术表现价值"[2]。其强调多元化、模糊化、凌乱化的方式实现

---

1 [英]威廉 J·R·柯蒂斯. 20世纪世界建筑史 [M]. 本书翻译委员会译. 北京:中国建筑工业出版社, 2011: 309.
2 [美]罗伯特·文丘里. 建筑的复杂性与矛盾性 [M]. 周卜颐译. 南京:江苏凤凰科学技术出版社, 2017: 30.

创造新的可能性的目的。借用机械论的图景强化形、线、色的独立表现价值，纯净的几何系统通过随机叠加形成与统一的整体无关的杂交畸变，传统的、惯例性的结构受到挑战。建筑不再是作为世界秩序的反映而是意味着偶然、巧合和分裂，其变化的依据就是自我专断的"规则"。作品的模糊性，来自对惯例习俗的消解、破碎的几何形式以及不确定性，揭示社会的结构体系和支持系统瓦解过程中个体所处的悬置状态，从而引出全新的都市建筑思想，反对现代主义建筑通过驱逐混乱实现对城市不稳定状态的控制，也反对场所、记忆等通俗文脉主义的设计策略，强调建筑本身对于现实复杂变化的包容性，希望通过建筑来传达下意识等复杂的思想动机，破碎和断裂成为真实的主要特征。各种支离破碎、层层叠加的不同片段和尺度经过精心设计的相互对抗，由于过于强调形式的非整体感、破碎感，非常规的建筑材料带来了异趣，并以感官刺激的方式将个体与自然的韵律结合起来，后现代主义建筑立面过于复杂，出现了为形式牺牲功能，与功能抵触、结构对抗的状况。

2. 从精英到大众

后现代主义表现出一种与现代主义精英意识彻底决裂的精神。查尔斯·詹克斯（Charles Jencks）在《后现代主义建筑语言》中最先正式提出和阐释了后现代主义建筑的概念，认为"现代建筑的缺点在于它面向精英。后现代试图克服精英的要求，但不是通过扬弃精英的要求，而是通过扩大建筑的语言，使之向不同的方向发展——从土生土长的东西、传统的东西到街道上的商业行话。所以，后现代主义是一种双重代码，它要使精英和街上的普通老百姓都感到满意。"[1]詹克斯把现代主义过于抽象的万能语言看作启蒙运动关于现代人是世界公民和具有普遍主义原则的主体的构想的对称物。强调技术与功能的现代主义建筑缺乏建筑应具备的传达意义的交流特征，相对于现代主义建筑的单一价值取向、普世真理，后现代主义建筑包含多重价值、关注历史与地方文脉、采用装饰与隐喻。

受西方文化艺术中的反叛浪潮及波普艺术（Pop Art）的观念与美学影响，《向拉斯维加斯学习》（1972年）倡导建筑师可以从波普艺术、商业文化中汲取教义，消弭高雅文化与低级趣味之间的绝对界限和高下之别，"利用平凡事物，或者说恰恰是过时了的平凡事物，作为建筑的实际元素"[2]。找到恰当的通俗而可靠的形象，通过改变旧题材的场景或增大其比例，赋予寻常元素以不同的意义。强调意象和引证，以一种间接的方式表达对本末

1 ［德］沃尔夫冈·韦尔施. 我们的后现代的现代 [M]. 洪天富译. 北京：商务印书馆，2004：29.
2 ［美］H.F. 马尔格雷夫. 现代建筑理论的历史，1673—1968 [M]. 陈平译. 北京：北京大学出版社，2017：611.

倒置的社会价值尺度的真正关注，从日常景观、粗俗的东西和历史符号中，才能提取出建筑复杂而矛盾的秩序。文丘里的方法与现代的复杂体验相一致，但少了深刻的演绎推理，他没能为潜在的社会图景或理想提供证据，只是又一次为折中主义开启了大门。

后现代主义最大的特点中，德里达视建筑的目的为控制社会的沟通、交流和经济，新的建筑应反对现代主义的垄断控制、反对现代主义的权威地位、反对把现代建筑和传统建筑对立起来的二元方式。屈米把德里达的解构主义理论引入建筑领域，以更加宽容、自由、多元的方式构建建筑理论框架。将现代主义"形式追随功能"的设计理论，改为"形式追随幻想"。解构主义建筑理论的重要奠基人之一埃森曼，认为建筑形式是一种符号，是由建筑自身的逻辑关系演化而来。

3. 从功能到形式

后现代主义张扬非理性，质疑知识的可靠性，是对建筑形式与功能的逻辑关系、符号与含义的关联、建筑承载的社会文化意义具有广泛批判精神、破坏分解和大胆创新姿态的建筑思潮，基于西方日益深化的认识论危机不再坚持建筑可以传达意义，试图打破造型中的均衡、和谐、稳定、统一的秩序感，以扭曲变形、相互冲突、游移不定的几何形式建立关于建筑存在方式的全新思考。不系统性和不完整性，表明建筑已不再具有形式与功能、形式与意义的简单臆断和原初信仰，而是"试图将这个建成的'疯狂'从历史的含义中解脱出来……作为一个自律体，在将来能获得新的意义。"[1]其以自我特定的风格、激进而别致的姿态，反映了信息时代或后工业时代的空间概念。

罗伯特·斯特恩（Robert Stern）1977年出版《后现代历史主义者潮流》一书，从理论上把后现代主义建筑思潮加以整理，根据形式、构造和功能的特征把后现代主义建筑体系分为戏谑的古典主义、比喻性的古典主义、基本古典主义、规范的古典主义和现代传统主义。将建筑作为文化和历史的回应，建筑只有放在特定的文脉之中才有意义。把城市、建筑立面、文化记忆的观念作为与建筑密切相关的后现代主义因素，采用大量古典的、历史的建筑符号和装饰细节。与文丘里对现代主义彻底扬弃的态度不同，斯特恩试图在功能、理性原则和文化、历史特征的分裂中找到一个弥合的途径，以此弥补现代主义"形式追随功能"而缺乏历史、缺乏文脉造成的先天不足，进而推动现代主义建筑发展。

从形式传达来看，狭义的后现代主义建筑可以笼统地分为采用部分历史因素、历史建筑和装饰符号达到折中主义效果的历史主义方式和戏谑性

1　罗小未. 外国近现代建筑史［M］. 2版. 北京：中国建筑工业出版社，2011：372.

的符号主义两大类型和范畴。出于对抽象而无装饰美感有效性的质疑而非伦理反映，拒绝现代主义建筑是因为其具有单一的价值和单调的表现形式，后现代主义将古典建筑元素或通俗文化符号等互不相容的建筑元件并置，表述一种突破建筑艺术规律性、逻辑性的拼贴式、碎片化的美学观念。一个社会可以扎根其中的神话-伦理核心的土壤被侵蚀干净，形象的优先权被放大，功能的决定权缩小，与消费主义价值观的合谋进一步怂恿了建筑的放纵。

文丘里与劳奇（John Rauch）1962年合作设计的文丘里母亲住宅，平面或立面似对称又不对称，以不确定性对抗现代主义的确定性和绝对功能原则。断裂的三角山花墙以诙谐的方式把传统建筑要素引入设计，外部的入口、室内的壁炉等一些构件和元素的尺度放大，使建筑真正的尺度感变得暧昧，实现一种采用严谨历史符号、富于装饰细节、符合折中主义的建筑形式。他们所寻求的复杂性兼顾形式和意义的丰富性，是由感觉的含混性所产生的张力，而不是通过简单地贴上装饰的细部而获得。

4. 从审美到游戏

后现代主义反对美学趣味对生活的证明和反思，抹杀艺术与生活的界限，不再追求形式的优美愉悦、历史意识和深度模式，而是在琐屑的环境中沉迷于娱乐至死、感官刺激和轰动效应。后现代主义理论的形成是在对现代主义建筑理论和实践、对"国际式"风格的论断地位的批评中产生的，禀有一种反文化和反智性的气质，意味着话语沟通和审美制约的无效。作为一门公共艺术，"建筑虽然不是后现代用以表达自己的最早的领域，但却是最知名的领域。"[1]后现代主义是对现代性实证主义逻辑和对进步盲目信仰的超越和反思，表意范式以多元对抗一元、差异对抗同一、相对主义对抗绝对主义。现代知识向来具有统一的纲领，整体的消解是后现代的多元性的一个前提条件，确保语言形式、思维方式和生活方式不可通约的多样性。"建筑师再也经受不了被正统现代建筑清教徒式的道德语言所胁迫。"[2]后现代主义重新提倡复古主义和折中主义，主张以装饰手法实现视觉的丰富、多元、对话的新格局，反映了后现代主义与现代主义在表述性与象征性、清晰性表达与含糊性表达上的对立。

山崎实设计的美国圣路易市低收入住宅群"普鲁蒂-艾戈"，这个冷漠的好像监狱一样的建筑群于1972年7月15日被炸毁，"詹克斯说这个时刻是现代主义、'国际式'设计的死亡，是后现代主义的诞生转折。"[3]另一

1 [德]沃尔夫冈·韦尔施.我们的后现代的现代[M].洪天富译.北京：商务印书馆，2004：87.
2 [美]罗伯特·文丘里.建筑的复杂性与矛盾性[M].周卜颐译.南京：江苏凤凰科学技术出版社，2017.
3 王受之.世界现代建筑史[M].北京：中国建筑工业出版社，2006：314.

位后现代主义代表查尔斯·摩尔（Charles Moore）为新奥尔良市设计的作品——意大利广场，被克罗茨称为"后现代建筑的最恰当的例子"[1]。意大利广场充满了柱廊、喷泉、塔楼、拱门等古典建筑的片段，红、橙、黄等鲜亮的颜色及闪烁的霓虹灯柱式，广场地面的形状是意大利地图，莫尔的头像被放在柱廊的壁檐上，经典与通俗、历史与现实、虚幻与真实混杂交织在一起，整个场景庸俗离奇、形式交叠、热情欢乐，充满了玩世不恭的调侃戏谑和舞台表演艺术的味道，全然没有古典建筑的肃穆气氛，仅成为没有潜在秩序和张力的诙谐的大杂烩。

从强调技术与理性转向对人文关怀的后现代主义时期，对待历史与传统的态度发生了根本变化，价值观念的多元成为最大的特征，多元化的进程使建筑师的个性得到张扬，与现代主义建筑的美学和道德标准相抗衡。但后现代主义对现代主义的挑战的脆弱性在于，其仅基于形式和风格，而没有涉及现代主义采用的工业材料、讲究造价低廉的经济目的、强调功能的基本要素等工业化、大众化、民主性的思想内涵和意识形态背景。在割断都市大文脉的情况下，断章取义地采用某个历史阶段的建筑特征，或混合、拼接使用不同阶段的建筑因素，必然产生含混折中、思想薄弱、戏谑娱乐、形式主义的特征。

小 结

"建筑学是用空间术语表述的时代意志"[2]。每个时代都需要一种权威性的语言，注入当代的需求和方法，创作出时代真正共有的形象。面对诠释的窘迫，第一次世界大战前后，具有浓厚理想主义实验和社会主义色彩的俄国构成主义、荷兰"风格派"和德国新建筑运动，在没有特定的建筑语言或规则作为中介时，在建筑学自身范畴内思考建筑，对建造活动的理性主义方法，对于机械化的直观感受和哲学思辨，对于诚实、简洁、普适品质的追求，逐渐形成了现代主义建筑思想体系、设计体系和基本形式。新的形式被创造出来，力图推翻旧有的风格，在跨历史和泛文化的背景下取得了一种共通的设计语言。

一种传统不仅建立于形式演化的顺序中，而且建立于基本建筑理念背后的彼此关联中。现代主义建筑突破学院派的束缚，摒弃民族浪漫主义和新古典主义，以决绝地告别历史的途径获得其自身机械化、装配化的进程，

1 [德] 沃尔夫冈·韦尔施. 我们的后现代的现代 [M]. 洪天富译. 北京：商务印书馆，2004：174.

2 [美] 肯尼斯·弗兰姆普敦. 现代建筑：一部批判的历史 [M]. 原山，等译. 北京：中国建筑工业出版社，1988：194.

手工业、半手工业的状态，从根本上改变了建筑设计的意识形态基础和市场基础。基于钢筋混凝土建造，将建筑整体的三维结构与几何化的空间元素融合在一起，在一个开放的场景中使高度、宽度、深度、时间等空间的向量得以全新的表达，为适用于工业文明的现代主义建筑语汇提供了最主要的精神、形式基础和空间观念。新建筑的社会相关性，即所谓形式与内容之间的一致性，将现代主义建筑阐释为现代精神不可避免的真实表现。但这一传统既不完全统一，也非静态不变，而是由众多不同信仰的艺术家个体的创造以及地区差异、众多文化和历史相互影响组成。

　　早期现代主义豪迈的精神驱动力，经过近乎激进的历史进程，在现代化自身存在的差异及张力文化中反思。垄断、单调、刻板的"国际式"风格及其代表的现代性和普适性范式受到强烈的反对和抑制，对历史的重新转译或对未来的崭新洞察形成各种思想和元素的复杂交融。建立起自身存在广泛基础的现代主义建筑不断拓展、延伸它的功能和地理范围，从两次世界大战之间那些充满诗意的杰作，到 20 世纪 50 年代国际式内容的枯竭、亲近感的丧失；20 世纪 60 年代后现代对形式的强烈追求导致的符号贬值及滥用原型，反映出消费主义的倾向和社会混乱的状态；20 世纪 70 年代以后根据新的物质、人文环境，现代主义运动的强大理性精神被重新思考、审视和评价，出现了致力于以探索文化多元性、场所的独特性与人的情感需要为基础的形式更新的诸流派。建筑是复杂的，不同的人对于建筑有不同的要求，相同的人也会因不同的条件而改变想法。建筑理论出现了多元选择，各种倾向均有它产生的原因和存在的理由。

　　现代主义建筑的思想体系申明了什么适合于科学技术、适合于现代的生活方式、适合于现代的精神和本质，通过反对传统它定义了自身。美学钟摆对于遵循功能原则、拒绝装饰附加物的纯净几何学建筑的厌倦产生了一种反作用。在现代主义建筑的一些指导原则日渐失去控制力的背景下，表意方式不断变革和创新。后现代主义以新的形式取代现代主义简单机械、一成不变的技术特征，建筑形象以及符号在形式创造中的作用逐渐被赋予了新的重要地位，而对意义的专注往往蜕变成一种表面化处理，以更加富于视觉欢娱的方式取代一般性的视觉表达。因此，后现代主义与其说提出了某种统一的风格或思想体系，不如说提出了某种源于对现代主义的人文批判的观念，对现代主义和"国际式"风格和形式的挑战，而没能够涉及现代主义的思想核心。关注的核心是形式内容，而不是复杂的社会、技术、文化发展一脉相承的体系，一种空洞的历史姿态和形式趣味，很难触及或反映这一时期的深层创造力，只是在现代设计的基础上进行了一些外在形象的修正和补充，深思熟虑的创作努力不见了，代之以平淡无奇风格的大杂烩。

第二章　贝聿铭建筑美学的东西方资源

"身为移民的贝聿铭，充分利用了美国的机遇，但又从未失掉自己的文化根源。"[1]丰富的人生经历——上海和苏州、东方和西方，成就了贝聿铭阴和阳、新与旧均衡的生活世界。凭借作为形式创造者的直觉与才能，贝聿铭的作品通过对历史精华的抽象运用，闪烁着设计对传统要素与现代要求的关注，东西文化的强烈对比中体现出与历史和未来相联系的建筑的力量。贝聿铭将历史记忆和现代手法结合，寻求恢复个体创新和技术惯例、形式表现与功能结构、时代精神与文化传统之间的新平衡点，逐渐形成自己独特的语汇，继承和延续现代主义内长远经典的谱系，成为新一代现代主义建筑大师。

虽然贝聿铭的设计从不刻意中国化，但中国文化对他影响至深，"我后来才意识到在苏州的经验让我学到了什么。现在想来，应该说那些经验对我的设计是有相当影响的，它使我意识到人与自然共存，而不只是自然而已。创意是人类的巧手和自然的共同结晶，这是我从苏州园林中学到的。"[2]中国古典园林是一个综合性的艺术品，它凝聚了我国传统文化的精粹和社会审美意识的精华，源于自然又高于自然。它既体现了自然山水的优美姿态，又涵盖了包括古典建筑艺术、花木栽培、堆山叠石、理水造池及文学绘画等多种艺术形式。东方建筑和园林所追求的不是一目了然，而是空间的多变，自然美与艺术美的统一，贝聿铭正是以童年时期受花园启发而产生的精神来进行设计的。同时设计是秩序的形式制作，形式从构造体中浮现，贝聿铭固守着从秩序中汲取创造力为之赋形，砥砺自己雕塑构成和提炼材料的能力，延续第一代现代主义建筑大师几何网格和恒久品质，对建筑形体与空间组织的把握仍强烈表现出现代主义建筑传统语言的影响。

1　[美] 菲利普·朱迪狄欧，珍妮特·亚当斯·斯特朗. 贝聿铭全集 [M]. 李佳洁，郑小东，译. 北京：电子工业出版社，2015：13.

2　[德] 盖罗·冯·波姆. 贝聿铭谈贝聿铭 [M]. 林兵译. 上海：汇文出版社，2004：7.

第一节 贝聿铭建筑美学的东方底蕴

一、东方贵族：儒家伦理与雅致化审美观

（一）伦理化的家庭观念

贝聿铭 1917 年 4 月 26 日生于广州，家世显赫，系名门之秀。根据《吴中贝氏家谱》记载，贝氏家族历史可以追溯到五百年多前的明代中叶，原籍浙江金华府兰溪县的贝兰堂作为苏州贝氏的始祖，以行医卖药为生定居苏州，"世居阊门外南濠，贸易为生"[1]，清朝乾隆年间第七世贝慕庭"已经脱离一般药商的社会地位，开始跻身于士绅名流之列了。"[2]并且在家族传承中子嗣兴旺、人才辈出，经营致富后有的转向了求功名走仕途，贝氏家族的封号、官衔逐渐增多，"十二世贝晋恩是贝氏家族中任清廷官职最高的人，实职为杭州府西塘海防同知，官级晋升至二品"[3]。十三世贝润生作为中国最大的德国进口颜料包销商被称为"颜料大王"，通过精通颜料积累下资财后又相继进军房地产业务、兴办实业、兼营钱庄，在上海商界影响日甚，1906 年捐得道台的官衔。贝润生发迹后，为寻找跻身上流社会的感觉，1917 年买下了狮子林并修整为豪华的庭园。

随着家资的不断集聚，家族中好学求文的风尚日渐浓厚，也有更多余暇和闲资致力于"形而上"的文化和艺术领域。书画家、诗人、藏书家、金石家、昆曲名家不绝有继、代有人出。八世贝點是著名画家翟大坤的弟子，山水画深得文徵明的三昧。十世贝青乔是清代著名的诗人，诗作近千首，结集为《半行庵诗存稿》八卷，其中政治讽刺诗"语奇而卓，笔纤能达"，在苏州文坛享有较高声誉。据同治年间《苏州府志》记载，十世贝墉爱好藏书、金石、字画，工行楷、兼善篆隶，著录甚富，结交天下明士。"嗜好由天性，诗书岂厌多。一编可陶养，千卷恣研摩。"[4]十一世贝信三也是藏书家，收集书籍数万卷于祠堂内，供族人浏览。昆曲被誉为"百戏之祖"，其浓郁的文人气息代表了中国文化中一种古典美学品格。十三世贝晋眉 8 岁习曲学唱，年龄稍长求艺于昆曲名家俞粟庐，生旦净末丑各行之曲皆习，并且贯通融化。南曲能唱得柔中有刚，北曲则唱得刚中带柔，各具韵味。注重戏情、戏理及角色的身份、气度、秉性，形成了自己独特的表演艺术。被大师梅兰芳誉为"表演皆臻炉火纯青之境"。[5]

---

1 张一苇. 神秘的东方贵族 [M]. 苏州：苏州大学出版社，2014：25.
2 张一苇. 神秘的东方贵族 [M]. 苏州：苏州大学出版社，2014：14.
3 张一苇. 神秘的东方贵族 [M]. 苏州：苏州大学出版社，2014：22.
4 张一苇. 神秘的东方贵族 [M]. 苏州：苏州大学出版社，2014：149.
5 张一苇. 神秘的东方贵族 [M]. 苏州：苏州大学出版社，2014：160.

贝聿铭的祖父、十三世贝理泰学问渊博，是清末上流阶层有权有势的人物。他原本在京中做官，由于父亲病故调回苏州老家任职。在苏州期间，他负责苏州各县的税收行政事务，表现出了出色的理财能力。1892年（光绪十八年），贝理泰以上海商业储蓄银行总行董事身份兼任苏州分行经理，成为苏州兴办股份制商业银行的第一人，"金融世家"也成为贝氏家族再获发展的新领域。贝理泰有五个儿子、四个孙子从事银行工作，其中最负盛名的是三子、贝聿铭的父亲贝祖诒。

贝祖诒，号淞荪，生于1892年，毕业于苏州东吴大学唐山工学院。1914年贝祖诒进入中国银行北京总行工作。从中国银行底层会计开始，历任副总经理、代总经理，1918年他被派往香港组建中国银行香港分行，又兼任广东分行总经理，在当时军阀割据、连年混战、政局不稳的情况下，贝祖诒处变不惊，大显才华，名声享誉中外。1927年任上海分行经理及总行外汇部主任，打破了外国人垄断中国外汇汇兑的局面。1935年，他参与币制改革，组织起草货币改革政策，由中央银行、中国银行、交通银行三家银行发行新种纸币——法币以禁止银元流通。1946年3月，经时任行政院长、掌握财政金融大权的宋子文推荐就任中央银行总裁，成为民国时期银行、财政界的头面人物。中华人民共和国成立后，贝祖诒居住于我国香港，直至1973年举家迁徙至美国纽约，于1982年去世。

贝聿铭生母庄氏，清廷国子监祭酒之后，属大家闺秀。她聪慧灵秀、知书达礼、多才多艺，不仅是一位笛子高手，也是个虔诚的佛教徒，贝聿铭经常陪伴体弱多病的母亲到佛寺中静养，潜移默化中给了贝聿铭生活、感性和传统文化艺术的熏陶。贝聿铭曾回忆道，"我的母亲是一位颇有成就的女书法家、诗人、音乐家，母亲这边的家庭更具艺术氛围"。[1]母亲为他取名聿铭，意思是璀璨的镂刻，镂刻在中国代表着建筑，而璀璨则代表着辉煌。

纵观贝氏家族的历史，由继承祖业行医鬻药，几经起落、累代经营，逐渐发展为缙绅、绅商结合，成为苏州四富之一（图2-1）。在中国传统社会中，艺术和美学往往被视为士大夫阶层拥有的高雅趣味和特权。在苏州风雅之士生活中心的园林中，贝氏几代家传舞文弄墨、赏花观景、把玩丝竹的赏心悦事。显赫的家世、富足的生活、深厚的积淀，为贝聿铭提供了浸润传统文化、徜徉苏州园林的得天独厚的条件和资源，使他的眼界视线、人生追求、审美趣味一开始就投注到精英的、高雅的层面。

（二）贵族精神与审美意识

众所周知，富与贵不是一回事，富是物质的、贵是精神的。"贵族"

---

1 张克荣. 贝聿铭 [M]. 北京：现代出版社，2004：30.

的英文 noblity，包含"高贵的身份""高尚""庄严""崇高""雄伟"等含义。贵族精神代表了一种尊严，一种高超的品行。正如储安平在其《英国采风录》中对英国贵族和贵族社会的观察，"凡是一个真正的贵族绅士，他们都看不起金钱……英国人以为一个真正的贵族绅士是一个真正高贵的人，正直、不偏私、不畏难，甚至能为了他人而牺牲自己，他不仅仅是一个有荣誉的，而且是一个有良知的人。"[1]用法国政治学家托克维尔的话来说，贵族精神的实质是这种精神力量，需要从小加以培养。

图 2-1　贝聿铭文献展（苏州 2017 年 3 月）：贝聿铭的家世

摄影：李春

　　1920 年贝聿铭的父亲从香港到上海担任中国银行总经理，作为长孙，祖父贝理泰要求他夏天去苏州以便了解更多家族事务，结识直系亲属以外的其他家族成员。"回到苏州后，我意识到了更深的家庭根源，这不只让我吃惊，并对我产生了很大的影响。"[2]苏州那个"古老的世界"，几乎不受西方的影响，马可波罗形容这里的居民是"商人和各类工匠，也有贤哲，一如我们的哲学家，以及对大自然知之甚深的伟大中医师。"[3]灰瓦白墙的矮房、鹅卵石的街道、密密的河道上架着拱桥，风景如画的苏州散发着浓浓的艺术氛围，也充斥着用以维系族人和后辈的家族文化——祖辈遗训、家规族仪、家谱宗祭等。

　　贝氏家族在清康熙年间开始修家谱，先后历经四次重修、续修。七世贝慕庭于乾隆三年（1738 年）经申报获得清廷对曾祖母贝程氏"节孝"的旌表后，着手筹建了节孝牌坊和贝氏宗祠，"宗族既成，祭仪翕然"。[4]贝慕庭还留有"慕庭公自序"和"慕庭公遗训"，除了"以彰祖德"之外，还为了使后人"时时展读，警策身心，庶有所持循"[5]。十二世贝晋恩和十三世

1　储安平.英国采风录 [M].北京：东方出版社，1986：30.

2　[德] 盖罗·冯·波姆.贝聿铭谈贝聿铭 [M].林兵译.上海：汇文出版社，2004：9.

3　[美] 迈克尔·坎内尔.贝聿铭：现代主义泰斗 [M].萧美惠译.台北：台湾智库股份有限公司，1996：37.

4　张一苇.神秘的东方贵族 [M].苏州：苏州大学出版社，2014：84.

5　张一苇.神秘的东方贵族 [M].苏州：苏州大学出版社，2014：82.

贝润生感于家族中"支庶蕃衍，菀枯异集"[1]，从家族长久利益考虑，"深慕范氏高风，欲置义田赡族"[2]，效仿北宋政治家范仲淹设立义田赡养族中无以为生者，分别在光绪六年（1880 年）和1935 年创建了"留余义庄"和"承训义庄"等家族公产和相应的章程，生时可做养老、死后可做祭田，族人聚会以此为凭，家道衰落者可以得到周济，在家族传承中具有凝心聚力、抱团生存、合力发展的重要意义。

贝氏以血缘关系为纽带，以家谱、祖训、族规、祠堂、族田为载体的家族文化和制度建设渐成体系。贝聿铭跟随祖父贝理泰到苏州城郊祭扫祖坟，到家祠祖庙拜祀先人，观瞻传统家长的威仪和大家族人情往来的方式。置身其中，贝聿铭深刻体会到家族悠久深厚的历史，家族在社会组织中的地位，以及家庭的内聚力、凝聚力。人们以诚相待、处事谦和、宽厚为先，人与人之间的关系为日常生活之首和生活的意义所在。敬宗佑嗣、抚孤睦亲的家庭观念影响了贝聿铭对生活和待人接物的看法，为他思考和理解人生的意义打开了更多心灵和精神的空间，也使他对生活与建筑的关系更为敏感。

贝聿铭的祖父贝理泰属于帝制时代的老派人物，以儒家道统持家，他留着辫子，拒绝穿西式服装，喜欢穿象征贵族地位的长袍和宽袖衫褂，是传统生活方式的象征，代表着数千年沿袭传承的儒家精神。与祖父共同的生活，让贝聿铭学到了更多中国传统观念。贵族精神不仅包括高贵的气质，更是宽厚的爱心、悲悯的情怀、承担的勇气，以及坚韧的生命力、人格的尊严，始终恪守美德和荣誉高于一切的原则，是富于自制力的强大精神力量。贝理泰自律甚严，给贝聿铭灌输孔子格言"为政以德，譬如北辰；居其所而众星共之"[3]，教导他服从长辈、避免虚骄夸饰、保持从容慎思、持之以恒，以涵养道德，培养高贵的气质。做事要"全力以赴"是贝聿铭 8 岁时从祖父那里得到的教诲，并成为他终身的座右铭。

如果说祖父给了贝聿铭传统的儒家美德并培养了他高尚的人格，父亲贝祖诒作为崛起的都市新贵，则给了他西方的教育、欧美的现代思想和绅士派头。1917 年担任中国银行广东分行经理的贝祖诒因拒绝国民军的资助要求，不得不带着妻子和不到 1 岁的贝聿铭逃亡到繁忙的港口、可以让人感受到世界脉搏的城市——香港，贝祖诒通过赚取汇率地区差价很快成为声誉卓著的货币交易人。1927 年贝聿铭 10 岁时，贝祖诒举家迁往上海，受命管理中国银行上海分行。当时上海高楼林立，是中国商业的中心，是

---

1 张一苇.神秘的东方贵族［M］.苏州：苏州大学出版社，2014：89.

2 张一苇.神秘的东方贵族［M］.苏州：苏州大学出版社，2014：88.

3 张克荣.贝聿铭［M］.北京：现代出版社，2004：31.

一座西化的城市，如学者叶文新所描述的"它时髦、华艳、充满装饰又喜好炫耀，它是新兴资产阶级的城市"[1]。住在法租界豪华舒适的洋楼，就读于政商名流子弟云集的圣约翰大学附属中学，"这些学生是新人类，西化的中产阶级，他们全然英语化，并与传统中国社会脱离"[2]，在这样的环境下长大的贝聿铭自信活跃，成绩优异，热衷于网球、唱歌等课外活动和最新的好莱坞电影，学会了英国的绅士派头，一口流利的英语，经常穿着惹人注目的高领英式西装，梳着西式分头，参加俱乐部的活动（图 2-2）。

图 2-2　贝聿铭文献展（苏州 2017 年 3 月）：
现代建筑对贝聿铭的吸引
摄影：李春

在 20 世纪二三十年代的上海，贝聿铭同其他富家少爷一样沉迷于上海闹市区的大光明电影院玩乐，1933 年破土兴建、号称"远东第一高楼"的上海国际饭店引起了贝聿铭的兴趣，"从那儿我已经看到西方新建筑风格的萌芽，特别值得一提的是它的高度，我被它的高度深深地吸引了，从那一刻起，我开始想做建筑师。"[3] 上海国际饭店是匈牙利籍建筑师拉斯洛·乌达克（Ladislav Hudec）的作品，是继大光明电影院后更为大胆的探索，外形模仿美国早期摩天大楼形式，立面强调垂直线条，层层收进直达顶端，高耸且稳定的外部轮廓，尤其是 15 层以上呈阶梯状的塔楼，表现出美国装饰艺术派的典型特征。这座从落成至 1983 年称雄半个世纪"上海之巅"的建筑堪称"西方美丽的象征"，是乌达克现代派思想和装饰艺术风格的代表作，借助当时科技的进步和业主经济实力的共生效应，达到当时"远东"高层建筑设计和施工的最高水平。

为了心中的理想，1935 年 18 岁的贝聿铭远渡重洋、赴美求学。原本想学成回国、报效国家的贝聿铭，被战火阻隔了回乡路。之后在大洋彼岸成家立业，功成名就。贝聿铭对中国的一片深情，始终萦系于怀。"虽然

1　廖小东．贝聿铭传 [M]．武汉：湖北人民出版社，2008：5．
2　[美] 迈克尔·坎内尔．贝聿铭：现代主义泰斗 [M]．萧美惠译．台北：台湾智库股份有限公司，1996：47．
3　[德] 盖罗·冯·波姆．贝聿铭谈贝聿铭 [M]．林兵译．上海：汇文出版社，2004：11．

我在美国住了六十多年，我还是中国人，我的看法还是中国的看法。当然美国的新东西我也了解，所以这两方面没有矛盾，没有冲突。"[1] 柯柏曾经形容贝聿铭是个"中西合璧"的人，游走在东方和西方之间的世界，既洋化又能维持迷人的东方风采，全盘且正统的美式及中式风格在他身上兼容并蓄。

从贝聿铭的成长背景来探寻其思想形成的路径，我们可以发现，中西文化的交流与碰撞使他学会了在截然不同的环境中应酬自如，既用儒家的行为准则来规范自己的一举一动，又义无反顾地拥抱、追求新兴事物。有礼但不妥协，迷人而又坚决，贝聿铭体现美国人想象中的东方美德：风雅、体面、含蓄。在他的作品里，借用"尚中"这一哲学概念来诠析其在建筑设计中如何使中西文化融贯、古今共生的过程，我们可以感受到他对于处理这些问题的一种温和谦逊的态度，这种温和谦逊的态度也是中国文化中精髓部分的呈现。贵族生活的熏陶，培养了贝聿铭注重思想深度、审美价值和爱惜名誉的态度，同时出于捍卫精英文化的使命感和内化的贵族气质，而探索稳定、踏实的美学道路；追求一种更内在而非肤浅的，更持久而非短暂的，更端庄而非丑陋的，更具有文化意蕴而非反文化的真正的美，一种从容不迫、宏伟端丽的美，一种永不追赶时尚，却永不落后的，具有历史感又具有时代感的美。

二、苏州园林：建筑时空观与建筑理想原型

园林与唐诗、山水画、京剧并称中国传统文化"四大艺术"。中国古典园林与建筑相互衬托、相互渗透，有机交融、不可分割。不仅仅借助于具体的景观元素——山、水、花、木、建筑所构成的各种风景画面来传递意境所营造的信息，而且还运用匾额、楹联、诗文、碑刻等方式来表达、深化意境的内涵。游赏者畅游其中，所领略的不仅是感官上美的享受，还能够从中获得不断的情思激发和联想。在崇尚自然式山水布局的同时，中国古典园林的独到之处，就是结合中国传统文化，融自然景观与人文景观为一体，创造出令人神往的美的意境，集中体现了中国传统建筑思想和审美理想。

苏州素有"园林之城"之称，享有"江南园林甲天下，苏州园林甲江南"之美誉，是中国园林的翘楚和代表。苏州古典园林始于春秋时期吴国，形成于五代，成熟于宋代，兴旺鼎盛于明清。到清末苏州已有各色园林170多处，现保存完整的有60多处，主要有沧浪亭、狮子林、拙政园、留园、

1　张克荣.贝聿铭 [M].北京：现代出版社，2004：30.

网师园、怡园等园林。苏州古典园林在世界造园史上有其独特的历史地位和价值，誉为"咫尺之内再造乾坤"，以写意山水的高超艺术手法，蕴含浓厚的中国传统思想和文化内涵，是东方文明的造园艺术典范。图 2-3 为狮子林的假山。

据《重修师子林》记载，"我吴园亭，沧浪最古，师（狮）林次之。"[1] 狮子林是苏州的四大名园之一，始建于宋代，在南宋时遭兵燹变成一片废墟。元代至正元年（1341 年），惟则禅师的弟子"相率出资，买地结屋，以居其师"，前寺后园，惟则禅师因自己的师傅明本得道于浙江天目山狮子岩，为纪念佛徒衣钵关系，

图 2-3　狮子林的假山
摄影：李春

并取佛经中佛陀说法称"狮子吼"（狮与师通用），故名"狮子林"，又名狮子寺、菩提正宗寺。狮子林与拙政园比邻，园内万竹丛生，以石著称，石峰玲珑俊秀，高低俯仰，假山分上、中、下三层，并有水旱之分，因此被誉为"假山王国"。建筑有卧云室、立雪堂，又在宋代遗留的梅树和柏树旁边分别建了问梅阁与指柏轩，还有玉鉴池与小飞虹，共十二景。

清末该园年久失修，1917 年贝聿铭的叔祖贝润生以 9900 银元从商号名流李平书手上购入狮子林。随后用近十年的时间、耗资 80 万银元对"荒废已久，径草蔓延，亭榭倾颓"[2] 的园子进行大举修缮。增购园子东临民房的宅基，建造祠堂、族校和住宅，周筑高墙，加建改造轩亭堂室、廊桥假山、土山凉亭，增设燕誉堂、九狮峰、瀑布等景点，添置"听雨楼法帖"原石碑廊、名手制作的红木家具等高档陈设。"所冀庙貌常新。荐馨香于弈禩。弦歌不辍。宏教育于后人。"[3] 假山、池塘、亭榭……在 1935 年远赴美国留学之前，贝聿铭最珍贵的少年时光，几乎都是在狮子林里度过的。"整个园林都是供我们玩耍的好地方。假山（图 2-4）中的山洞、石桥、池塘和

1　张一苇.神秘的东方贵族 [M].苏州：苏州大学出版社，2014：230.

2　张一苇.神秘的东方贵族 [M].苏州：苏州大学出版社，2014：63.

3　张一苇.神秘的东方贵族 [M].苏州：苏州大学出版社，2014：231.

图 2-4　狮子林假山
摄影：李金煜

图 2-5　拙政园小飞虹
摄影：姜芊孜

瀑布都会勾起我们的无限幻想。"[1] 捉迷藏，爬树，捞鱼……童年的快乐，可以回味一辈子，他们对贝聿铭作品的外形造成一种永恒的抽象映象，而非直接的影响。图 2-5 为拙政园小飞虹。

　　苏州园林是为文人墨客而设计的，追求意境的优雅和深邃是中国古典园林的重要特点之一。在园内堆山叠水、理花茸木所造就的是一种意境，它使人游赏间禁不住感到心旷神怡并与自然相通，使自然美景得到升华从而成为富有诗情画意的境界。造园中中国传统的"种石"——精选的青石或石灰石放在流水中经过 15 ～ 20 年自然冲刷、侵蚀以后，打凿、挖空等加工完成造型，体现出当前与过去生活的联系，石头接近永恒即时间上的延续性。而且诚如我国园林一代宗师、著名古建筑家陈从周先生关于立峰与园林的关系透彻分析，观赏的佳石具有"透、漏、瘦"方称佳品，石头在扭曲的外形之下被赋予独特的精神表现和宇宙幻想。在我国古代园林中，必定要有佳峰珍石，方称得上名园。"我花了一些时间才了解这样的设计层次，以我童年时期受花园启发而产生的精神来进行设计。一旦你以那种精神从事建筑，它将使你谦卑。"[2]

（一）作为审美对象：苏州园林与中国传统艺术门类的共通性

　　园林及其建筑作为一种造型艺术，反映着人们对生活普遍化审美的需求，不可避免地与其他艺术形式发生一定的联系和交互影响。风雅情趣、诗骚传统，滋育中华民族审美心灵数千年，与西方完整的艺术形态系统不同，中国古人更强调艺术形态之间的统一，认为各种艺术在利用人类感情

1　张一苇. 神秘的东方贵族 [M]. 苏州：苏州大学出版社，2014：110.

2　张克荣. 贝聿铭 [M]. 北京：现代出版社，2004：33.

方面拥有共同的遗产与目标。《考工记》有云："知者创物,巧者述之守之,世谓之工。百工之事,皆圣人之作也"[1],被认为"皆圣人之作"的建筑与诗歌、绘画、书法、音乐等艺术门类在审美理想、艺术精神、表现手法上具有内在的共通性。"按照美的规律来塑造"的中国传统建筑不断汲取传统诗论、画论、书论、乐论的美学思想,在理论上呈现出与西方迥异的范畴和体系。

中国传统经典艺术追求主体与客体、感性与理性、内容与形式、再现与表现的统一,以期达到"天人合一"的理想境界。在同样的美学理想支配下,中国传统建筑超越实用的功能目的,被纳入宇宙万物的运转之中,以实现建筑与自然、环境与身心、整体与局部的"和谐"为旨归,在选址布局中以"藏风聚气,得水为上",讲求青龙、白虎、朱雀、玄武组成四灵和金、木、水、火、土构成五行的理想方位模式,将山、水、植物、建筑等进行相互因借、相互渗透的有序组合,注重体量、比例、色彩的变化、均衡与统一,法天象地、浑然天成。

如同宗白华所言,"中国各门传统艺术(诗文、绘画、戏剧、音乐、书法、建筑)不但都有自己的体系,而且各门传统艺术之间,往往互相影响,甚至互相包含(例如诗文、绘画中可以找到园林建筑艺术所给予的美感或园林建筑要求的美,而园林建筑艺术又受诗歌绘画的影响,具有诗情画意)。"[2]除了审美理想上的高度统一,建筑与其他艺术门类在发展的历史过程中始终不断渗透、交互影响。建筑也是诗词、绘画等艺术所表现的主要意象。《诗经》最早用"如翚斯飞""如鸟斯革"形象记载了中国传统建筑"反宇飞檐"的大屋顶造型。在戏曲《牡丹亭》、小说《红楼梦》中,建筑不仅成为展示人物命运、刻画人物性格的舞台和背景,而且依托文学事件与文学创作,成为具有独立审美价值的文学意象。梁思成先生曾将中国建筑比作卷轴画,建筑如同画面随着次第展开才能渐窥全貌。中国传统建筑以单体建筑见长的庭院式组合布局,以时间为线索组织空间的节奏变化,也更接近于"凝固的音乐"。战国时期刘向《说苑·杂言》记载:"敬君者,善画。齐王起九重台,召敬君画之。"[3]从山水画中的亭台楼阁、水榭朱栏,到五代以建筑立体效果为主题的界画成为独立画种,建筑景观日益影响到绘画内容的表现。反之,如《红楼梦》中贾政所言,"偌大景致,若干庭树,无字标题,也觉寥落无趣,任是花柳山色,也不能生色。"[4]中国传统建筑中的匾额、楹联通过运用诗文,触发观者对意境的鉴赏敏感和领悟深度,拓宽建筑审美的蕴涵,呈现出"文学与建筑焊接"的独特现象。同时在飞檐画栋的中国

1 戴吾三.考工记图说 [M].济南:山东画报出版社,2003:1.

2 宗白华.美学散步 [M].上海:上海人民出版社,1981:31.

3 北京大学哲学系美学教研室.中国美术史资料选编(上)[M].上海:中华书局,1980:112.

4 曹雪芹.红楼梦 [M].济南:齐鲁书社,1994:103.

传统建筑中，绘画、书法、戏台随处可见、不可或缺，以丰富的纹样、壁画、题名、题对，在建筑装饰中兼具教化与审美的功能，实现了中国传统建筑的艺术综合。

与内容、形式上的交融相比，中国传统建筑与诗歌、绘画、书法、乐曲更为深层次的共通性是美学主旨、艺术手法、创作技巧的借鉴、互通。先秦的"诗言志""礼者为异""乐者为同"，陆机《文赋》的"诗缘情而绮靡"，东晋画家顾恺之的"传神写照"，南朝宗炳《画山水序》的"澄怀味象"，谢赫《古画品录》的"气韵生动"，刘勰《文心雕龙》的"隐秀""风骨""神思""知音"，孙过庭《书谱》的"同自然之妙"，荆浩《笔法记》的"度物象而取其真"，张璪《历代名画记》的"外师造化，中得心源"，王昌龄《诗格》的"诗有三境"，宋代苏轼《筼筜谷偃竹记》的"成竹于胸中"，严羽《沧浪诗话》的"兴趣""妙悟""气象"，明代王履《华山图序》的"吾师心，心师目，目师华山"，祝允明《送蔡子华还关中序》的"身与事接而境生，境与身接而情生"，李贽的"童心"说，汤显祖的唯情说，公安派的性灵说，这些丰富的范畴、命题及其蕴含的美学思想成为中国传统建筑艺匠的基本立意，并催生了充满"诗情画意"的中国园林美学，反映为建筑空间意象点、线、面、体的结构布局，色彩、光影、肌理的形式语汇，建筑群体动静相继的节奏韵律和建筑整体情景交融的气势与韵味。

（二）作为场所精神：苏州园林（图 2-6）所体现的中国传统建筑思想

1. "天人合一"的审美理想

建筑空间的精华就是一种可以体验的场所，既是"形而下者谓之器"，也是"形而上者谓之道"的物化形态。苏珊·朗格将艺术界定为人类感受的符号创造。审美感受不只是理性人类的特征，而且也是人类理解自己和周围世界的一个基本部分。作为一种划分空间的视觉艺术，建筑意味着场所精神的形象化。而建筑外观的比例、尺度、造型、色彩等形式美，及其物化形态之中承载的历史传统、精神内核，有形或无形之中都会对我们的情感生活和价值观念产生影响。中国古代博大精深的哲学思想、智慧对建筑本质的理解、建筑价值的取向，超越具体的建筑形态和结构体系，是构成建筑的内在精神和理解建筑的终极坐标。

《周易》历来被尊为五经之首、大道之源。《周易》"观物取象""言不尽意""立象以尽意"，用天、地、人三才之道的宇宙有机论原理，"天人感应""万物一体"的"图式"体系来描述客观宇宙万物，并与四方阴阳五行相结合，而形成时空合一的思想模型。此图式也成为中国古代建筑同宇宙本体、生命存在的同构关系，把时间和空间融为一体，是法天象地、上栋下宇的设计构思和"五位四灵"的风水理论。

《老子》认为"有生于无"，强调"有无相生"，联系两者的是"道"。"有"与"无"，"虚"与"实"表明建筑实体与建筑空间的对立统一。中国古代建筑注重围合与开敞的平衡，虚实结合、聚散相间，表现造化自然、气韵生动的图景。《论语》对"和谐"及"天下大同"理想的追求，成为集体意识在建筑中的反映。建筑的和谐美包括建筑外观的比例、尺度、造型、装饰等形式美，以"群"的形式出现，以尊卑有序的平面布局，通过对称、均衡、尺度等形式及数字、图案、色彩等象征手法形成秩序感与和谐感，实现情与理、人与人、人与社会的和谐统一。

图 2-6 拙政园借景
摄影：李春

建筑作为建构与传达人类精神、情感的物态存在，离不开特定的物质材料载体。《韩非子·五蠹》记载："上古之世，人民少而禽兽众，人民不胜禽兽虫蛇，有圣人作，构木为巢以避群害，而民悦之，使王天下，号之曰'有巢氏'。"以土为穴、以木为巢，因地制宜、就地取材的土木营构成为中国传统建筑独具一格的特点。中国古代建筑始终以土木为材，客观上是受自然环境、社会经济、建筑技术的制约，但从文化与美学的视角，木材轻盈柔韧的温和性、弹张性等物理属性，土木在质地上的朴素自然、生气活力，给人温暖、亲切的审美感受，也更符合中华民族根植大地的生命意识和渴望与自然亲和一体的审美心理。

张岱年先生指出："中国哲学中，关于天人关系的一个有特色的学说，是天人合一论。"[1]"天人合一"所蕴含的整体观念、辩证思维，是中国传统文化的核心思想和逻辑起点，也是中国传统建筑最基本的精神内涵。在这一看重有机统一中的整体性思维方式的基础上，中国传统建筑树立了"和谐"的审美理想。中国传统认为，"宅者人之本。人因宅而立，宅因人存。人宅相扶，感通天地。"[2]中国传统建筑不仅是人们安身立命的居住空间，也

1　张岱年．中国哲学大纲［M］．北京：中国社会科学出版社，1982：181.
2　董易奇．黄帝宅经全书［M］．长沙：湖南美术出版社，2011.

是天地、自然与人之间具有生命活力的中介，是"天人合一"的环境理想和审美追求的形象表达。

《尚书》《礼记》涉及的中国古人的时空意识，《管子》的营城思想，《墨子》"居必长安，然后求乐"的思想，内化为中国建筑环境选址、规划、设计、营造中的基本依据、规范和指导思想。中国传统建筑在规划选址时，讲究"相形取胜""相土尝水""阴阳合德"，以期背山面水、坐北朝南、负阴抱阳，实现人与自然的有机统一。中国这一特色鲜明的风水理论，实质上是在"天人合一"的思想指导下，对人居环境与天地调和、四时合律的追求。《易·乾》推崇"与天地合其德，与日月合其光，与四时合其序，与鬼神合其吉凶"[1]，形成了中国古代"五位四灵"风水理论——东、南、西、北、中五个方位，和（左）青龙、（右）白虎、（前）朱雀、（后）玄武四方神灵。"五位四灵"模式乃风水术所追求的理想环境图式，也是中国传统建筑在城市规划和建筑选址中强化建筑与环境的整合，重视对整体和谐的追求。

受儒家立足在主体性和道德性上"天人合一"观的渗透和影响，中国传统建筑不以单体建筑取胜，而是注重考虑建筑之间空间组合的整体效果，追求建筑群平面布局尊卑有序的均衡之美，讲究形制、主从、次序的对比，通过对称、体量、尺度等形式特征及数字、图案、色彩等象征手法，形成空间组织结构的集中性、秩序性、教化性，将严密的礼乐制度演化为等级森严的空间序列，实现情与理、人与人、人与社会的和谐统一，成为宗法制社会政治伦理观念的一种形象化标识。

总之，建筑作为人类按照自然的模样创造自身宇宙的结晶，虽然同其他艺术门类相比，建筑因其功能性和技术性缺乏真正的创作自由，但其美学价值正在于对自身实用性功能的超越，对技术材料的创造性应用，以更加抽象的方式对宇宙时空、生命感受、历史文化的视觉造型。以"天人合一"为精神统领的中国传统建筑，体现了人与自然和谐统一，物之"理"与人类之"情"的呼应共鸣和审美张力。时间与空间、实景与虚境、主体与客体、情感与理智相互诱发而成的整体意向和想象空间，其表现造化生动的图景，对宇宙本体和生命价值的追求正是境界说所标举的华夏民族的审美理想。

以"天人合一"为中心耦合起来的民族心理结构，构成了中国传统建筑文化意识的深层基础。自穴居以至华夏，在自然之"道"与人心之"道"的往复交流中，中国传统建筑"化实景为虚景"，追求物我统一、主客交融。建筑对自身"避风雨、御寒暑、求安适"实用性功能的超越，正是实现其美学价值之所在。中国传统建筑空间所展现的是融时间、空间和情感

1　王辉.易经［M］.昆明：云南人民出版社，2011.

于一体的心理时空，即对"一个由物理力和心理力相互制约而成的审美张力场"——境界的不懈追求。建筑具有与天地合德、四时同序，与日月星辰交相辉映的人文内涵与价值诉求。

2. "三教合流"的美学体系

样式是建筑空间的表层符号，而观念是深层结构的意义表征和集体意识的表达。中国传统建筑具有高度象征意义，是先人按照美的规律以"大地存在"方式的营构，客观显现为规划布局、建筑材料、空间结构、造型装饰聚合而成的物质实体，主观方面秉承"天人合一"的哲学思想，深受儒、释（佛）、道三家思想的渗透与塑造，以"天、地、人、神""光、水、风、景"多要素、多向度的互联互动，在整体布局、建筑形式、建筑装饰乃至室内陈设方面逐渐呈现出"三教合一"的特性，形成观念与样式的契合，精神价值与实用功能的匹配。

儒、释、道三教并存互补，是中国传统文化的基本格局。自然物"比德"为美、以"情"为美、以"和"为美、形式合目的即美，是儒家美论的建构。以"无""妙""淡""柔""自然""生气""适性"为美，是道家美论的贡献。将一切现实美视为空幻的"泡影"，以涅槃、空寂、死亡为美，并以象征佛道的"圆相""光明"为美，则是佛家美论的发明。

中国古代汉魏以降素有"三教"之说，经过隋唐时期的三教讲论与融通，三教合流在北宋已经大致成型，明代以后则成社会主流思想。确立"以佛修心，以道养生，以儒治世"的基础性含义，用政治儒学治理社会，用心灵佛教调适精神，用养生道家护养身体，殊途同归，共同达成善治的社会 - 文化目标。这种格局形成的特点在于三教不是各自独立存在与发展的，而是一方面不断互相冲突、排斥与论争，力图寻求各自在中国政治与社会中的位置和所扮演的角色，另一方面又在冲突中相互吸收、借鉴，从而共同促进中国学术思想的内在融合和发展。三教之间的关系总特点是冲突明显减少，融合得到彰显，构成包括传统建筑在内的中国文化的根本特点、基本走向和精神动力。

（1）道家生态美学

老子美学中最重要的范畴包括"道""气""象"。"道"是"有"与"无"，"虚"与"实"的统一。"虚实结合"成为古典美学的一条重要原则。老子论"美""妙""味"，"涤除玄鉴"的认识论成为审美心胸理论的源头。谈"美"倾向"有"中取"无"，"实"中取"虚"，所谓"大象无形""天地有大美而不言"，突出"美"与"生"之本源联系。

道家与万物通感，以直觉体悟的方式获得对世界的整体的认知与把握，使中国传统建筑对山川自然之美有着特殊的感悟体验，更是把居住环境的理想诉诸山水之间。从建筑选址的相地堪舆、建筑布局的契合自然、建筑数字的蕴藉自然、建筑质地的取法自然、建筑色彩融入自然等多角度发生、发展，形成与中国传统建筑的内在联系。

作为一种充满仙道意识的空间艺术，道教龙虎山天师府建筑的布局规划，实为道教宇宙理念物化形式，其中蕴含了"太极演化""两仪谐和""乾坤定局"思想。在山水美学层面上将自然山水与神仙居所进行沟通，将仙境引入现实的生活中，形成山水"仙境"化的美学思想。

道家理论倡导人与自然的和谐关系，对古代园林的影响更是深远。作为一种出于对大自然的依恋与向往而创造的建筑空间，无论皇家园林、私家园林、寺观园林在选址和布局上，都遵循着《园冶》提出的"虽有人作，宛自天开"的修造原则，以壶中天地、须弥芥子的有限空间收天地无尽之景于一园，于有限与无限之中体现思接千载的"宇宙韵律"，追求内心宁静，自我超越的境界。

（2）儒家伦理美学

孔子美学的出发点和中心，是探讨审美和艺术在社会生活中的作用。强调"美"和"善"的统一，"文"和"质"的统一，强调"和"的审美标准，"知者乐水，仁者乐山"的命题，及由此发展起来的"比德"审美观。

中国传统建筑通过外在的物质形式、空间序列，凝固了礼的精神，赋予了乐的意蕴。在注重社会关怀和道德义务的儒家看来，建筑除具有实用性的功能外，还体现了为天地立言的"圣人"理想和"助人君顺阴阳明教化"的人格塑造。

基于社会制度与建筑形制的同构对应，在儒家严密的礼制仪规桎梏下，中国传统建筑成为区分社会地位、等级尊卑的物化形式和图式化诠释，建立了严格的营国、宫室、宗庙、门阿、堂阶、屋舍、用材的模数制度。"天子"是国家和社会的中心，加之古人"天圆地方"思想的影响，中国传统建筑具有鲜明的"尚中"情节。都城的整体规划以及宫殿组群，都以象征"天子"和皇权的建筑为中轴线贯穿南北，呈左右对称布局。中国传统建筑合院式的住宅格局，在布局形式上讲究庭院空间的主从对比、内外分明。将儒家以血缘为核心的父子恩、夫妇从、兄则友、弟则恭的家庭伦理关系演绎为严谨的空间序列。

（3）佛教（禅宗）美学

佛教传入中土后，在其生根、成长的过程中，完成了与儒家、道家等传统文化的碰撞与融合，形成了与印度佛教理趣迥异的汉化佛教。佛寺、佛塔、石窟等建筑形制的传入，"圆""空"等美学范畴及讲究明心见性的佛禅思维方式，都深刻地影响了中国传统建筑的类型和审美旨趣。

"一念天堂，一念地狱"是佛教空间观念的典型体现，完全否认空间的客观性，认为空间、时间都不过是心性的产物。基于佛教教义和实践禅观的佛教图像、构图方式、视线规律、比例尺度、空间模式、体验序列、美学特征对中国传统建筑的形式布局、外部组群、装饰色彩、宗教意义均产生了深远的影响。

佛寺建筑结合自然环境，依山就势，布局灵活，既考虑到了营造佛教建筑庄严氛围的要求，又因峰借崖创造性地突出了讲堂、禅室的空间所具有的"得道之所"，塑造出安顿着生命轮回的"清虚寂寞"空间。特别是佛塔、石窟自从汉末传入中国后，在中国建筑传统、审美心理和宗教观念的影响下，历经魏晋南北朝、隋唐、宋辽金、元明清二千多年的历史沧桑，其体量、造型、结构、功能、装饰、材料以及与环境的互动关系等各方面都发生了深刻的变化，成为中国传统建筑文化与印度佛教建筑文化融合的产物，具有较高的审美文化价值。

(三) 作为观念样式：苏州园林所蕴含的建筑手法

中国传统建筑受"天人合一"观念的渗透与塑造，按照建筑同宇宙本体、生命存在的同构关系的图式，实现"天、地、人、神""光、水、风、景"多要素、多向度的互联互动，逐渐呈现出儒、释、道美学思想在建筑功能、形式、象征、质地、表达中相互融合的特性，实现观念与样式的契合，精神价值与物质功能的匹配。美学范畴反映着审美现象合乎规律的联系，而规律的进一步深入表述只能通过美学范畴不断调整、改组，不断从个别到系统和丰富。"虚实""形神""刚柔""意境"均为我国古代美学理论中具有普遍有效性和深刻概括力的美学范畴，借之解读中国传统建筑的空间结构、造型装饰、材料工艺、园林景观，有助于实现对中国传统建筑审美创作和鉴赏的有效阐释、价值重建和深层的系统揭示。

1. 空间与结构：虚实

《老子》认为"有生于无""有无相生"，联系两者的是"道"，因此"道"具有"有"与"无"的双重属性。所谓"凿户以为室，当其无，有室之用。故有之以为利，无之以为用。"[1]《庄子》进一步认为"虚室生白""唯道集虚"，有了"有"和"无"、"虚"和"实"的统一，天地万物才能流动、运化、生生不息。"有"与"无"、"虚"与"实"的对立统一，是宇宙万物的普遍规律，"虚实结合"也成为中国古典美学的一条重要原则。在中国古代绘画、书法、诗歌艺术中，讲究虚空布白，计白当黑，甚至认为空白处更有意味。

"虚"与"实"深刻揭示了建筑实体与空间的对立统一，也是中国传统建筑构建空间、划分空间的重要美学要求。建筑的墙体、门窗是"实体"，

---

1 李泽厚.李泽厚哲学美学文选［M］.长沙：湖南人民出版社，1985：308.

由墙体和门窗围合限定起来的空间是"虚"。对于墙体的"实",具有通风、采光、联系室内外交通功能的门窗是"虚"。在建筑的群体布局中,建筑是"实",庭院、天井是"虚"。有着"灰空间"性质的檐廊,充当着室内与室外空间之间的柔性过渡,相对于建筑"实体"而言它是"虚",相对于庭院空间而言它又是附属于建筑实体的"实"。园林对于主体建筑是"虚",而园林中的山石水榭、树木花草、亭台楼阁对于留白是"实"。"虚实"还对应景观中的阴阳、疏密、藏露、高低、凹凸,对景、借景、隔景等多种表现手法,以及"以实为虚,化景物为情思"透过景物表达思想感情,实现虚实的相互转化、生发。

因此,宗白华认为"埃及、希腊的建筑、雕刻是一种团块的造型……中国就很不同,中国古代艺术家要打破这团块,使它有虚有实,使它疏通。"[1]中国古代建筑注重围合与开敞的平衡,无论单体的结构组合和立面处理,还是以平面铺排、相互缀连的空间序列和群体布局,内外空间既有隔又有通,并把围合成的虚空也当成建筑群体中的有机组成部分,"虚者实之,实者虚之。实者虚之故不系,虚者实之故不脱。不脱不系,生机灵趣泼泼然。"[2]中国传统建筑以虚带实,以实带虚,虚中有实,实中有虚,内外通透、聚散相间,表现造化自然、气韵生动、富于韵律的艺术效果,无不包含着"虚实相生"美学原则的运用。

2. 造型与装饰:形神

形神理论是从哲学上的形神之辨发展而来的,《庄子·德充符》中申徒嘉与郑子产、叔山无趾见孔子等形残而神全的故事,表明了庄子对"神"的重视,认为精神可以超出形骸之外。《淮南子》"君形"说以文艺创作为例,强调神是形的主宰,神贵于形。东晋顾恺之明确提出"以形传神",形神结合。唐宋以后,在诗文、书法、戏剧、小说创作中,先后出现了陆机《文赋》的"穷形尽相",刘勰《文心雕龙》的"文贵形似",钟嵘《诗品》的"指事造形,穷情写物",汤显祖在戏剧创作方面的"凡文以意趣神色为主",明清时期传神也成为评价小说人物创作的重要美学标准。随着人们对"形神"美学特征的认识日益丰富和精细,形神理论在绘画中长足发展的同时,逐渐勃兴并运用到整个艺术领域。

古代艺术家认为,宇宙万物有形必有神。中国传统建筑的平面布局遵循着法天象地、上栋下宇的设计构思、"五位四灵"的风水理论和中轴对称、尊卑有序的等级制度,蕴含着中国古人的时空意识,以及对"自然和谐"及"天下大同"理想的追求。建筑的立面形态与构造密切相连,垂直之柱、

1 叶朗. 中国美学史大纲 [M]. 上海:上海人民出版社, 1985:30.
2 曾祖荫. 中国古代美学范畴 [M]. 上海:上海人民出版社, 1985:154.

水平之梁、倾斜之椽通过斗拱的连接形成了强有力的建筑框架，围合的墙体直线线条与屋顶飞檐的曲线在多样的变化中保持比例、尺度、节奏和谐统一的风貌。中国传统建筑将红、黄、青、白、黑作为正色，不仅冷暖色调交替使用、节奏感明显，而且五色是五行学说的衍生物，五行中位于中央的土，其代表颜色为黄色，因此黄色有着至高无上的位置，成为中国历代帝王的专用色。墙面、门窗、台基、铺地、瓦当、彩画等所用的装饰题材，以动物画像鹿音谐"禄"、羊音谐"祥"、獾音谐"欢"、鱼音谐"余"，植物纹样多以荷花、菊花或是采用莲花与菊花变化出来的宝相花纹，还有祥云纹以及万胜、寿字、卦钱等几何图形，金玉满堂图、富贵长寿图等典型的内墙浮雕画壁，无不反映了人们趋吉避凶、祈福求祥的美好愿望。

建筑的平面分布、立面造型和色彩、装饰等富有特征的外在之"形"，是作为建构与传达人类精神、情感——内在之"神"的物态存在，建筑的"神"是通过"形"的综合作用体现、象征精神特质、理想诉求和情态特点。起翘飞檐、雕梁画栋、金碧辉煌的中国传统建筑"以形传神"，通过布局、结构、造型、装饰中的方位、数字、图案、色彩等的象征手法，以强烈的艺术效果、严谨的内在秩序以及情与理、人与自然、人与社会的和谐统一，实现了自身的"形神兼备"。

3. 材料与工艺：刚柔

《易传》把宇宙万物分为阴阳两类，认为阳物具有"刚"的属性，阴物具有"柔"的属性。"大哉乾乎！刚健中正，纯粹精也。""行地无疆，柔顺利贞。"《易传》尚阳刚认为"柔顺乎刚""刚中而柔外""天刚地柔"，而《老子》重阴柔，指出"天下莫柔于水""柔之胜刚也"。但两者都不把"刚柔"截然对立，而是认为两者是相辅相成的。西汉刘向《礼记·乐记》"合生气之和，道五常之行，使之阳而不散，阴而不密，刚气不怒，柔气不慑，四畅交于中而发于外，皆按其位而不相夺也。"[1]以"阴阳刚柔"阐述音乐之美，标志"刚柔"这对哲学范畴开始向审美范畴渗透。刘勰《文心雕龙》"才有庸俊，气有刚柔""然文之任势，势有刚柔"进一步发展了刚柔的意蕴和内涵。唐宋刚柔多方位、多角度地被运用于诗文书画，诗词中还出现了阳刚、阴柔不同的美学风格、流派。清代姚鼐认为"天地之道，阴阳刚柔而已"，主张"刚柔"之美应"并行而不容偏废"辩证的见解。

《韩非子·五蠹》记载："上古之世，人民少而禽兽众，人民不胜禽兽虫蛇，有圣人作，构木为巢以避群害，而民悦之，使王天下，号之曰'有巢氏'。"[2]建筑离不开特定的物质材料载体，中国"木属生，石属死""且既

1 杨成寅.美学范畴概论［M］.杭州：浙江美术学院出版社，1991：1030.
2 侯幼彬.中国建筑美学［M］.哈尔滨：黑龙江科学技术出版社，1997：1.

安于新陈代谢之理，以自然生灭为定律；视建筑且如被服舆马，时得而更换之；未尝患原物之久暂，无使其永不残破之野心。"[1]

这种观念，使温暖"柔"性、质轻而强的木材成为中国古人所推崇的材质。木材作为一种非均质的、各向异性的天然高分子有机材料，在外力的作用下比较容易变形缓冲，具有一定的柔性。中国传统建筑最大限度地利用木材顺纹强度高于横纹强度的属性和特点，以"强柱弱梁"思想，采用承重结构和围护结构相分离的"梁柱式"的构架，通过均衡对称的柱网平面、叠梁布置、"半刚性"的榫卯连接以及檐柱的侧脚和生起做法，形成"墙倒屋不塌"、具有一定柔性的整体框架结构体系。宋代《营造法式》"柱虽高不越间之广"对高宽比的限制，以及自下而上逐渐变小卷杀工艺，使建筑立面的刚度沿结构高度方向均匀变化。中国传统建筑展露土木、砖瓦、础石等不同材质或"柔"或"刚"的自然肌理，以木构架体系为主体、模数制的施工工艺，在保证框架"柔"性变形的同时又加强了结构的总体"刚"度，真正实现了"刚柔相济"之美。

4. 园林与景观：意境

作为美学范畴的"意境"深刻概括了艺术的本质特征和创作的内部规律，体现了审美趣味与审美理想在深度方面的根本要求。"意境"由唐代王昌龄的《诗格》正式提出："诗有三境：一曰物境。欲为山水诗，则张泉石云峰之境，极丽绝秀者，神之于心，处身于境，视境于心，莹然掌中，然后用思，了然境象，故得形似。二曰情境。娱乐愁怨，皆张于意而处于身，然后用思，深得其情。三曰意境。亦张之于意而思之于心，则得其真矣。"[2] 王昌龄的"意境"也指内心意识的境界，明显受佛学影响。但"意境"说的思想根源可以追溯到先秦老子的"象"和庄子的"竟"，《老子》提出"道之为物，惟恍惟惚。惚兮恍兮，其中有象；恍兮惚兮，其中有物。"[3]

《易传》进一步对"象"做了"观物取象""立象以尽意"的初步规定。在《庄子·齐物论》中，"和之以天倪，因之以曼衍，所以穷年也。忘年忘义，振于无竟，故寓诸无竟。"[4] "意象""无竟"就是主客统一、物我两忘的自由境界。经过历代文人皎然、刘禹锡、司空图、汤显祖、王夫之、叶燮、王国维的相继阐发，"意境"理论日益成熟，并由诗歌向书、画、戏剧等各个艺术部门推移，成为最富民族精髓的、总结形态的美学范畴。

计成所阐发的中国古典文人园林的审美理想和艺术特征，在《园冶》中概括为三大方面：自然、如画和尚雅，也是中国古代文人园林的主要艺

1　梁思成. 中国建筑史 [M]. 天津：百花文艺出版社，1998：18.

2　张伯伟. 全唐五代诗格汇考 [M]. 南京：凤凰出版社，2002：172.

3　饶上宽. 老子 [M]. 北京：中华书局，2013：53.

4　孙通海. 庄子 [M]. 北京：中华书局，2013：50.

术和审美特征。中国传统的园林和景观追求道法自然的山林之趣，"虽有人作，宛自天开"集中地表达了中国古典园林崇尚自然、师法自然的显著特征。主张园林的自然感主要表现在山水、建筑、花木和景观以及它们的形态、结构和布局审美特征上。因此钱伯斯在1757年出版的《中国建筑、家具、服饰、机械和用具设计图集》一书中指出，"大自然是它们的图式，它们的目标是要模仿大自然的一切。"[1]在西方人的眼中，中国人在谋划景物的形态时各部分的安排或处理都不会一览无余，并使自己的技艺隐而不露。

图 2-7 江南园林一角
摄影：李春

山水画与中国古典园林（图 2-7）在几千年的发展中互相渗透、互相影响、互相补充。唐宋以来，园画相通逐渐成为中国古典园林的一大特征。以王维和白居易为代表，文人日益参与到造园活动中，不但赋予了园林以浓厚的文人色彩，而且促成了古典园林从自然山水园到写意山水园的转变。在儒道思想的熏染下，文人园林讲究美善合一的文雅，追求美真合一的清雅。文人的诗情画意渗透到园林的设计与建造，便是"境仿瀛壶，天然图画"的创作理念。把阴阳互生和多样统一的绘画法则应用到造园活动中，以期造出意境深远、景观多变的园林，源于中国画的造园审美手法留白、收放、曲直。此外，园林细部所使用的材质，如木、砖、瓦、石及细部的装饰图案，其中蕴含了深厚的文化思想，融合了多种艺术形式。

不同于皇家园林的宏大富丽，清雅的苏州文人园以精巧雅致为园林的基本风格。山水叠石、树木花草、亭台楼阁、曲径回廊而入诗画之景，可谓具象之诗、立体之画。造园讲求"巧于因借"，通过对景、隔景、借景

1　[美] H.F. 马尔格雷夫. 现代建筑理论的历史，1673—1968 [M]. 陈平译. 北京：北京大学出版社，2017：55.

等手法来布置空间、组织空间、扩大空间，创造象外之象、景外之景。步移景异、四时景迁的园林与景观，"纳千顷之汪洋，收四时之烂漫"，与天地合德、四时同序，与日月星辰交相辉映，寓有限于无限的体验之中。建筑简朴疏朗、山水清幽自然，用以满足文人超越凡尘、隐逸自得的精神旨趣。通常而言厅堂等园林主体建筑要精巧，窗户等局部装饰构件的造型要合乎时尚。

文雅则表现为诗文题咏和人文寓意上，强调由景观引发的情感与联想的重要。通过运用隐逸典故和象征手法丰富园林的文化内涵，从而使园林充满诗情画意，表现出文人胸有万卷诗书、隐居求志、超凡脱俗的精神品格。通过诗文等艺术情思的相互生发、映照，化实景为虚景，化景物为情思，实现了心与物、情与景、人造与自然、主观与客观最高程度的审美契合。因此，"从一定意义上可以说，'意境'的内涵，在园林艺术中的显现，比较在其他艺术门类中的显现，要更为清新，从而也更容易把握。"[1]

第二节 第一代现代主义建筑大师对贝聿铭的影响

1935年，贝聿铭和中国当时很多上流社会的子弟一样远赴美国留学，最初就读于费城的宾夕法尼亚大学（简称"宾大"）建筑学专业，但由于不适应宾大推崇的古典主义建筑风格，贝聿铭放弃设计师的梦想转投麻省理工学院学习建筑工程，在麻省理工学院院长威廉·爱默生的劝说下，重新开始学习建筑学。但麻省理工学院和当时美国很多建筑学院一样，仍忠实于学院派风格，其根基是古典作品和规律性，远不是建筑艺术的前沿。贝聿铭受到欧洲新建筑风潮吸引，当格罗皮乌斯、布劳耶从德国来到美国哈佛后，他便决定到哈佛读研究生。

现代主义建筑的先驱沃尔特·格罗皮乌斯、路德维希·密斯·凡德罗、勒·柯布西耶和弗兰克·劳埃德·赖特等，作为新社会的倡导者和更高价值的保护者，他们的建筑以新材料、新形式追求功能至上，创造了一种适合于工业社会的建筑语汇，定义了建筑的新秩序，影响了整个世界，为现代主义建筑奠定了坚实的基础。框架结构、透明性及流动空间，逐渐融汇成全新、清晰的表现体系，后来影响了一系列大师，其中有贝聿铭、安藤忠雄、黑川纪章和伊东丰雄等。贝聿铭从第一代现代主义建筑大师的作品中汲取简洁、理性的现代精神，从使用功能以及建造技术的逻辑关系中获得建筑形式，通过美学上令人愉悦的设计为业主增加威望、解决社会问题。

---

1 叶朗.中国美学史大纲 [M].上海：上海人民出版社，1985：439.

一、沃尔特·格罗皮乌斯：功能与形式

格罗皮乌斯（1883—1969）是现代主义建筑和设计思想最重要的奠基人，作为最早主张建筑工业化的建筑师，其核心思想是将知觉和情感注入实用器具中，从而提升所属时代产品的形式特质、象征机器时代的文化。1907—1910年在贝伦斯建筑事务所工作期间，格罗皮乌斯受到贝伦斯功能化、理性化的处理设计问题的启发，对如何将建筑功能与现代美感结合在一起形成了自己的设计思想。格罗皮乌斯秉承建筑不是为少数权贵而是为整个社会创作的民主思想，并对工业化持积极的态度，认为建筑的功能决定了它应该具有的形式，反对装饰、模仿，主张采用现代材料、预制构件、拼装方法缩短工期，通过比例、均衡、表面加工的细节体现建筑之美。

1911年格罗皮乌斯设计了欧洲第一座真正体现现代主义建筑特征的建筑——法古斯工厂（Fagus Factory），非对称的构图、没有挑檐的平屋顶，消除所有的装饰，采用玻璃幕墙等轻薄的工业材料组成的外墙和利用钢筋混凝土的悬挑性取消脚柱的处理，这些突出建筑内部结构的现代设计语汇和手法，使光线和空气可以自由地通过墙壁，给人以轻巧透明的感觉，完全改变了砖石承重墙建筑庞大的沉重形象和室内外截然分开的现象。轻而薄的建筑材料组合而成的无重状态感和明快的整体视觉效果，成功蕴含了机械化设计的理念和氛围。格罗皮乌斯的建筑不仅在努力改进，以适应现代社会的功能需要，而且建立起艺术与机器之间联系的必然性，展现工业化诗意般的能量和崇尚革新的文化潜力，成为这个时代的象征。

第一次世界大战后，格罗皮乌斯产生了通过设计教育实现世界大同的乌托邦思想，提出艺术家通过新的设计教育体系，"创造一个能够使艺术家接受现代生产最有力的方法——机械（从最小的工具到最专门的机器）的环境。"[1]大批量生产过程建立艺术家、工业企业家、技术人员之间的合作关系，强调各门艺术间的交流融合，同时培养学生的动手能力和理论素质。1919年在格罗皮乌斯的主持下，结合造型艺术学校和工艺美术学校的包豪斯（Bauhaus）在魏玛成立，一些带有社会民主主义色彩和乌托邦情绪的艺术家到包豪斯任教，丰富和开阔了建筑设计的思路和手法。1924年格罗皮乌斯在著作《国际建筑》的前言中，根植于社会与生活的总体性宣告了新的、具有决定性意义的功能主义精神。在"艺术与技术——一种新型的结合"[2]这一口号下，建筑设计挣脱了19世纪各种主义和流派的束缚，开始遵从科学的进步与民众的要求，并实现了大规模的工业化生产。以包豪斯

1　王受之.世界现代建筑史 [M].2版.北京：中国建筑工业出版社，2012：140.
2　[意] 曼弗雷多·塔夫里，弗朗切斯科·达尔科.现代建筑 [M].刘先觉，等译.北京：中国建筑工业出版社，2000：131.

作为进步的和革命的艺术潮流的中心，20 世纪 20 年代形成了现代建筑中的一个重要派别——现代主义建筑，主张适应现代大工业生产和生活需要，讲求建筑实用功能和经济效益，发挥新材料和新结构的技术性能和美学性能、造型整齐简洁、构图灵活多样的新的建筑风格。

1925 年包豪斯由魏玛迁到德绍，格罗皮乌斯设计了包括教学、生活和职业学校三部分功能的新校舍。"如果包豪斯校舍希望在社会中用和谐组织的建筑来净化矛盾，如果其目标是为了消除因劳动中的资产分配问题而产生的隔阂，那么该校舍在形式上必须进行有机地组织。"[1]20 世纪 20 年代格罗皮乌斯最有代表性的作品就是包豪斯校舍。设计策略是以灵活多样的非对称的构图手法将主要体块打散，各种功能相互独立，由过街天桥相连，形成一种可以从任何角度被接近但又不失整体连贯性的方式。采用框架结构和砖与钢筋混凝土的混合结构，一律采用平屋顶和白色抹灰外墙。将构成主义的要求与风格派的敏感性结合起来，摒弃附加的装饰，讲究材料自身的质地和色彩搭配效果，通过对体量和平面、垂直线和水平线的强调，力图发挥结构本身的形式美，兼顾抽象性和机械化的形式的探寻。

1930 年密斯接任格罗皮乌斯的校长职务，迁校柏林。1933 年在德国法西斯高压下学校被迫关闭。离开包豪斯之后，格罗皮乌斯在柏林从事建筑设计和研究工作，坚决地同建筑界的复古主义进行论战，重点研究居住建筑、城市建设和建筑工业化问题。1937 年格罗皮乌斯应邀到美国哈佛大学设计研究院任教授和建筑学系主任，从此居留美国。第二次世界大战后，他的建筑理论和实践为各国建筑界所推崇。1948 年他为哈佛大学设计了研究生综合大楼（The Harvard University Graduate Center），继续发展了包豪斯校舍建筑的风格，以简单的几何形状为中心，非对称、没有装饰的建筑群的侵入具有重要的标志性意义，哈佛大学浸透着巴黎美术学院思想理念的时代走向终结。从根本上说，包豪斯创始人格罗皮乌斯带有现代主义之父的权威，宣扬理性化、批量生产、无装饰、功能主义的现代主义建筑思想，但从未轻视建筑的艺术性，在功能、技术和经济要素的制约下提出了崭新的设计要求：既是艺术的又是科学的、既是设计的又是实用的，他的远见在第二次世界大战后变为现实。

包豪斯体系的理性、实用的内容与美国体系的结合，促进和推动现代主义建筑成为第二次世界大战之后影响全世界的"国际式"风格。形式主义成分加大，商业主义味道强烈，主张社会平等性、消除对立与冲突的精神内容减弱、理想主义内核消失。格罗皮乌斯高度功能主义的立场，使他

---

1 [意]曼弗雷多·塔夫里，弗朗切斯科·达尔科. 现代建筑 [M]. 刘先觉，等译. 北京：中国建筑工业出版社，2000：133.

的建筑单调、冷漠、缺乏个性和人情味，而在以中产阶级为消费主体的新经济形势下，格罗皮乌斯不得不面对的是，如何修正现代主义朴素的社会主义原则和单调的功能需求，把设计提升到满足人们心理、视觉需求的层面。格罗皮乌斯设计的自己在马萨诸塞州林肯的住宅，在现代主义基本方法的基础上，采用了白漆木墙、垒石基础等传统新英格兰地区的建筑符号，成为在新的环境中把现代主义与地方、传统进行结合的最早的例子。

格罗皮乌斯的精神启发并影响了一代建筑师，他赋予自己的角色是，训练第二代的现代主义者担当起工业社会救赎的英雄使命。格罗皮乌斯引导学生把以观念为中心的设计体系和以解决问题为中心的设计体系结合起来，推崇对于结构绝对"诚实"的表达，"一座现代建筑，应该仅从它自身有机比例的力量和结果，来得到其建筑上的意味。它必须对自己真实。"[1]以几何线条为基本造型赢得风格的现代感，希望每一个学生以未受惯例束缚的鲜活形式扫清一切陈词滥调的传统美学，去触及内心深处那本能的表达。建筑之美不在于装饰细节上，而在于建筑家对比例、均衡、表面加工的细节的训练水平之中，"把灵魂吹入死气沉沉的机械产品躯体之中"。

贝聿铭接受了正规的包豪斯式共通语言训练，但他希望在建筑里找到一种地域性或是民族性的表达方式，设计上海艺术博物馆模型时他采用了一种绝对中国的建筑表达，但又未牺牲具有时代精神的设计概念。该作品被格罗皮乌斯誉为最精致的学生作品，并向《进步建筑》推荐道："这份模型清楚地说明了，一位有能力的设计师可以很好地坚持基本的传统特征，与此同时运用设计方面的进步观念。"[2]朱迪斯·哈尔认为，"从贝对抽象形式以及'冷'材料诸如石材、混凝土、玻璃和钢的倚重来看，他的建筑形式确实表现为他的老师（格罗皮乌斯）的进一步发展"。[3]

二、马歇尔·布劳耶：设计与生活

布劳耶（1902—1981）1920年到包豪斯求学，大部分时间都用在家具部学习与工作上，一生致力于家具与建筑部件的规范化与标准化，是一位真正的功能主义者和现代设计的先驱。布劳耶受到荷兰风格派设计师里特维特（G.Rietveld）的影响，早期的作品具有很强的表现主义特征和立体主义雕塑特征，并在家具设计中引入了对环境进行的全面协调的思考。擅长运用工业材料进行流畅的建筑设计，将包豪斯的国际式与新英格兰地方风格融为一体，形成简洁、明快、新颖的设计风格。

---

1 [英] 彼得·科林斯. 现代建筑设计思想的演变 [M]. 2版. 英若聪译. 北京：中国建筑工业出版社，2003：250.

2 倪卫红. 贝聿铭 [M]. 石家庄：河北教育出版社，2001：31.

3 王天锡. 贝聿铭 [M]. 北京：中国建筑工业出版社，2002：32.

成为包豪斯家具部的设计老师后，布劳耶相信教育的核心是形式——感知训练，认为特定的视觉形象与思维的某种状态之间存在着内在的关联。使精神的秩序可视化，建筑或家具应当像有机体一样，通过转译来感知形式的本质特征、结构的内在力量，将所有节点整合进一个受控的图像。早期设计的椅子大部分是木头的，加上帆布坐垫和靠背，采用标准化构件，具有简单的几何外形。后来，布劳耶从自行车的车把上得到启发，萌发了采用钢管和皮革或纺织品结合制作现代化的新家具的设想，在世界上首创钢管家具，也是第一个采取电镀镍来装饰金属表面的设计家。1925年设计的第一把钢管椅子——瓦西里椅子，造型轻巧优美，结构单纯简洁，具有很优良的性能，这种新的家具曾被称作20世纪椅子的象征，形式很快风行世界，在现代家具设计历史上具有重要意义。

瓦西里椅子显示了包豪斯有关家庭用品的设计思想，布劳耶写道："金属家具是现代居室的一部分，它是无风格的，因为它除了用途和必要的结构外，并不期望表达任何特定的风格……所有类型的家具都是由同样的标准化的基本部分构成，这些部分随时都可以分开或转换。"[1]这种标准化的家具生产方式，已经超出了它最初的以手工艺为基础的出发点，为现代大批量的工业化的家具制作奠定了基础。

在哈佛大学期间，布劳耶与格罗皮乌斯合作，以包豪斯的设计思想动摇了美国陈旧的学院派建筑教育的基础。"布劳耶1924年对住宅类型的研究都预示着与新造型主义和新构成主义之间的密切联系"，[2]在建筑设计实践中，把德国具有理想色彩的现代主义建筑和富裕的美国中产阶级对于住宅的需求结合起来，形成既具有现代特点，又能够符合美国中产阶级需要的新形式。1939年布劳耶的自宅和1940年设计的张伯伦住宅，都具有非常简单的几何形式，部分墙面材料采用当地的木料和石料，将生命特性纳入设计，改变了现代主义钢筋混凝土的刻板方式。"我们现在已经取得了战胜建筑中陈旧不堪的折中主义的胜利，在这场革命中，给以这个旧的建筑风格最后一击不是目的，战争不是为了战争本身，我们不搞为艺术而艺术，我们是在利用一件新事物来取代旧事物，新的事物具有更好的内容和解决问题的方法，现代建筑更加明确和一目了然，具有更加清晰和明确的目的，具有更加明确的战斗目标——这个目标就是满足人类的需求！"[3]

20世纪50年代初期，布劳耶探索运用混凝土的新形式，充分发挥混凝土的可塑性，表现带有模板纹理的表面质感，通过未加雕琢的活力和极

1 [意]曼弗雷多·塔夫里，弗朗切斯科·达尔科. 现代建筑[M]. 刘先觉，等译. 北京：中国建筑工业出版社，2000：132.

2 同1。

3 王受之. 世界现代建筑史[M]. 2版. 北京：中国建筑工业出版社，2012：265.

尽夸张的结构体量，更致力于领悟现代主义的精神内涵，而非单纯关注技术或功能主义。巴黎联合国教科文组织大楼（1952—1958）是布劳耶最重要的"国际式"风格建筑，采用 Y 形的三叉结构，轻巧而具有变化，打破了方盒子的单调感，超越乏味、平面的建筑语汇，向着具有更强的视觉冲击、材质和动人的气质发展。以遮阳板或粗大的 V 形功能构件强调混凝土立面的丰富结构，具有强烈的现代雕塑性，将智慧与感觉、功能与空间统一起来。受其影响，贝聿铭成为运用清水混凝土的先驱之一，在基普斯湾高层公寓项目中，他第一次尝试把清水混凝土用在住宅上。

布劳耶不仅在建筑上，更在生活上给贝聿铭以深刻的启示：要真正懂得建筑，必须要首先懂得生活，建筑应该是有生活存在的地方，绝不应仅仅成为一种抽象的美妙的东西。"对空间的强调和外形的注重是他的特色，他认为，光线对一个建筑来说是最重要的。"[1] 有深度的作品融合功能主义与现代抽象艺术和知觉理论，存在感性表达与形式控制的张力这一特征。

三、勒·柯布西耶：材料与雕塑

勒·柯布西耶（1887—1965）对于现代主义建筑思想体系和"机械美学"思想体系的形成具有决定性的影响，被推崇为现代主义建筑和现代城市规划最伟大的形式给予者。"建筑师，在形式的安排中，意识到了秩序：一种精神上的纯粹创作；他以形式和形状，深刻影响了我们的感受，他激发了我们对可塑形式的情感；而他所创造出的种种联系，唤醒我们内心深处的共鸣"[2]。《走向新建筑》汇集了柯布西耶深邃的智慧、诗意的观察、思想的丰富解说，以及对符合其所处的机械时代的普适性诉求和立体主义的建筑语言充满自信的期盼。

柯布西耶 1908—1909 年在佩雷身边工作，接受了钢筋混凝土技术的基本训练，深信钢筋混凝土是未来的材料。佩雷认为除了可塑性、整体性、耐久性及经济性之外，"钢筋混凝土框架是解决多年来存在于哥特式结构真实以及古典形式中人文主义价值之间冲突的一个手段。"[3]1910 年柯布西耶进入贝伦斯事务所，吸收了贝伦斯经过简化的、保守的古典主义。1911年与奥古斯特·克里博斯坦（August Klipstein）结伴东游，从古希腊宏大宫殿废墟到帕拉第奥的建筑中学到潜在的一致性和连续性，即古典主义比例的精华，及如何在建筑中合理运用采光、运用建筑外部的风格来丰富建

1 张克荣. 贝聿铭 [M]. 北京：现代出版社，2004：41.

2 ［法］勒·柯布西耶. 走向新建筑 [M]. 修订版. 杨至德译. 南京：江苏凤凰科学技术出版社，2014：95.

3 ［美］肯尼斯·弗兰姆普敦. 现代建筑：一部批判的历史 [M]. 原山，等译. 北京：中国建筑工业出版社，1988：179.

筑内部感受。

对柯布西耶来说,当下流行的面对机器的困惑感是一种精神危机,是使建筑陷入不确定、不真实境地的危机。综合现代之梦所追求的诗意、隐喻和自由关系,柯布西耶提出"居住的机器",期盼能够获得一种拥有普世特质的形式。"多米诺"(Dom-ino)体系骨架纯净、精确的几何,作为机械化和机器时代具有诚实道德感的恰当形式,成为柯布西耶城市和建筑实践的核心工具,也奠定了现代住宅建筑原则的基础,成为对人类生活和居住进步意义以及现代精神之本性的描述。"模数观念"也是柯布西耶最突出的建筑思想,在《论模数》中以6ft高的法国男性为模数的基础单位,以此来进行建筑设计和城市规划,把人与物进行和谐的、紧密的联系。而在处理城市规划、公共住宅设计这样的大议题时,柯布西耶把所谓文化的、遗传的社会因素放到压倒性的地位,具有极其专制的特征,同时强调民主化,坚持利用设计改变都市的结构、创造美好社会的理想,因此兼有现代主义民主特色和武断的强权的设计哲学。

图 2-8　萨伏伊别墅
摄影:夏云

图 2-9　萨伏伊别墅室内楼梯
摄影:夏云

萨伏伊别墅(1929—1931)(图 2-8、图 2-9)将柯布西耶早期的许多主题和形式实验集合在了一起,材料的统一性、雕塑的完整性,可以看作纯净主义的构成特色精炼到自身最核心的特质。白色箱体坐落在支撑柱上以轻盈、独特的方式,好像别无选择地被拉进柯布式的机器时代的仪式中和"在空中组成的几何体中生活"[1]的新时代。柯布西耶将内部收敛的同时向外部敞开,立面后退的圆柱形柱列,主层贯通的条形窗,提供了一种漂

1　[日]越后岛研一.勒·柯布西耶建筑创作中的九个原型[M].徐苏宁,等译.北京:中国建筑工业出版社,2005:14.

浮的轻盈感和被掏空的雕塑性，改变了传统建筑紧贴大地、将内部封闭起来的感觉。位于方形平面轴线上的坡道是构思的核心和参观仪式的起点，坡道穿过托柱的网格引领着漫步的动态路线，层与层之间的实际转换发展出多种水平上的可变视点，建筑的丰富性正来自于稳定的边界中曲面形式的动态，连续的空间打破了参观者的习惯性思维。

在巴黎大学瑞士学生宿舍（1930—1932），柯布西耶不再分解建筑而是考虑各部分的有机组合，采用连廊来联系不同功能区域的方式，后来成为柯布西耶现代建筑的基本特点之一。在其上首先采用脱模以后不加粉饰的混凝土墙面，保留了水泥木模板粗糙的痕迹，促成了所谓"粗野主义"的发展。马赛公寓（1947—1952）是第二次世界大战后初期集合住宅的原型，基于柯布西耶对工业时代大多数人生活方式的思考。这座 18 层的钢筋混凝土长方形盒子，可供 337 户约 1600 人居住，每个单元的元素都是标准化的，采用复式结构的布局，按不同方式组合。建筑中不同层次设计了两条室内商业"街道"，屋顶设计了花园、幼儿园、健身中心和露天剧场，企图成为一个浓缩的社区。从单个单元到整体形式，从个人空间到公共空间，整个建筑的等级关系自始至终被巧妙地处理，代表了集合体秩序探索的巅峰。其粗犷的形式还推动了粗野主义（Brutalism）思潮的发展，毛糙的混凝土上保留的模板痕迹，呈现出远处普罗旺斯山脉的黄褐色。沉重的 V 形或 Y 形构件的粗鲁组合，极具创造性的咬合式剖面，在很大程度上不是功能的需要而是对钢筋混凝土材料构成、重量与可塑性的审美表现，探索现代主义在公共建筑中的视觉冲击力。"假如不把粗野主义试图客观地对待现实这回事考虑进去——社会文化的种种目的，其迫切性、技术等等——任何关于粗野主义的讨论都是不中要害的。粗野主义者想要面对一个大量生产的社会，并想从目前存在着的混乱的强大力量中，牵引出一阵粗鲁的诗意来"[1]。

20 世纪 50 年代以来，柯布西耶有两个新的设计发展方向，一是朝着宗教建筑表现主义方向发展，另一个则是在印度发展针对第三世界国家的低造价建筑和城市，以使公共机构在城市复兴建设中起到关键作用。旧主题与新表现手段的复杂交织，尚古主义的感觉以及刻意营造出的古代联想，超越了纯粹主义的或机器时代的常见手法，有机的主题和三原色充满了精神与象征内涵。

朗香教堂（1950—1955）（图 2-10、图 2-11）是柯布西耶绝无仅有的非几何形式的有机形态建筑，"评论家认为该教堂是对非理性主义的回归，

1 罗小未. 外国近现代建筑史［M］. 2 版 . 北京：中国建筑工业出版社，2011：254.

图 2-10　朗香教堂
摄影：夏云

图 2-11　朗香教堂室内一角
摄影：夏云

是对纯净形式的背离，它还是一种有着普遍意义的'精神语言'。[1]理性主义、纯粹主义的纯洁和脆弱的世界被打破，展现出一种根植于有机世界的、更为古拙及刻意粗野的表现主义倾向。教堂矗立在孚日山脉的顶峰，朝向四季常青的山谷和遥远的地平线。突出的带有尖角和复杂曲线的黑色、贝壳式大屋顶，以一种不稳定的状态搭在凹凸不平的石墙上，覆有白色喷浆的混凝土墙体几乎全是弯曲倾斜的，东面和南面的墙与屋顶的交接处留着一道可进光线的窄缝，入口的一面墙上有如同堡垒上开有射击孔洞似的窗洞，窗户的大小不一、上下无序，打乱了人们利用窗口作为建筑层高、方向、水平与垂直参照的习惯。外耳形的平面象征"聆听"上帝的教诲，房屋沉重而封闭暗示了它是一个安全的庇护所，室内光源的神秘感与光线的暗淡，支撑与被支撑的模棱两可，迫使人们面向祭坛方向的一道笔直通到顶部的狭窄的光线缝隙，造成了很特殊的宗教感受。

拉图雷特道院（1952—1960）以更加粗野的方式表现机械及结构元件，采用三面围绕的方式以巨大的钢筋混凝土建筑围绕出中庭，粗糙的立面，采用水泥板构成形式主义的窗格，变化多端，形成形式上的节奏感和韵律感。虽然整个建筑的构造

1　[意] 曼弗雷多·塔夫里，弗朗切斯科·达尔科. 现代建筑 [M]. 刘先觉，等译. 北京：中国建筑工业出版社，2000：322.

和形式是绝对现代的，却体现了中世纪苦行僧的精神，过时的范式与形式意义的新模式之间的张力表明柯布西耶进入一个更深地发掘个人的隐喻世界和越发独立而神秘的诗性世界。

1951 年柯布西耶通过昌迪加尔的设计，实现自己高度理性化的城市规划思想。无视具体的地点、条件和人文背景，方格形的街道、一清二楚的区域划分，立法、行政和司法三座庞大的现代主义建筑，以纪念建筑的尺度去精心地处理各种不同的功能单元，采用简单的立体几何形式组合，粗糙的混凝土预制件，立面设计了作为遮阳板的水泥格板兼有装饰的功能，超乎结构与功能的需要，内部空间与墙体相互交织的塑形，有非常强烈的立体主义、构成主义色彩。

柯布西耶具有非常杰出的绘画才能，因此对视觉张力有异乎寻常的敏感度，能够把轮廓与色彩的简洁与清晰、空间的重叠与含混、总体的统一性与细节的装饰性巧妙地融为一体。绘画实践中的透明性、共时性、幻觉性和对体积、块面和轮廓的精密控制，也为柯布西耶提供绝佳的经验过滤器和形式实验场。"建筑是对在光线照射下的体量的巧妙、正确和卓越的处理。我们的眼睛是为在光照下看到形象而生的。因而，由光照而更充分显示出来的立方体、圆锥体、球体、圆柱或金字塔形是伟大的基本形象。它们不仅是美丽的形象，而且是最美丽的形象。"[1]对柯布西耶而言几何学是一种实现更高真理的象征性手段，圆形、正方形、长方形等纯几何塑造空间与形体为建筑提供了基础与框架，体现人具有超越自然的自由意志和建立和谐的理性力量。

柯布西耶同时具有浓厚知识分子的思维和观念，认为艺术家是更高秩序的感知者，为世界提供救赎的形式。只要艺术家能将更高的形式价值注入工业化过程中，机械化就可以成为创新文化的积极要素。"他后来的作品经常围绕构思双重性：一方面，通过经验形式满足功能要求；另一方面，他又采用抽象要素来触动感觉和培育智慧。"[2]这种社会和建筑的理想主义与理性主义的奇妙混杂，都建立在工业社会具有产生一种真正的、令人欢乐的秩序的内在力量的信念上。充分运用现代材料、技术表达建筑的精神内涵，强调艺术的精神功能和对永恒不变价值的追求，现代主义建筑语汇在柯布西耶的手里具有功能和表达的双重作用。

"柯比意的三本著作可以说是我的'圣经'，只有通过它们我才能看到建筑的新思想。我至今还记得柯比意于 1935 年 11 月来到麻省理工学院的

---

1 [法] 勒·柯布西耶. 走向新建筑 [M]. 修订版. 杨至德译. 南京：江苏凤凰科学技术出版社，2014：95.

2 [美] 肯尼斯·弗兰姆普敦. 现代建筑：一部批判的历史 [M]. 原山，等译. 北京：中国建筑工业出版社，1988：181.

情景：他身着黑衣，带着粗镜框眼镜，与柯布西耶在一起的那两天可以说是我建筑教育中最重要的两天。"[1]贝聿铭继承了柯布西耶所谓兼有思想的无限性和设计目的约束力的平面，并依据更为微妙、安排精当的等级关系去规划体块、生成空间，塑造一种抑扬顿挫的秩序，同时还要考虑用地环境、光线变化以及时间推移对建筑形式和思想的逐渐展现。几何形、混凝土墙面、圆柱、漫游空间和光的变幻看作柯布西耶语言的典型继承。在达拉斯市政厅等作品中，贝聿铭转向柯布西耶强烈的雕塑性，将平面形态、体量动态和感官体验联系起来，明显可以感受到柯布西耶的构图手法、结构秩序与形式活力的存在。但在风格上，贝聿铭的创造是超越教条主义的，带有更多感性和表现的成分，充满光影变幻的空间，一反柯布西耶的粗犷野性，充分表现了工业化产品的无比精美。

四、密斯·凡·德·罗：简洁与抽象

密斯（1886—1969）提出"少即是多"的设计原则，遵循理性主义、实用主义的设计思想，"改变了世界都会的三分之一的天际线"。[2]1931年密斯担任包豪斯第三任校长，把包豪斯从一个以工业产品设计为中心的教学中心改变为一个以建筑教育为中心的新型设计学院。密斯与格罗皮乌斯左倾的立场完全不同，他一向认为设计教育的核心应该是非政治化、以建筑为中心的。他更重视实际，较少从意识形态方面探讨现代建筑，寻求的是"精神政治目的"[3]。

受贝伦斯强调单纯、简单的新古典主义的影响，密斯简化结构体系，讲究技术的精美和结构的逻辑性，"密斯夹在'空间'与'结构'之间，不断地探索一种可以同时表现透明性及躯体性的方法。这种二分法最突出地表现在他对玻璃的态度中，他使用玻璃的方法是让它在光线下从一反射表面转化为纯透明性的表面消失，也就是说，一方面显得'无物存在'，另一方面，显得'需要支撑'"。[4]密斯致力于运用单一体型和简明扼要的直线净化建筑形式，发挥优质钢和玻璃的结构特点和轻盈、纯净的特质，通过精确施工表明矩形和透明性是与新工业建造秩序相称的视觉风格。密斯取消了空间的全部封闭联系，使之产生没有屏障、可供自由划分的平面，极具视觉动力的空间形态，体现了减少主义和高度工业化语汇的立场。

1 [德] 盖罗·冯·波姆. 贝聿铭谈贝聿铭 [M]. 林兵译. 上海：汇文出版社，2004：28.

2 王受之. 世界现代建筑史 [M]. 2版. 北京：中国建筑工业出版社，2012：142.

3 同2.

4 [美] 肯尼斯·弗兰姆普敦. 现代建筑：一部批判的历史 [M]. 原山，等译. 北京：中国建筑工业出版社，1988：289.

"作家谢尔巴特（Paul Scheerbart，1863—1915）在幻想小说中预言玻璃建筑必然将整个世界变为一个异常庞大的艺术作品。"[1]1919 年弗雷德里希路办公大楼体现了"密斯主义"的全部精神实质，这是世界上第一个全部采用玻璃、钢结构设计的高层建筑。强调"建筑的统一性""结构的诚实性"，给结构框架的直接表现以优先权，所谓"诚实性"是拒绝装饰、在视觉上清晰展示建筑的结构骨架和玻璃外墙——"骨头和皮肤"，这种由直线和直角组成的极简主义风格奠定了现代高层建筑的模式基础。

　　1929 年巴塞罗那博览会德国馆，进一步稳定了密斯大师的地位。这个简洁的横梁式对称结构被放置在一个升起的平台上，两个矩形水平紧密并置，主水池偏移了轴线，取得一种动态的对位。墙、柱、屋顶清晰的轮廓和精准边缘等形体处理不加任何装饰，属于一种水平离心式的空间布局，用独立的平面及柱子来分隔和关联。主厅部分由 8 根十字形断面的钢柱支撑，墙从传统支撑角色中独立出来，一些墙体超出平行、漂浮于地面的平屋顶，脱离支撑网格深入环境。玻璃或大理石的隔墙纵横交错，突出彩色玛瑙纹大理石、半反射玻璃、不锈钢等建筑材料本身固有的颜色、纹理和质感。如同镜面的水面，融合了这些从不透明到清澈的转瞬即逝的变化。室内各部分、室内和室外相互穿插，形成既分隔又连通、半封闭半开敞的空间，以其漂浮的水平线条、自由流动的空间强化了视觉动势，如同一幅由不同线条组成的抽象绘画。

　　1933 年纳粹上台后包豪斯被迫关闭，密斯作为政治难民移民美国，在伊利诺伊理工学院组建建筑学系。在伊利诺伊理工学院规划中，密斯采用网格模数方式，把理性主义设计进一步量化和标准化了。在范斯沃斯住宅（1949—1951）和伊利诺伊理工学院布朗楼（1950—1956）中，密斯将减少主义精神发挥到极致。范斯沃斯住宅是一个由 8 根钢柱支撑的长方形玻璃盒子，内部仅设计了一个作为浴室、卫生间的封闭的服务中心，其余全是一览无余的玻璃幕墙。被《建筑论坛》的编辑布莱克（Peter Blake）称赞为，"该建筑抽象地表达了一种建筑理念——终极的'少即是多'，终极的客观性和普遍性。"[2]布朗楼与范斯沃斯住宅不同的仅仅是采用了黑色钢铁构架和黑色的玻璃幕墙，这两座建筑标志着重视功能和经济的现代主义建筑，向"国际式"风格无视功能和造价、无视人们的心理需求、讲求"少即是多"的形式主义的转折。

　　1950 年的西格拉姆大厦，这个 39 层的黑色长方形玻璃盒子，外部钢

1　[意] 曼弗雷多·塔夫里，弗朗切斯科·达尔科. 现代建筑 [M]. 刘先觉，等译. 北京：中国建筑工业出版社，2000：117.

2　Blake P. The Master Building [M]. New York：Knopf，1960：234.

铁构架垂直到底，用料考究、施工精细，形式纯净、体态剔透，充满工业技术的秩序感的"板式"高层建筑成为大公司实力与威望的象征。"玻璃建筑最重要的在于反射，不像普通建筑那样在于光和影"[1]，钢的不透明性与玻璃的反射性交替，结构框架和玻璃填充墙在西格拉姆大厦上融为一体，各自失去了自己的一部分特征，而确立了一种新的建筑现实。密斯关于钢铁和玻璃建筑在空间布局、形体比例、结构布置甚至节点处理上，均达到了严谨、精确以致精美的程度，柱体系与玻璃面相结合的表述法越来越理想化并具有纪念性。

作为 20 世纪理性主义的典范，密斯对古典主义的回归是通过对古典主义彻底地否定来实现的，甚至在《关于建筑对形式的箴言》中宣称，"我们不考虑形式问题，只管建造问题，形式不是我们工作的目的，它只是结果。"[2] 净化形式的目的是在时代的绝望混乱中创造条理，使各种建筑空间元素都遵循一种理想模式进行布置，形象构图中运用古典主义的尺度和比例，以严谨的逻辑一致性探求观念上的纯粹性。巴塞罗那博览会德国馆、范斯沃斯住宅、西格拉姆大厦，都表现为一种中性符号，建筑的形象极端简化，突出结构的表现力，构造的严谨与精确被看作现代工业与现代科学精密度的表现。"当技术完成了它的使命时，它就升华为建筑艺术。"[3] 密斯将精密的建筑美学与工业技术高度结合，为优雅的工业时代精英、现代都市的商业形象和资本主义的权利表征创造了优美而虚无的纪念碑。同时在某种程度上，建筑的风格与文脉之间保持一定距离而不受外界影响的中性形象，导致一种与传统决裂的极端冷漠和一种放之四海皆准的标准化、批量化的"国际式"风格。

贝聿铭的高层建筑保持了密斯的全面空间、纯净形式、模数构图及严谨而高度凝练的美学，具有优美的比例和恰当的尺度，兼具时代的进步感与一定的纪念气质。坚持结构体系是建筑的基本要素，主张功能服从于空间。与密斯一样，贝聿铭讲求技术精美的代表，偏好钢和玻璃等高雅与名贵的材料和技术上的精益求精。将细节处理作为一门功课，对建筑轮廓赋予精确比例的感觉，保证了对形式娴熟的驾驭。但贝聿铭在尺度掌握、形体界面的处理上更活泼丰富，讲究技巧又接近人情，使机器大工业产品与人们对形式与环境的心理需求相协调，避免了成为背离文化内涵的商业投机活动的牺牲品。

1　罗小未. 外国近现代建筑史［M］. 2 版. 北京：中国建筑工业出版社，2011：261.
2　罗小未. 外国近现代建筑史［M］. 2 版. 北京：中国建筑工业出版社，2011：260.
3　罗小未. 外国近现代建筑史［M］. 2 版. 北京：中国建筑工业出版社，2011：326.

五、弗兰克·劳埃德·赖特：自然与有机

弗兰克·劳埃德·赖特（1867—1959），是 20 世纪美国最重要的一位建筑师，早期受到英国"工艺美术"运动和欧洲"新艺术"运动的影响，发展出独特的"草原住宅"风格和"有机主义"原则。不断进化的建筑语言趋向一种对美国城市和景观更为全面的解读和一种对东西方不同传统的普遍性诠释，所使用的三度空间构图技巧表明了空间相互穿透的充分潜力，"按照自然的过程建造住宅和以神圣观念建造工作场所"[1]，以贵族化和地方化的两极性创作语汇阐述了美国的文化和意识形态，把美国平庸的建筑提高到世界水平。

20 世纪初最初的 10 年，赖特巧妙地将品质融入日常设计之中，推动工艺美术价值的转化，与莫里斯等同时代的英国设计师不同的是，赖特注重机械化以及随之产生的重要社会历史意义。对抽象事物的强烈反应和对新型社会秩序的憧憬，使他将 19 世纪手工艺理念与欧洲现代艺术运动所提倡的先进理念紧密联系在一起。"草原住宅"（Prairie Style）形成了赖特自己的设计理念，"草原有自己的美，我们应当能识别和加强这种自然美，这种宁静的层次。"[2] 采用砖、石材、有装饰纹样的混凝土砌块料，非对称平面自由松散，外形轮廓横向延伸，宽大出檐的大屋顶，向外延伸的墙，连续的立面窗口，幽僻的私人花园，这种住宅处理手法较早冲破了盒子式建筑，通过平面的相互渗透和抽象的体量，建立一种基于空间概念的新风格。罗比住宅是将"草原住宅"追求乡野生活、附属于大地、和谐的视觉关系阐述得最为清晰的作品之一。随时变化的氛围和有品质的空间，带有既清醒又梦幻的色彩和优雅高贵的尺度感。

与此同时，赖特在 1904 年拉金公司大楼（Larkin Building）、1915年日本东京帝国饭店（Imperial Hotel）等公共建筑中，完全摒弃传统的建筑样式，转而通过钢筋混凝土与玻璃的奇异结合而创造出一种棱形多面体建筑。重视功能、形体简洁，体块的组合比例得当、构图有序，墙面上极少的地方重点做了装饰。通过立体主义丰富的线条、优雅的细部比例，代表了一种形式结构和机械服务装置的有机组合，建筑的各个独立部分之间存在着一种亲密的交流，并被同化到有机整体之中。也正因为如此，赖特才与他同时代的佩雷等其他的伟大建筑师们显得不同，成为新传统的开创者。

---

1 [美]肯尼斯·弗兰姆普敦.现代建筑：一部批判的历史 [M].原山，等译 .北京：中国建筑工业出版社，1988：227.

2 [美]K·弗兰姆普敦.20 世纪建筑学的演变：一个概要陈述 [M].张钦楠译.北京：中国建筑工业出版社，2007：52.

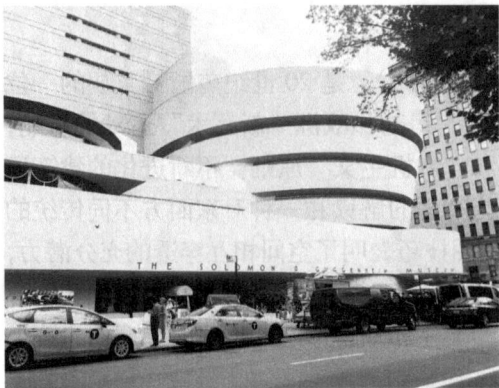

图 2-12 古根海姆博物馆

摄影：牛盛楠

20世纪20—30年代，赖特的有机建筑（Organic Architecture）思想是一个新的综合意识，对世界现代建筑产生了重大影响。赖特认为"艺术不仅是一种表现，它还是人们美好感受的保存形式和传播者。"[1] 对赖特来说，"有机"强调由内而外的整体性，探索现代主义建筑由简单几何形式的组合到与自然形式的内在关联，潜藏着调和现代空间和自然环境的乌托邦式梦想。正如赛维（Bruno Zevi）在《走向有机建筑》中说："有机建筑的兴趣在于人和他的生活，它远远超出了直接或间接地重新产生物理上的感受。……当房间，房屋和城市的空间布局是为人在物质上、心理上和精神上的愉悦而规划时，这就是有机建筑。有机性基于一种社会的而不是造型的观念。只有在追求建筑的人性先于建筑的人道主义时才能称得上是有机的。"[2] 可见，所谓"有机"更多是基于社会而非造型的理念，既指适应于人们物质与心理的需求，也指一种更高的民主理想。其与现代主义的关系是他的社会责任感，这种社会意识是现代主义设计先驱的共同特点。

古根海姆博物馆（The Guggenheim Museum）（图 2-12）是赖特有机建筑哲学的典范，"它的象征图形是包含了许多圆球单元的卵形豆荚状的种子。"[3] 采用象征着重复运动以及联系偶然之间的螺旋形体，作为进化过程中包容性、不确定性和综合性的象征。赖特将平面、立面和剖面的形式汇集起来，一层流入另一层，代替了通常呆板的楼层重叠，建筑将形式、空间和抽象编织进强有力的三维整体，将向心性与行进性、均衡与运动、内在生长感与收缩感结合在一起。使用作为精神容器的瓶子概念，表现为与绘画、塑性相和谐的、流畅的沉静空间。

与同一时期的欧洲先锋建筑师对于无重量感以及透明性的机械化沉迷不同，赖特专注于空间的原始品质、住宅原型以及本源理念，在几何模块

---

1 [意]曼弗雷多·塔夫里，弗朗切斯科·达尔科.现代建筑[M].刘先觉，等译.北京：中国建筑工业出版社，2000：141.

2 罗小未.外国近现代建筑史[M].2版.北京：中国建筑工业出版社，2011：65.

3 [美]肯尼斯·弗兰姆普敦.现代建筑：一部批判的历史[M].原山，等译.北京：中国建筑工业出版社，1988：227.

128

与预制混凝土单元基础上创造的每件作品均有十分强烈的个性与可识别性，他相互穿透空间的处理方式，不仅简单地基于均衡、统一、对比等丰富多样的空间体积测量，而且在传统人文主义意义上更为诚实地考虑了使用者的需求与心理。但在意识形态上赖特毫无欧洲现代主义大师的民主思想，他的建筑绝大部分都是昂贵的、服务于富裕阶层的。根据雇主的富裕程度满足其奢侈化和文化上的要求，通过独立领地的感受、符合业主身份的庄严华丽的氛围，住宅设计显露出礼仪性与非礼仪性的组合，提供一个舒缓的家庭世界、一处宁静的隐居

图 2-13　流水别墅

摄影：牛盛楠

空间，帮助新兴的社会阶层寻找到属于自己的生活模式和身份定位。

　　深受东方文化的影响，赖特的有机建筑思想中的"自然""天人合一"等内容引起贝聿铭强烈的共鸣。赖特的流水别墅（图2-13），从建筑与自然的关系、建筑的整体性、建筑的形式与功能、建筑的材料运用等方面强调建筑与自然和谐的关系。竖直和水平穿插错落的体形将整体分解为建筑元素的叠加，粗糙质感的石材与环境相互渗透，环绕的树木、奔流而下的溪水及建筑向各个方向渗透的格局，各种元素和环境形成全方位的对话关系，产生了一种富有活力、不断变化的秩序感和完整性。赖特异于现代主义简单理性方式，其对诗意空间的兴趣，采用优雅的比例、具有装饰含义的细节、谦和的材料使用，以及将生活场所融入自然，建立在自然形式的灵感上、与基地产生共鸣的巧妙布局，都对贝聿铭产生了深远的影响。

六、阿尔瓦·阿尔托：人情与地景

　　阿尔瓦·阿尔托（1898—1976）是芬兰现代主义建筑师，具有北欧人内省的特点，关注的是建筑最本质的一些问题——建筑与人、自然之间的关系，在功能主义的表面下蕴含着许多细腻的同芬兰地方文化和对使用者感受的关心。人情化建筑（Humanizing Architecture）理论强调人的尺度、适应人的精神要求，强调有机形态和功能主义原则结合的方式，代表了阿尔托对现代主义建筑与地方和民族传统相结合的自觉探索，在人类生活与

自然环境之间架起一座沟通的桥梁，以一种更加永恒的人性主题抵御工业文明、丰富现代主义建筑。

人情化建筑正是阿尔托区别于同时代这几位大师的一个地方，温和而低调的建筑却把人的视觉、触觉和听觉引起的心理反应联系起来，领略一种可以直接碰触情感的形式和色彩语言。有时是一片不加修饰的砖墙，有时是不经意的围合空间，或者是自然材料质感和颜色，建筑将情感状态转化为结构形式、材料肌理，实实在在地打动着走进建筑的每一个人。"建筑不能脱离自然和人类因素，相反，永远不能……它的功能是使自然与我们更接近。"[1] 阿尔托对改善自然环境和建造场所内在本性的关心，使得他终身关注空间的总体气氛和运用热、光和声反应渗透去改善空间气氛的方法，实现自然环境和现代建筑之间隐喻的对话。

帕米欧结核病疗养院（Tuberculosis Sanatorium at Paimio）的建筑语言基本属于欧洲严谨的理性主义范畴，外形上钢筋混凝土的框架结构清晰明快、朴素而又合乎逻辑，体量的旋转和斜向相交，建筑雄伟的入口在抽象形式和自然之间建立了一种超现实的联系。但阿尔托把病人的修养放在首位，敏感于大地的等高线、冬季日照方向和角度，反复思考体量的伸展、建筑分层、平台和踏步的层次，以及由内而凹的立面和坡屋顶形成的不规则建筑轮廓。大楼呈一字形，每个房间都拥有良好的阳光、新鲜的空气和面对原野、树林的广阔视野。

玛丽娅别墅（Villa Mairea）坐落于优美的自然风景之中，森林与房屋之间保持着背景与参照恰到好处的距离。整体设计再现了有机的弯曲形状，采用清水砖墙、抹灰墙和木板壁等不同品质、不同形状的材料异质共存，日常事件和仪式可以在一系列停留处进行。无意于营造一个单一的抽象视觉空间，取而代之的是一块能够增强归属感的世外桃源，表明阿尔托对理性主义风格的背弃。

1947—1948 年设计的贝克宿舍楼（Baker House）是美国麻省理工学院高年级学生宿舍，平面采用有机形态，曲面布置的方式在立面上打破传统现代主义刻板的简单几何形式，不但使房间的形式多样，并将窗户的衔接、外界的景物通过一种光滑的曲线形式连接起来。采用大量重叠的手法开辟了更大的空间，表面的红砖肌理与公共大厅的混凝土构筑、石材屋面形成鲜明的对比。斑驳的砖墙使建筑给人以古旧的印象，与美国风行的机械般的光洁完全不同，延续了斯堪的纳维亚有机功能主义的方式。

作为现代主义者，阿尔托不抗拒新技术，但摒弃了早期现代主义建筑

---

1 [英] 威廉 J·R·柯蒂斯. 20 世纪世界建筑史 [M]. 本书翻译委员会译. 北京: 中国建筑工业出版社，2011: 346.

中把技术放在优先位置考虑的机械特质，技术对于他来说只是诠释建筑本质的工具。"更好的建筑设计意味着使建筑更富人情味，同时，这也意味着一种比单纯技术产品更为广泛的功能主义。这一目标仅仅能够通过建筑手法来实现——即借助创造和组合不同的技术因素，使它们能为人类提供最和谐的生活方式。"[1]阿尔托不拘泥于简单的几何形式，利用部分有机形态、对光的运用、材料的亲和感，使隐喻和暗示重新成为建筑处理的手段，从而避免了大部分现代主义建筑过于刻板、机械和理性的倾向，使现代主义建筑在功能上和使用上更宜居、更贴近于人。

"阿尔托无疑是现代建筑中最杰出与最伟大的建筑师之一。他的作品兼有欧洲现代派的理性和美国有机建筑的诗意，更有他所独有的抒情，即对使用者在人情上的诚挚考虑。"[2]现代主义基础上的人文表达、保持民族的精神和审美原则，对大众想象的感情以及在寻找永恒意义和微妙心理及含蓄暗示之间徘徊，使他成为两次世界大战之间与二战后现代主义建筑的联系人。他使用不同的材料，并采用综合的结构，同时还充分了解现场的场地特征，然后对每项建筑项目进行完美的设计，探索民族化和人情化、强调更深层次身心共鸣的现代主义建筑道路对贝聿铭有极大的启发性。

小 结

我们知道，一个人的个性、思想是在各种内外因素的影响下形成和发展变化的，回顾贝聿铭的成长背景是探寻其思想渊源的有效路径。在中国传统社会中，艺术和美学是士大夫阶层拥有的高雅趣味和特权。官商、官绅结合的显赫家世、金融新贵的富足生活、历经几百年的积淀，为贝聿铭提供了浸润传统文化、徜徉苏州园林、接触西方文明得天独厚的条件和资源，使他的眼界视线、人生追求、审美趣味一开始就投注到精英的、高雅的层面。贵族生活的熏陶，培养了贝聿铭注重思想深度、审美价值和爱惜名誉的考虑。而祖父与父亲之间中西文化的交流与碰撞使他学会了在截然不同的环境中应酬自如，既用儒家的行为准则来规范自己的一举一动，又义无反顾地拥抱、追求新兴事物。

贝聿铭的成长经历，奠定了他关于世界、生活和建筑之间关系的最初理解。建筑不仅关乎实际需要和经济因素，它还关系到存在的意义。这种存在的意义源自自然、人类，以及精神的现象，并通过秩序和特征为人们

---

1 [美]肯尼斯·弗兰姆普敦.现代建筑：一部批判的历史 [M].原山，等译.北京：中国建筑工业出版社，1988：242.

2 罗小未.外国近现代建筑史 [M].2版.北京：中国建筑工业出版社，2011：101.

所体验，建筑又将这样一种意义变换成空间的形式，通过建筑，人们拥有了空间和时间的立足点。以"天人合一"为中心耦合起来的民族心理结构，构成了中国传统建筑文化意识的深层基础。中国传统建筑空间所展现的是自然之"道"与人心之"道"，是融时间、空间和情感于一体的心理时空。关注内心的"内转向"体验，突出感知世界的方式，颠覆了时间的不可逆性，彰显时间的心理性质而不是物理性质，消解了线性因果关系的架构，而是片断的、开放的、并置的结构，敞开了更多的可能性的空间，进入一种审美的自由生存状态。

在历史久远的大家族中，人与人之间的关系为日常生活之首，也是生活的意义所在。与直系亲属以及其他家族成员的朝夕相处，贝聿铭自幼学到了家庭的真正含义——内聚力和历史，从而使他对生活与建筑的关系更为敏感，对"以人为本"有更深的理解。因此贝聿铭不仅擅长把传统文化的诗情画意融入建筑设计中，创造惊人的艺术效果，而且非常注重人的比例和尺度，注重人们的生活方式与在建筑中的起居活动，为艺术与生活在新的历史条件下的弥合提供了一种路径。

苏州园林典型呈现了《园冶》所谓"巧于因借，精在体宜"的造园精髓，"因"是因人、因地、因时制宜，具体表现为因水构园、因地成形、因地造屋、因地取材、因时制宜设计手法，"借"景是不分远近、内外，尽可能地吸纳美景为我所用，可以使园林内外贯通一气，融合为往复不尽的视觉空间，从而使人在园林中产生超然物外、天人合一的审美体验。造园的"因借体宜"原则中，"因借"是手段，"体宜"是标准，二者不可分开。造园家根据自然山水的特征来组合园林要素，以有机不规则形态和错综自然的布局来使人工与自然融为一体，组成有生命、浑然一体的园林艺术品。生活在古典园林之中，贝聿铭形成了对建筑、基地、现象、意念与历史的一些根本模式。

"就我的作品的形状而言，所有这一切即使没有产生直接影响，也给我输入了一种持久的形而上学形象。"[1]足见中国传统的文化和建筑对贝聿铭具有极其深刻的影响，培育了他精微的审美洞察力和对建筑本质的直观。出于捍卫精英文化的使命感和内化的贵族气质，贝聿铭始终坚守高贵、庄严，有意识地对古典形态进行提炼，探索稳定、踏实的美学道路。以人为本的伦理化建筑理念、苏州园林的长廊曲径、假山水榭、尤其是庭院式的布局，空间的开放打破了四壁的束缚，建筑与自然、室内与室外融为一体的环境设计，建筑屋宇与周围自然景观相辅相成的格局，以及光影美学的运用，在他数十年的建筑设计生涯中都有迹可寻。

---

1 廖小东. 贝聿铭传 [M]. 武汉：湖北人民出版社，2008：11.

作为一种复杂的现象，现代主义建筑不能简化为单一的生成原则和独家的风格描述。现代主义建筑运动这一宏观背景下，在共性与个性、普遍与特殊之间依然存在着一个基本的矛盾状态。第一代现代主义建筑大师以纯熟的手法和深入表达一种理想世界观的能力，超越风格而触及价值本身，将新时代意志转译到空间中的设计，把形式消减到最震撼的简单几何体，创造了由线条、体量和空间组合而成的形式语言，凭借其独特的连贯性和整体性深刻改写了一个时代的基本观念，成为新传统的开创者，把时代的波澜壮阔筑进钢筋混凝土的丰碑。

每个建筑师都有自己的生活轨迹、师承关系和自己的语汇。格罗皮乌斯、布劳耶致力于一种机器灵性和从旧禁锢中解放、具有新的空间理念的现代生活方式。柯布西耶对"建筑五点"的执着表达，将模数与黄金分割比联系起来形成完整的比例系统。密斯通过钢框架和玻璃对功能和技术的忠实表达，发展出一种矩形、抽象、具有古典式的均衡和极端简洁的风格。不协调、四维分解、悬挑结构、时空连续，赖特发掘出空间与形式的强烈冲突，把墙仅仅作为内外空间之间的垂幕来设计，实现建筑、城市与景观的再组合。阿尔托对场地的敏感和对地方文脉的开放态度，以现代方式对传统进行提取，包含所有组成部分与细节的简单而活跃的形式，实现视觉环境中的放松和弹性控制，动态的完形和整体的融合。

作为"正宗的包豪斯的接班人"[1]，贝聿铭对现代主义的内容、实质、精神都有很好的认识和把握，始终对现代主义保持崇敬和严肃态度。贝聿铭学习了这些先例的原则而不是表面形式，与早期现代主义运动中那些经典作品间复杂的联系，精英主义的价值观所追求的视觉品质和深度象征意义，任何潜在的影响都被纳入个人风格的逻辑之中。在某种程度上，可以辨识出第一代现代主义建筑大师相当深度的个人作品中共有的观念，和蕴含着为不同国家气候和文化作出变化的线索。作为第二代现代主义建筑大师，贝聿铭处在一个传统的发展者的位置上，不论探索什么新意义，不论需要处理何种功能，变革的发生只能基于或作用于早期现代主义建筑大师各具张力的作品所奠定的基础上。贝聿铭保持现代主义建筑的功能主义、理性价值和结构特色等合理内涵，坚持基本几何形体的审美价值，发展现代主义建筑的伦理价值，转向对地域的或民族的连续感的回归，找到现代技术、形式与多元因素结合的可能性，以对形式创造的娴熟技能和对技术表现的精细把现代主义建筑提升到极其精美的境界，同时以形式本身存在的独立性与精神意义唤起人们不同的历史记忆。

1　王受之. 世界现代建筑史［M］. 2版. 北京：中国建筑工业出版社，2012：329.

第三章　贝聿铭现代主义建筑美学的赋形与嬗变

　　建筑在本质上就是对意向、功能、结构和技术赋予形式的过程，建筑正是以它的形体和构成的空间给人以精神上的感受。贝聿铭属于实践型建筑师，作品很多、论著则较少，他被誉为"现代建筑的最后大师"，对建筑理论的影响基本局限于其作品本身。贝聿铭作品以公共建筑、文教建筑为主，他设计的大型建筑在百项以上，遍布世界各地，代表建筑有美国华盛顿特区国家美术馆东馆、法国巴黎卢浮宫扩建工程、北京香山饭店、日本美秀博物馆、多哈伊斯兰博物馆。贝聿铭先后荣获了 1979 年美国建筑学会金奖，1981 年法国建筑学金奖，1989 年日本帝赏奖，1983 年第五届普利兹克奖，以及 1986 年里根总统颁予的自由奖章等，他在美国设计的近 50 项大型建筑中就有 24 项获奖。

　　风格的产生与探索方式是因人而异的，包括特定作品、个人语汇、共同元素和视觉标识。建筑是不断变化、发展的，建筑师也处在不断的变化和修正过程中。设计的本质是生活，贝聿铭认为建筑的目的是提升生活，而不仅仅是空间中被欣赏的物体而已。建筑必须融入人类活动，并提升这种活动的品质。贝聿铭从早期的作品到一步步走向成熟，他的设计风格并不是刻意形成的，而是源于文化教养和性情，按着对任务性质与环境特性的理解来产生能适应多种要求而又内在统一的建筑，其结果取决于避免仅仅去模仿前人作品表象，而是在传统的基本结构中赋予其意义的能力。

　　个人的创造依赖于对更早时期建筑探索的继承和转化，只有通过探讨形式背后的思想及趣味，才能读懂形式蕴含的意义。现代主义建筑的先锋时代已经过去，贝聿铭从既传统又进步的背景出发，凭借对建筑空间艺术的驾驭能力，将设计源泉融入自己富于想象力的宏大架构并转化为几何、光线、色彩、质感、比例、尺度、韵律等独有的表达形式，不牺牲任何现代主义建筑的原则，将使用功能、场所精神、历史文化等各种不同来源的影响结合在一起并超越了它们，将传承的图式升华、纯化、提升为诗话表达的产物，使强烈的秩序感和古典精神成为思考象征性的深度和本质、个人风格的表达要素。

第一节 贝聿铭建筑创作的历程

一、早期现代主义风格的典范：1950 年代

1946 年毕业后，贝聿铭在格罗皮乌斯研究生设计院做了一名助教，成为"一位平易近人又富有鼓舞力量的老师"[1]，跟随格罗皮乌斯就像加入以建筑拯救世界的"传教"活动，但贝聿铭相信建筑必须通过钢筋、混凝土体现自身的存在，还有将之与经济、金融互相结合的能力，因此他很快走出了象牙塔和"概念设计"的避风港，希望参与一些真正的建筑业务。1948 年到了著名的建筑商齐肯多夫（William Zeckendorf）的公司，以地产开发商麾下的住宅项目设计师开启了自己的职业生涯。

1933 年在"新政"的促进下，美国兴起大量公用事业工程建设的高潮，1949 年的新住宅法提出了住房补助计划，提供十亿美元的联邦贷款来解决贫民窟问题，1954 年城市更新观念又一次成为住房法的核心，1961 年以解决不发达地区问题为主要目标的区域再发展法，都有力地刺激了城市的更新发展，同时也改变了城市中心区的社会结构。发展商制度使美国的建筑高度商业化、全面进入市场化运作。与其他商人不同的是，齐肯多夫这位当时美国最具影响力的房地产开发商，具有非常人的远见和胆识。在他的公司，贝聿铭得到的不仅仅是一份工作。同时，齐肯多夫也成为贝聿铭一生中最重要的挚友，从齐肯多夫那里贝聿铭学到了商界打拼和个人生活中的实用主义。在公司的 10 年里，贝聿铭学会的是从大视野中思考建筑，开始了解高端融资、城市规划、政府法规，以及对客户的交流和引导等。将程序、结构逻辑和现代条件客观性的感知转变，通过对简洁性的追求避免了沦为平庸，而理性也没有退化成满足房地产价值和经营科学的杂乱。技术和有限条件的均衡实用性和艺术性，使他有了基辅湾公寓大楼等早期带有典范的现代主义的作品。

海湾石油公司办公大楼（亚特兰大，1949—1950）是典型的"方盒子"，结构简单、造价低廉，但通过入口的顶棚、玻璃窗的细节、突出的立柱和创造性地将带有纹理的大理石板作为墙体，为建筑注入了韵律和精细元素。

齐氏威奈公司（纽约，1949—1952）中疏落有致的接待区，L 形的露天平台，是礼仪性和公共性最强的部分。贝聿铭借鉴巴塞罗那德国馆，采用富有中国情调的盘根错节的松树、大理石衬托下的青铜塑像、清澈可见的水池，探索"流动空间"步移景异的视觉效果。齐肯多夫的私人办公室设计成圆柱形，出于这个建筑比较严肃隆重的地位，建筑的主要形式将既

---

1 倪卫红.贝聿铭 [M].石家庄：河北教育出版社，2001：32.

定的制度等级体系体现得淋漓尽致，借以增强齐肯多夫走在时代尖端的形象。

贝氏私邸（卡托纳，1952），如同密斯的范斯沃斯住宅（Farnsworth House）自然环境中的亭台式住宅，用支柱架高的木屋整体形式被净化为底座、支撑和边框，并呈现出机械般的、悬空的形象。水晶般的钢盒子再次与古典的理想融合起来，仿佛把巴塞罗那德国馆的横梁结构、悬臂梁和浅薄的墙面与空间概念交织在一起，体现了公共与私密、人造环境与自然世界之间的理想平衡，以迎合随意的生活方式、抵抗现代城市的无根基以及不停变动的状态。

里高中心（丹佛，1952—1956）为23层的商业楼，挂毯式的幕墙衬出深灰色铝制镶板，匀质的室内平面在立面上通过重复的柱距表现出来，垂直的竖线条纵贯整个立面，确保了统一的韵律和纹理，增强了建筑的垂直视觉张力。巧妙地以庭院、水池、下沉广场丰富了楼与楼之间通常被忽视的空间，开拓性地在市中心商业建筑中实现公共空间与私人空间的良好结合。

在基辅湾公寓大楼（纽约，1957—1962）设计中，贝聿铭证明了低成本建筑也可以创新，为简化建筑方式，贝聿铭将混凝土倒入模具，成型后直接作为楼体，将结构和表面层、外部和内部的设计合二为一。无框玻璃直接置入混凝土墙，蜂窝状的外立面、凹陷的窗洞等水平元素更突显了立柱的垂直感，辐射型的门楣超出了密斯式的风格，强调了混凝土外层的可塑性，代表了贝聿铭从密斯机械美学向柯布西耶雕塑式表达的转型。两栋相互错开的板楼平行于城市的网格，中心花园为所有人提供关于光、空间和绿色的深层愉悦体验，将人、自然和建筑密切地联合成一个整体。表达一种相互关联的社会组群，一种统一的意志、一种"中心"意向及深远的都市体验。

在社会山项目（费城，1957—1964）中，贝聿铭将高层塔楼与联排的楼群和殖民风格的历史建筑以绿色廊道相连。远离历史建筑的三座塔楼简洁、利落，平面呈风车状，既保持了平衡又体现了雕塑般的紧张感。新建的联排住宅窗户上石灰石的中楣建立了与塔楼的关联，并通过反衬与周围的历史建筑相互补充。同样在麻省理工学院地球科学中心（剑桥，1959—1964）和东西文化中心（夏威夷，1960—1963）项目中，贝聿铭"并不在于建筑自身的设计，而是创造一系列的背景建筑，最终通过它们组成的整体来定义并塑造空间。"[1]利用共同而又多变的设计语言，使建筑既与整体环

1　[美] 菲利普·朱迪狄欧，珍妮特·亚当斯·斯特朗. 贝聿铭全集 [M]. 李佳洁，郑小东译. 北京：电子工业出版社，2015：67.

境完美整合，向景观和阳光开敞，在造型上又自成体系，在环境衬托下独树一帜。

20 世纪 50 年代，房地产公司参与的大规模城市开发项目为美国人解决了工业革命后残留的都市问题，不只是知识分子理想主义的结果，而更多是社会需求的结晶，其核心的内容是美国流行的实用主义立场。"城市重建"时代，贝聿铭有机会将格罗皮乌斯、密斯和柯布西耶的理论运用在现实生活，娴熟地在建筑中将功能与技术的理性之美展现出来。进行城市更新的经验让他能够从整体城市规划的角度看待问题，包括在环境规划、细节处理和技术专长方面的优势。虽然早期的设计带有明显的模仿痕迹，但贝聿铭设计的和都市主义相结合的建筑，体现了精确的功能分析、形式上的抒情以及社会理想的综合运用，契合了新住房计划对社区形象的关注和严格的社会秩序的暗示。此外，贝聿铭还将低成本材料纳入审美的范围之内，探索出因材料自身而呈现出来的新的、有意义的建筑美的形式。但长期从事低成本住宅设计造成思维模式的僵化，同时缺少具有纪念性的工程很难提升声誉，1960 年贝聿铭决定自立门户，与亨利·考伯开设了联合事务所，正式与齐肯多夫分道扬镳。

二、探索形体和空间：1960 年代

在搜寻新方向时，贝聿铭心中暗自欣赏格罗皮乌斯不以为然的夸大灯光和历史性建筑物所凝聚的力量。这是一次电光石火的相遇。贝聿铭说："我的建筑教育就是在那个时候开始的。我第一次张开了眼睛……如果再早些时候，我不会有如此的领悟。那就是完美的时机。"[1] 这趟旅程启发了贝聿铭，使他跳脱建筑学院训练的僵硬限制，探索出日后成为他个人标志、发人深省的几何图形。1960 年代确实成了"贝聿铭的 10 年"，美国大气研究中心是贝聿铭成熟期作品的第一道光芒，流露出成熟期的从容自信，放任自己在现代形式上加一些雕塑戏剧风味，热情追求着强有力与单纯的意象。

路思义教堂（中国台湾，1956—1963），这是贝聿铭接受的第一个独立项目和宗教建筑，也是其创造逐渐成熟的一个范例。教堂是天堂的象征，具有属于精神领域的理想色彩，气氛神秘、形式庄重，教堂设计是一个需要某些传统形象的语境范畴、宗教体验和玄学体验。路思义教堂基底为一个不规则的六边形，贝聿铭借鉴中国古代寺庙的金瓦和哥特式建筑尖顶，用四块劈椎曲面体组成教堂空间，内部高 20m 没有任何支柱，采用悬臂结构支撑。双曲面薄壳，既为室内创造了高峻的崇神气氛的体形，顶上形

1 ［美］菲利普·朱迪狄欧，珍妮特·亚当斯·斯特朗.贝聿铭全集［M］.李佳洁，郑小东译.北京：电子工业出版社，2015：67.

成的十字沟照亮了室内，加强了空间的宗教气氛。"贝卢斯奇认为，宗教建筑的艺术本质在于空间，空间的设计在教堂设计中具有至高无上的重要性。"[1] 光线从两对壳体重叠出的玻璃缝隙射入，暴露在外的支撑肋使结构的受力分布一目了然。从露天空间走向神圣的中心，这个移动本身就是一段重要的礼仪性历程。建筑形式和建筑精神所体现出的神圣空间的效果基于最单纯的含义，贝聿铭不依赖任何显见的教堂类型，用现代的结构实现了纪念性的形式和宗教空间，基本几何形、古典原型、地方灵感结合成难以捉摸的静谧意象来唤起一种宗教感。

纽约大学广场公寓（纽约，1960—1966）给了贝聿铭更大的美学发展空间。他再次使用"风车转轮"形的布局，三栋塔楼都朝向纽约大学广场，其中两栋平行的长边与另外一栋的短边垂直，并通过内部一条道路分开，建筑群全体通透并在内部形成流动空间。混凝土剪力墙上嵌有窗格及狭长的槽窗，统一于结构中的力学技巧与美丽的形式之间，结构、体量以及功能区别通过一种严谨而微妙的方式得以表达，主体板楼庞大的竖向体量、素色材料的光线上的处理，突显了优美的比例、相似元素的对比、节点和近乎手工艺的精美。

国家航空公司航站楼（纽约，1960—1970）与埃罗·沙里宁表现主义的有机形态不同，贝聿铭以一个大跨结构的玻璃大厅创造了开阔空间的连续感，夹层设有商店、餐厅和休息室，宽阔的开放空间有利于各项功能的重组，对内部人流作出合理安排。玻璃大厅靠前后各 6 个、侧面各 2 个的混凝土立柱支撑，而且玻璃本身就是楔，受力结构简洁清晰，天花板保留了空间梁架的交叉图案并强调了建筑的统一性。通过对纯粹结构、通透空间和室内照明的运用，每个符号元素都被有机地整合起来，形式简单而寓意深刻的建筑实现了一种宁静平和的风格。

美国大气研究中心（科罗拉多，1961—1967）是贝聿铭事业起步期遇到的需要"彻底转换思维"的最大的机遇和挑战。其位于落基山脉平顶山，大气研究中心的创立者罗伯茨博士期许，"我觉得，中心应该像一座寺院，而且是全世界最杰出的美丽寺院。"[2] 伟大的美洲抽象建筑都是大地建筑，充满美洲大陆辽阔的景观、属地感、地理形态以及人们的记忆。贝聿铭从印第安人土著 13 世纪在这个地区山岩上建造的严峻、简单、朴素的石头居所吸取灵感。与山体一样色泽的、庞大的石质体量在一片由巨石铺成的平台上升起，以简单的长方形混凝土建筑结构突出纵向立面和向上的崇高感，将窗户开在狭长的纵向玻璃带上，减少以窗口为重点的设计与巨大的山脉

1　罗小未.外国近现代建筑史［M］.2 版.北京：中国建筑工业出版社，2011：280.
2　倪卫红.贝聿铭［M］.石家庄：河北教育出版社，2001：58.

之间尺度上的不协调。延伸的水平线呼应着岩石分层，人造与自然的横向片段在或大或小的尺度上被编织在一起，将自然灵感用"通俗化"的手段体现在建筑中。

好像一整块巨石砍凿而成的朴素形态，内部分成不同的"小区"，每个地点之间由多条互相重叠的线路连接，在众人协作的共享群落与个人独自冥想的思考群落之间保持最大的灵活度，这正是贝聿铭一直苦苦追寻的打破包豪斯学派的僵硬限制、跳出"现代思维定势"、尝试建筑与景观理念的契机。与之前设计的简洁、功能性建筑大相径庭，清晰的体量、极简抽象的形式、强有力的轮廓，与落基山脉戏剧性地并置，前景和背景被压缩在一起，景观、大地色彩及广阔的空间作出了回应，周围景观反而在人工物的主宰中更加衬显了出来，为现代主义建筑形式增添了雕塑般的艺术效果。

艾佛森美术馆（锡拉丘兹，1961—1968）是贝聿铭挚爱的作品之一，既是对之前作品的总结，又是在此基础上的一个飞跃，因为"在这里，我是第一次真正探索了形体和空间。"[1]在一片不受其他项目制约、毫无背景的城市沙漠中设计一栋"孤楼"给了贝聿铭驰骋想象的自由。整座美术馆坐落在一个平台上，一侧是行政楼，另一侧是礼堂，两翼都有一部分沉入地下。四个大小、高矮各不相同的展厅像风车一样，围绕中心一个二层的雕塑展厅，以悬臂向外的 L 形作为基本造型，厅与厅之间用玻璃窄槽连接。

贝聿铭以立体派的方式创造建筑的容积感，强调建筑的环境原则和多元因素原则，运用现代技术来释放更多的地面空间，创造秩序井然的环境，采用允许某些构成部分漂浮起的方式，探索超越"空间之实"的传统建筑美学。实体部分用混凝土连续浇灌，产生如整块巨石砍凿而成的效果，外表皮露出红色花岗石斑块呼应着城市的肌理。同时关注于地形的轮廓以及建筑单体间的空间过渡，各个展厅由中庭分割又通过围绕着中庭的通道相连，空间因相互错动的搭接而显出动态，不存在统领全局的轴线，漫步其中会感受到不同的能量场。中庭的高潮是有力的、钢筋混凝土的螺旋楼梯，在三维方度上赋予整体组织以活力。

联邦航空局空中交通管制塔（多地，1962—1965）的控制塔由控制室、塔身和底座三部分组成，顶端的控制室采用不定向的五边形，塔身在顶部呈喇叭形与控制室连接，底部则稍稍展开以增加侧支的稳定性。严格的视觉控制、形式语言，设计的力量在简洁之中，每个细节都是纯功能的设计，在有限的空间里将技术程序清晰地表现出来。对功能清晰性的

---

1 [美]菲利普·朱迪狄欧，珍妮特·亚当斯·斯特朗.贝聿铭全集[M].李佳洁，郑小东译.北京：电子工业出版社，2015：89.

极度追求，以简洁而有序的方式，共同的视觉主题与表现模式，成为航空安全的象征。

克里奥·罗杰斯纪念图书馆（哥伦布市，1963—1971）的选址正对埃罗·沙里宁（Eero Saarinen）的第一教堂、西邻历史建筑欧文府，贝聿铭建议将图书馆位置后退，在三者之间修建广场，远远超过了对建筑的基本功能需求，试图创造和谐感解决分散化的问题。图书馆朴实的砖结构与广场浑然一体，为呼应欧文府的阶梯式，屋檐东面采取缩进，延展的西面通过落地窗借景第一基督教堂，通过带天窗的院子开放背面，广场上以亨利·摩尔的雕塑"大拱门"整合全局，在可辨的整体中表达个体单元。丰富而精致不对称的动态感，体现在动态的空间概念、所表现的城市生活图景以及形式与结构的处理之上，涵盖了适合现代生活的空间、时间概念。

在美国人寿保险公司（威尔明顿，1963—1971）项目中，高层建筑盒式框架视觉形象被抛弃，背面插入一座四层的条状建筑，作为与旁边教堂尖塔和意大利风格威尔明顿会所的景观缓冲。塔楼将设备层分置在两端，创造性地以横跨塔楼长边的梁作为承重结构，无支柱的办公空间具有完全的灵活性，无棂条的、采用搭接结构的带形玻璃窗突出了开敞的结构，与带有清晰木头纹理的饰面板一起构成质感丰富的立面。

得梅因艺术中心扩建项目（得梅因，1965—1968），贝聿铭的任务是对 1948 年伊利尔·沙里宁（Eliel）呈马蹄形的地标性建筑进行扩建，新与旧之间必然存在着复杂的共生关系，需要在既有肌理和新功能间探索一种更为复杂而和谐的关系。贝聿铭在原设计三面庭院开口的一端加入一个矩形建筑，形成循环的回路，把庭院杂草丛生的一潭死水改造成装饰性的镜子般的水面。延续了原有的低矮屋顶的轮廓线，顺应地形的坡度建成低层的半地下雕塑厅。墙面经过凿石锤处理的混凝土表面，呈现灯芯绒般的质感，与原建筑金色兰顿石板材饰面相映成趣。

20 世纪 60 年代，相比较城市更新时期，贝聿铭在 20 世纪 60 年代独立之后承担的项目类型、规模更加多元化，宗教和文博建筑给了贝聿铭更多进行艺术探索的空间，1969 年艾佛森美术馆和得梅因艺术中心均获得美国建筑师协会（AIA）的国家荣誉奖。贝聿铭包容朴素的建造方式和敏锐的城市视角，使他更注重单一的建筑与所处环境的关系和社会秩序的视觉形式。将城市空间引入艺术中心，又使艺术中心赋予社区新的意义。建筑的塑造整体形态富于动感、非对称且随着观察者视点的不同而不断变化，通过对比例、尺度、光线、阴影和细节的仔细推敲使之人性化，并精雕细琢以获得最大的光影与立面效果。给标准化和重复的形式赋予强烈的庄严感，让建筑和环境融为一体，表达了艺术中心的开放性与公共性。

三、真正声名远扬：1970 年代

肯尼迪图书馆（多切斯特，1964—1979）项目真正使贝聿铭声名远扬，跻身于世界级建筑大师行列。1964 年，在生动地描述了根据建筑场地所作的设计、建筑材料的选用以及如何赋予这座建筑物以特殊的目的和意义之后，他深深地获得了肯尼迪遗孀杰奎琳的激赏。"当我们看到贝聿铭的时候，毫无疑问地，就是他了。他的工作就像他本人一样，带有诗意。"[1]

这座酝酿了 16 年之久，于 1979 年才宣告落成的图书馆，在贝聿铭的主导下最终选定在哥伦比亚角远端，从荒凉港口岛屿上的低矮丘陵到远方的开阔海域。主体由一个低矮的圆柱基座、一个空间框架盒和一栋像灯塔一样俯瞰岬角的十层混凝土塔楼组合而成，博物馆设在地下，图书馆和纪念馆在地上。贝聿铭将空旷作为纪念馆的精髓，以表现主义方式强化主题，富于表现性和隐喻的形式激发氛围，可识别的非集权的纪念性回应民主精神。饱满的形式散发着灵韵和意义，为人们提供寂静、思考和怀念的理想空间。在水天相接之处如一曲灯光和大理石、色彩和玻璃的交响乐，在美国建筑界引起轰动。《纽约时报》认为，"这是完美的剧院、高超的艺术和政治形象……这栋建筑物有力地说明，建筑是象征主义的强大工具，是环境和感情反应的极其有效的塑造者。"[2]

加拿大帝国商业银行（多伦多，1965—1973）是由四栋大楼组成的建筑群，包括一座占据市中心制高点的摩天大楼和银行原有的旧办公楼。贝聿铭对旧楼立面进行改造，在面向新塔楼的一侧开了新的入口，新楼以石灰岩覆盖以保证与旧楼的协调。将四栋建筑呈风车状排开，形成既通畅又整合各栋独立建筑的公共空间。为了呼应露天广场和喷水池的形态，塔楼的底部设置了三层高并完全透明的大厅。大跨度的梁和立柱以巨大的不锈钢片包裹，贝聿铭尝试用不锈钢滚柱在楼的表面作出点状浮雕，并采用灰色反光玻璃，展现了密斯般简单极致的美。

贝德福德 - 史蒂文森超级街区重建项目（布鲁克林，1966 1969）的重点不是建筑，而是改善整体环境设施。处理单体住宅的特殊环境、其在社区中的位置以及从公共到私密的过渡，以大街定义了主要的街块和实体特征，基于街区尺度的大量体面的住宅，通过节奏、肌理、尺度和色彩清楚地表达出来，建筑的窗户、角落等细节十分精致，在疏朗的树木和巷道的映衬之下，给整个社区统一的主题和印象，赋予了体面和尊严。贝聿铭与景观设计师保罗·弗里德曼（Paul Friedman）合作，将不必要的街道封住，加入喷泉、浅水池及座椅成为街区广场，街道系统成功地表达和体现理想

1 张克荣.贝聿铭［M］.北京：现代出版社，2004：84.

2 倪卫红.贝聿铭［M］.石家庄：河北教育出版社，2001：80.

社区的象征意义。

在达拉斯市政厅（达拉斯，1966—1977）项目中，高34m的市政厅如同一个"地景建筑"，倾斜的造型从上至下形成34°的坡度。从表面看，大楼由3个塔状楼梯间支撑，主大厅呈桶形穹隆状，北面办公室等高，南面逐渐变化，采用网格结构统摄整体。贝聿铭在建筑中加入个性元素，以一种更加粗放的方式重新演绎清水混凝土技术。以强烈的尺度对比、夸张的不规则的外部体量来表达轮廓和秩序。立方体体量通过戏剧化的悬挑构件，成为具有肌理、路径逐渐抬升的动态构图。从纪念性和粗糙的混凝土表达方式，呼应西方民主和进步神话，实现精致与原始的完美结合。

赫伯特·F·约翰逊艺术馆（康奈尔大学，1968—1973），是一个配有展厅、工作室、资料室、报告厅等多种功能的教学艺术馆。从地理位置看，前面紧靠康奈尔校园最最古老的建筑——人文院，背后是跌落的峡谷。贝聿铭设计了一个中空的通透塔楼，高度及用料与人文院保持一致，内部空间从开放到封闭，大小高低变化丰富，从房间向外望的自然画面框景通过室内柔和的光线、直接而又微妙的材料组合和与日常自然季节的变化等因素充满生机地融合得以实现。

保罗·梅隆艺术中心（沃灵福德，1968—1973）作为相邻两个大学预科学校之间的通道和校园的中心，贝聿铭用立体主义的手法处理相互连接的两个方形的虚与实、分离和连接的关系，将包括四分之一圆的剧院部分和包括教室、展厅、办公室等设施的艺术楼独立成型，创建了一个沿对角线方向的露天通道。两者呈分离状态又通过墙体实现屋顶及地下室相互关联，结构的细节向人表明了各种构件的组合方式及建筑的有序法则。

华侨银行中心（新加坡，1970—1976）是当时东南亚最高的建筑，贝聿铭由繁化简，做成3栋15层高的塔楼叠加在一起的效果。结构的中心是位于两端的半圆形核心筒，每15层采用巨大的钢制桁架把承重传递给结构核心。曲线和矩形空间、通透与厚重的建筑构件的戏剧化阐释，通常类型的分隔和固定网格在内部被打破，以创造一个完全连续的工作场所。结构创造出安定有力的形式，墙体部分采用花岗石，体现企业坚如磐石的形象。

来福士广场（新加坡，1969—1986）是贝聿铭职业生涯中规模最大、耗时最长的项目，是一个集办公、生活、娱乐的复杂功能的巨大综合社区，包括地面以上7层的裙房和4座高层塔楼。裙房的平面呈风车状，每侧呈现半圆形转角，塔楼的布局通过在普通的正交几何形中的扭转而来。超级社区的中心有0.6ha的中庭被舞台板的隔墙分割成丰富的私密空间，成为巧妙联系城市景观的空间、内部街道和尺度过渡的中介建筑。

在劳拉·斯佩尔曼·洛克菲勒学生公寓（普林斯顿大学，1971—1973）

项目中，为了保护校园里的林木，贝聿铭将宿舍分成了8栋三棱镜式的低层小楼，所有的公寓楼一左一右交替排列在一条明确的中轴线上。公寓楼之间由较高楼层的跨桥相连，跨桥镂空的地板投下斑驳的光影。公寓分为一居室和四居室两种基本形态，围绕带有天窗的入口大厅和楼梯间布置，三角形的露台

图 3-1　美国国家美术馆东馆
摄影：刘长安

与房间的形状形成对比，低调且舒适。整个工程都采用预制混凝土的墙板和地板，施工拼装的工艺清晰地表现出预制构件的交错搭接。

美国国家美术馆东馆（华盛顿哥伦比亚特区，1968—1978）（图 3-1）的地理位置十分显要和复杂，位于城市中心广场东西轴北侧，东望国会大厦，西望白宫折中主义建筑和新古典主义的西馆，而它所占有的地形却是使建筑师们颇难处理的顶端为尖锐三角形的狭长楔形，严谨对称的大环境与非规则的地段形状构成了尖锐的矛盾冲突。经过一段时间的内心挣扎，"我在一张信封后面画了个梯形，再画了条对角线分割出两个三角形：一个作为艺术馆，另一个是研究中心。这便是开端。"[1] 平面是由一个等腰三角形和一个直角三角形拼合而成的布局，回应了梯形基地变换的压力，等腰三角形部分是展览区，直角三角形部分是研究区，建筑平面形状与用地轮廓呈平行对应关系。

贝聿铭没有援引历史案例，而是以现代的方式重新思考过去的经验，"在无法抗拒、黯淡无光的现代建筑城市里，突破险峻的政治压力，完成一座宏伟的现代化建筑。"[2] 为了使这座建筑物能够同周围环境构成高度协调的景色，贝聿铭精心构思，将等腰三角形与老馆置于同一轴线上，直接呼应地段环境，使莫尔街的纵向伸展得以持续。外表墙面使用与老馆相同的大理石材料，采用同样高度的檐口高度，与老馆形成对话，有一种冷静而坚实的特征。

传统的矩形空间朝着明确的灭点延伸，而三角形却提供三种透视效果，为防止多个灭点导致方向感的丧失，内部经过精心设计的视觉线索引导着参观者，创造性地把室内空间不同高度、不同形状的平台、楼梯、斜坡和

1　张克荣．贝聿铭 [M]．北京：现代出版社，2004：122.
2　张克荣．贝聿铭 [M]．北京：现代出版社，2004：119.

廊柱交错相连。三角形的符号反复在各个地方出现，呼应建筑的形式特征。参观者可以体验在多元透视效果中，通过一系列严格的几何法则而结合在一起的变幻莫测的事件和偶遇。中庭以几百面形状不等的小天窗构成 25 个相互连接的四面体取代天花板，冲淡正厅的庞大规模，室内布置四棵以菲克斯树，提高了较大空间中的亲切感，缓冲了空间压缩感和深度的错觉以及尺度与透视效果的错觉。

造型与所处环境和谐、空间处理独具匠心、材料考究和内部设计精巧使东馆具有雕塑般有力的体块形象、纪念碑式的气度和浓郁的时代感。建筑界最有影响力的评论家哈克斯特伯尔评论说，"我们习惯了与无把握的过去达成局促的妥协，而这种妥协的结果便是，僵硬的中庸规则成了我们这个时代华盛顿最佳和最差建筑的特征。现在，新建的东馆将打破这种局面。那幢大楼将成为永久性的伟大建筑。"[1]

波士顿美术馆西翼（波士顿，1977—1981），和美国国家美术馆东馆一样，波士顿美术馆西翼也是在原馆古典主义风格的基础上加建。西翼围绕着原来的老白楼而建，体量较小但相对独立，外表巨大部分是实体墙，入口以一根深色的圆柱支撑一道光洁的横梁，弧形的墙面向美术馆入口延伸。西翼的中心构图是近 80m 长的筒形拱穹隆式玻璃采光顶，在自然光线下中庭将各个画廊和纪念品商店、咖啡馆等公共空间联系起来。在二层的主要展厅，贝聿铭采用 4.5m 见方的藻井式格栅天花以结合自然光并隐藏人工光源，与预制墙板配套可以根据展览的规模按照需要划分空间大小。

20 世纪 70 年代，诠释历史的独特方式奠定了贝聿铭作为世界级建筑大师的地位。美国建筑界宣布 1979 年是"贝聿铭年"，授予他该年度的美国建筑学院金质奖章。对于城市的历史和意义进行深入思考，寻求满足新需求的创新途径与历史连续感之间的平衡，这些特色在这一时期的设计中得到了充分的体现。最为原真性的创造总是在传承古典原则、类型和内在理念的同时，为之注入新的意义和形式活力。受汉考克大厦的影响，贝聿铭转向美国之外拓展业务。但他始终坚持精品建筑的概念，在结构基础上表现作品深层的建筑和空间实体，设计新颖、造型大胆、技术高超，使用标准化结构却避免了产生单调，以抽象的几何和层次创造了丰富感。通过整合建筑之间地面和地下空间上的错落关系获得新的秩序，设计中各要素的主要联系和张力显得更为活跃。

四、成为空间艺术大师：1980 年代

在这一阶段，贝聿铭"真正有机会可以探索光线的丰富变化，以及形

1　倪卫红．贝聿铭［M］．石家庄：河北教育出版社，2001：116.

态和空间的神秘性"，自主的艺术创作层次，多点透视摆脱正交网格有限的空间可能性，提供丰富的空间体验，同时他的现代风格建筑作品里一直都掺杂着天生的东方元素。关注建筑之间空地的空间品质，标准化和清晰的规划结构充满了佩夫斯纳所推崇的现代主义建筑的"平静"和理性形式。比例精致的竖框结构，表面上保持空间体积的延续性。

IBM办公楼（帕切斯，1977—1984）位于天然的山坡上，四周是悦目的山毛榉、银杏和大面积由荒置农田改铺成的草坪。贝聿铭采用三段式结构，从中央核心延伸出去的弧形双翼与周围环境融为一体。中央部分是锯齿状的平行四边形，打散了整个建筑的庞大体量并增加了转角办公室的数量，中庭宽敞而气派，两侧扇形办公楼也以类似的方式围绕着带花园的前庭。从外部看高反光的玻璃将自然的景致无限延伸，建筑两翼转角处楼梯间外部的螺旋形坡道，增强了建筑动态体系的戏剧效果。

得克萨斯商业银行大厦（休斯敦，1978—1982），这座经典而又独特的塔楼高75层，314m，贝聿铭将四方的管状楼西角削掉45°斜角创造出宽26m的建筑第五立面。其余四面在花岗石表皮下包裹钢筋混凝土的管状结构，并通过新型锚固系统紧密结合。第五立面没有支柱，底部空出五层高的大厅，从上至下全部由玻璃和不锈钢构成。塔楼只占场地的三分之一，空出来的面积作为广场和两侧花园，创造出一片重要的公共开放空间。

威斯纳馆（麻省理工学院，1978—1984）位于新旧校园的交界线上，被五栋规模、材料、风格各不相同的建筑环绕。巨大的混凝土拱顶悬在新旧校园主人行道之上，使威斯纳馆成为周围建筑的中心。呼应高科技主题的白色铝制饰板外观包裹着极具灵活性的内部空间，除了展厅、报告厅、办公室、实验室等多种功能，还包括四层暗箱剧院和公共中庭两个垂直空间。为了建立一个集成环境，贝聿铭与雕刻家斯科特·伯顿（Scott Burton）、画家肯尼斯·诺兰德（Keneth Noland）等合作，伯顿在前庭布置了曲线形的扶手、长椅，诺兰德则研究了墙板不同颜色的搭配。与思维方式不同的艺术家一起探讨形状、空间和光线，不是在工程竣工时把艺术品作为配件，而是让艺术品和整个建筑融为一个整体。

香山饭店（北京，1979—1982）是改革开放刚刚起步的中国政府邀请贝聿铭设计的现代化的酒店，贝聿铭把场地选在原皇家猎场香山。与官方期许的反光玻璃大厦不同，香山饭店规模不大、比较低矮，结合地形采取了一系列不规则院落的布局方式，与周围的水光山色、参天古树融为一体。香山饭店对贝聿铭来说，是探寻中国建筑艺术精髓的旅程。他不但多次到香山勘察地形、攀登顶峰、俯览周围环境，而且不辞劳苦地走访了北京、南京、扬州、苏州、承德等地，寻找灵感，搜集素材。贝聿铭结合了中国园林经典的轴线和收放自如的空间序列，让酒店从中庭辐射出去，客房不对称地分散在四周。飞檐、月门、窗槛、流水和白色抹灰墙面、灰砖线脚，所有这些元素在强化了国际化高品质的生活形象的同时，又具备了一种江南生活平静安宁的气息。贝聿铭将现代建筑艺术与中国传统建筑特色相结合，在建筑里找到一种民族性、地域性的表达方式。

莫顿·梅尔森交响乐中心（达拉斯，1981—1989）主要探索前厅、演奏厅和后台三个部分的空间关系。演奏厅及周围包厢被组织在一个矩形空间之内，使用有组织的网格体系规整、为达到最佳音响效果和视线而产生不规则的空间。为消减音乐厅传统"鞋盒式"巨大体量的视觉冲击，贝聿铭旋转一定角度在演奏厅外加了一层石灰石和玻璃结构的外壳，在平面上强调各组成部分之间内接或相切的关系。整个音乐厅西面由弧形的外壳包裹，追求布局的不对称性，多灭点的运用让整个空间更具流动性，弧度延伸到步道、墙板、照明设备等建筑的每个部分，产生反复无穷的复杂形式。主入口立面运用二维空间的处理手法，形成一个巨大的"画框"，如同欧洲中世纪建筑和文艺复兴时期的杰作，形成了复杂的透视关系，增加了视觉上的层次感，使建筑构图在不对称的前提下更好地达到了均衡。

中银大厦（中国香港，1982—1989）地上 70 层、楼高 315m，建成时是中国香港最高的建筑物，赋予摩天大楼一种城市身份，代表了香港回归形势下银行对高技术和声誉的热望。"建筑和结构是不可分割的整体，因此我觉得建筑师如果不能意识到结构所蕴藏的力量，就不可能有好的设计。"[1] 这座大厦设计背后的推动力正是对结构的考虑，采用四面体叠加的造型、创新性的超级合成桁架和复合拼接技术。铝制板条显示出四角的支柱和中心的斜角支架，一串菱形的图案使结构一目了然。塔楼基座为巨大的花岗石，给人以安全、稳固之感，铝合金玻璃幕墙包裹的塔楼如同多面的水晶体，随着时间和角度的不同呈现不同的景象。

创新艺人经纪公司（贝弗利山，1986—1989）位于两条繁忙大道交叉口的一块不规则场地，贝聿铭设计了一个有弧度的翼楼，内为悬臂支撑的办公室，面向住宅区的一侧是石质楼面。蜜色的凝灰石不是标准的预制石板，而是按照建筑弧度设计制作的，一块块严丝合缝地拼接起来。建筑中心空间是设有天窗的中庭，开放的走廊、跨桥和楼梯给整个中庭带来灵动感。乔尔·夏皮罗（Joel Shapiro）的独立青铜像以及罗伊·里奇登斯坦（Roy Lichtenstein）的壁画，又为中庭增添了一份典雅和内敛。

在摇滚名人堂和博物馆（克利夫兰，1987—1995）项目中，贝聿铭"对传统根基十分重视，而这正是项目的核心，将摇滚乐变为值得尊敬的艺

1　张克荣.贝聿铭［M］.北京：现代出版社，2004：47.

形式。"[1] 虽然摇滚音乐不是贝聿铭喜欢的类型，但他要用建筑表达音乐的能量。名人堂位于伊利湖边，建筑由入口大厅和后面展览建筑几个不同的几何形体结合而成。被白色铝板覆盖的、雕塑般的体块从高49m的塔上冲出，圆形剧场高踞在从水中伸出的支柱上，立面形式上两个玻璃金字塔重叠的对比强烈，

图 3-2　卢浮宫金字塔外观
摄影：许艳

并将各个部分统一起来，管状的钢结构带有强烈的工业感。主要展厅设在地下，楼背面是一条亲水的步道，配有咖啡馆和露台的一层可俯瞰美丽的湖景。只有借由楼梯才可到达的建筑最高处，昏暗、神秘与之前的开放形成强烈反差，高背光玻璃上激光蚀刻的摇滚明星签名使纪念堂的致敬和象征性达到顶峰。

　　卢浮宫（巴黎，1983—1989，图 3-2）是时任法国总统密特朗"大文化都市计划"的一部分，是贝聿铭巩固自身巅峰地位所需的公开舞台。贝聿铭运用玻璃金字塔这种独特的、明亮的、象征性构造，将城市结构的解读和现代表达的多重性加以整合。把宽阔的中庭、学术与艺术交流场所、文化购物街等扩展的服务空间放入广场地下，并将庞大的服务空间与宫殿和城市交通有机连接起来，给经过几个世纪纷杂改建而窒息的宫殿带来了秩序。

　　金字塔这种最古老、最纯粹的几何图形可以在最小的体积内包容最大的面积，耸立在庭院中央的玻璃金字塔取卢浮宫立面的三分之一，塔身高21m、底宽30m，四个侧面由600多块菱形玻璃拼组而成，周围配有三个"小金字塔"和三个有喷泉的三角形清水池。晶莹剔透的金字塔可以反映周围建筑物褐色的石头，人们不但不再指责它，而且称"卢浮宫院内飞来了一颗巨大的宝石"。现代化的扩建符合卢浮宫复合式风格综合体的传统，玻璃金字塔完美无瑕的比例、静谧感、平面与体量、透明性和密实感、沉重与轻巧的关系都很精确，并与巴黎中轴线上的凯旋门和协和广场上的方尖碑连成一体，展现了建筑的简洁可以将当下的意向

1　[美]菲利普·朱迪狄欧，珍妮特·亚当斯·斯特朗.贝聿铭全集[M].李佳洁，郑小东译.北京：电子工业出版社，2015：213.

和对建筑中最恒久价值的怀念融合在一起。

20世纪80年代，贝聿铭走向了代表其毕生权力与名望的巅峰，一个全新的场景被创造出来，不仅仅是塑造实质环境，它明确表达了一个前所未有的合成体中与遥远的过去的联系及形式和意义创新的可能性。通过对比例和透明性的清晰控制和对材料的升华，贝聿铭力图澄清现代建筑与过去的真实关系，或者传统建筑与现代性的真实关系。他坚持纯净的几何是建筑的基本形式语言，在某种程度上延续了法国从古典主义到柯布西耶的几何精神。基于光线的自由现代空间与微妙布置的轴线及视觉焦点结合在一起，呈现出某种不可简约的气质。贝聿铭对于地域文化和传统的要求更为敏感，将建筑的日常功能融入设计，平衡历史和现代的解决方案，涵盖了历史的经验又不失自身的明晰风格，代表了现代主义建筑的自我转变和修正。

五、发现之旅：1990年代以来

卢浮宫项目促成了贝聿铭把眼光放得更远、对不同文明探索的开端，为他顺利转入"退休后"的项目提供了理想的平台。"从1990年开始，我就对造型没有任何兴趣了……创造另类精彩的建筑造型已经不是我所寻求的挑战了。我的新挑战是了解我在做的项目。最近我对于不同文明产生了兴趣。"[1]接下来几乎所有的项目都可以视为"发现之旅"，即在自己作品中对文化之魂的追寻。

四季酒店（纽约，1989—1993）位于美国最繁华的曼哈顿中心，作为当时纽约最高的酒店浓缩了最高水准的奢华风。酒店结构设计坚固而宏伟，顶部为十字形并用一组灯笼形状设计表明界限，外立面用石灰石。酒店大门宽阔，采用钢和玻璃悬挑的天棚，顶端以直径4.3m的圆孔装饰，气派的入口和具有舞台感的大厅将尊贵和奢华表现得淋漓尽致。贝聿铭采用现代抽象绘画语言，以可触知、三维的方式作出表达，变真实为错觉、错觉为真实，边界的轻微变形用来创造微妙的视觉张力和引起错觉的透视效果、通过谨慎控制厚度、体量及透明性，空间被戏剧性地挤压或释放出来。超越时间和潮流的典雅，使四季酒店成为繁华大街上夺目的地标。

"天使之乐"钟楼（京都，1991—1997）为宗教组织——神慈秀明会所建，他们的思想与日本的神道有关，主张建立基于自然、建筑和艺术之美的"人间天堂"。钟楼位于山崎实设计的、树木环绕下大理石铺设的广场上，通往广场的是一条曲曲折折的京都鹅卵石铺成的"圣路"。钟楼的设计灵感

1　[美]菲利普·朱迪狄欧，珍妮特·亚当斯·斯特朗. 贝聿铭全集 [M]. 李佳洁，郑小东译. 北京：电子工业出版社，2015：252.

源于弹奏日本传统乐器三味弦的"尺八"，显示了日本历史和它的结构功能的紧密联系。钟楼高 60m，底座为正方形，顶部挂钟部分为板状倒梯形，以白色花岗石作为包层，构造之美和艺术之雅接近纯雕塑。

美秀美术馆（京都，1991—1997）的设计立意源于《桃花源记》的意境，一个长长的、弯弯的小路通往远离人间的仙境，重现寻道者探索世外桃源的旅途。穿越山体的隧道、跨越溪谷的索桥、逐渐上升的山坡强调了时间的体验，将强烈的仪式感和周围自然景观编织在一起。在雾气缭绕、万绿丛中的美术馆若隐若现。参考桂离宫传统构造，与群峰曲线相接的屋顶、日式寺院式的步道、光影交错之下的月亮门，隐藏在造型中的三角、菱形、四面体等现代主义几何图形强调了清晰的轮廓和剪影效果。

整个建筑由地上一层和地下两层构成，地面建筑由南北两翼构成，打碎体量以呼应场地的多重尺度和肌理。进入正庭之后，不分前墙后壁，像一幅透明的屏风画，眺望群山、隐约可见的神慈秀明会神殿和"天使之乐"钟楼。天窗由错综复杂的几何形玻璃和钢管组合，设计了滤光作用的木质格栅，光线通过反射之后使室内出现一种温暖柔和的情调，唤起传统的日本竹帘式的"影子文化"，室内的壁面与地面的材料特别采用了法国产的淡黄色的石灰石。语言是对传统文化、意境的抽象而高度凝练的转译，宗教意识完美地以一种具有生命力和存在感的形式体现出来。

中国银行总部大楼（北京，1994—2001）位于北京西单的十字路口，"可以眺望城市的古老景致和现代风貌"。[1] 两栋 L 形办公楼围绕高 40m 的中庭，消解了采光等高密度问题，中庭作为公共空间和银行营业大厅。中庭花园装点的云南的石头和杭州的竹子，以及花园旁边圆形的开口带有明显传统文化的设计元素。主入口设在一角，接待大厅有挑高的天窗，整栋大楼由意大利米色石灰石包裹，外部地面用中国灰色花岗石铺砌，暗示建筑和银行的坚不可摧。

卢森堡大公现代美术馆（卢森堡，1995—2006）建在前图根要塞的遗址上，需要在"过分感伤的怀旧"和"患了历史健忘症"两者之间找到一个恰当的折中。基于对场地多层记忆的解读，贝聿铭在古墙的内部建新的建筑，为延续场地的悠久历史，依照原来的防御工事采用箭头形状的形式。大厅高达 43m，V 形建筑一边悬挑在 18 世纪堡垒的墙基上，一层包括一个带天窗的室内花园兼雕塑厅，自然光线让空间和造型活起来。实现墙体和玻璃、历史与现代的动态组合，对传统元素的不规则处理，使新建筑与周围环境古旧的特质绝佳地融合在一起，象征着城市从历史向不断发展的

1 [美]菲利普·朱迪狄欧，珍妮特·亚当斯·斯特朗.贝聿铭全集 [M].李佳洁，郑小东译.北京：电子工业出版社，2015：281.

现代风貌转型。

德国历史博物馆（柏林，1996—2003）紧挨 1816 年德国最重要的建筑师之一——辛克尔设计的、新古典主义的新岗哨（Neue Wache）。普鲁士国王在菩提树大街建设的军火库是柏林最古老的巴洛克建筑，贝聿铭的任务是在原来军火库的基础上加建分馆。贝聿铭以"透明性"解决地形和历史因素的制约，并与沉重的军火库形成了强烈的对比。新楼由军火库后街的地下通道连接到旧楼，同时在军火库庭院上空加建大玻璃天窗，四层的玻璃大厅和步梯给游客提供了欣赏周围原有建筑的开阔视野，新旧楼在三层和四层相连。为创造不同实体和视觉体验，新楼每一层的连接方式都不尽相同，最醒目的是全玻璃包层的螺旋楼梯。建筑主体采用砂岩，步梯和过梁用混凝土筑成。

奥尔亭（伦敦，1999—2003）是贝聿铭设计的尺度最小的作品，用于独立观景，其造型极具现代感的装饰建筑坐落在树林和农场环绕的英式花园中。贝聿铭把选址和风景优势发挥到极致，亭子是八边形，从底部大型柱状支撑进入，沿梯而上是 360° 全景视野。空灵的奥尔亭既能够欣赏庄园的全貌，又是视觉的焦点。

苏州博物馆新馆（苏州，2000—2006）位于苏州古城北部历史保护街区，与拙政园和太平天国忠王府毗邻，博物馆包括一个占地 7000m² 的展览馆，一个容纳 200 个座位的礼堂，古物商店、行政办公室以及文献资料图书馆和研究中心，另外还有一个空间用作储藏。苏州博物馆新馆和之前的香山饭店等建筑在三维空间上有所不同，原来的建筑都是平顶，而苏州博物馆新馆加入了一个"体量化解决方案"[1]，在屋顶设计上加入了构思精巧的斜坡，围绕一条漫游的路线布置，园林和建筑成为不可分割的一体。基本设计还是精心组合的直线形式，严谨的几何秩序与自然处于相互对峙和相互补充之中，充满传统文化的神韵再一次反映了贝聿铭对现代主义建筑和历史传统之间联系的探索。贝聿铭以一种现代主义建筑语言、材料的质感和灰白相间的结构，使建筑和其周围的传统建筑既相似又相异，既可以吸引大众，又可以与一个地方的历史和精髓相连。

伊斯兰艺术博物馆（多哈，2000—2008）是贝聿铭最后的大型文化建筑作品，位于多哈滨海大道一端、一座专属的人工岛屿上。博物馆如同漂浮在蔚蓝的波斯湾上，避免了淹没在周边环境及未来新建的高大建筑之中。当人们途经一排棕榈树、一条配有小瀑布的坡道，从喷泉广场走近这一艺术和建筑相融合的殿堂，整个造型简单而激烈的力量才开始凸显。博物馆

1 [美] 菲利普·朱迪狄欧，珍妮特·亚当斯·斯特朗. 贝聿铭全集 [M]. 李佳洁，郑小东译. 北京：电子工业出版社，2015：319.

白色石灰石的外观简朴、细腻，典型的伊斯兰风格几何图案和阿拉伯传统拱形窗，叠加成贝聿铭从伊本·图伦清真寺寻觅到的严谨和简洁。在几乎完全古典的平面上建筑被处理成大胆的中世纪化体量，不同曲线几何形在平面和剖面上相互渗透。十字形肋架拱顶连接起不同的空间，内部通过细节和工艺包含着对伊斯兰传统的诸多暗示，穹顶往下的圆形、八角形、正方形、三角形等几何图形，在光线的淡出淡入下依次变幻。向上弯曲的楼梯、连接不同展厅的玻璃跨桥可以从不同角度欣赏中庭的景观，对伊斯兰建筑空间的层次感和视觉模糊性进行了创造性的重新揭示。

20 世纪 90 年代以来，贝聿铭虽然年事已高，但创作力却不见减退，退休之后慎重地选择项目，痴迷于对不同文化和文明进行研究，对材料、空间和知觉等概念进行探索，致力于尊重地形与文脉的同时又不拒绝表达新的社会渴望。贝聿铭坚持在现代建筑语言中提炼原则和灵感之源，深刻领会复杂表面和结构中潜藏着的表现力。对历史习俗含蓄微妙转化而成的形式元素激起的空间的深层记忆，并没有降格为彻底的地方偏狭观念，而是用具有表现力的集合秩序超越"地方主义""传统主义"的范畴，其更高层次的意图是将自然、人和建筑融合为一个和谐的整体，这种对话存在于精雕细琢与一种基本几何方法的表达之间，运用形式、比例、材料和光的基本原则，加入了具有个人共同性的表现力，将不同氛围与内涵的空间连接起来，反映出当代建筑所承载的物质需求和情感需求之间的关系，同时要挖掘形式塑造和构成方式中更长远的连续性和一致性。

第二节　独特的建筑创作手法

一、光线

"建筑是在光线下对形式恰当而宏伟的表现"[1]，作为万物之源，光塑造着世界，是我们感知、认识空间的源头，也是一种塑造空间、表现空间和戏剧化空间的手段，在光影的动态对比中建筑的美得以呈现和丰富。古今中外的无数建筑作品证明，光是建筑空间的灵魂，对于建筑艺术的作用在历史上就已经被人们所重视和应用，并达到了很高的水平。从科学意义上讲，我们看到的是光线在实体上的反射，而非实体本身，我们视觉感知的空间是光线与实体相互作用的结果，因此光与实体存在着某种内在的联系，也就是说，光与实体存在着对应性。光是阴影不出场的证明，是一种能赋予事物生命的力量，散射的光线、反射的光线使空间充满了灵性，阴影作

1　[法] 勒·柯布西耶. 走向新建筑 [M]. 修订版. 杨至德译. 南京：江苏凤凰科学技术出版社，2014：95.

图3-3　卢浮宫金字塔中庭
摄影：许艳

为光线的附属品同样使空间洋溢着一种色调，一种情感。

伟大的建筑设计师一直都在追寻、探索怎样利用光线来做建筑。布劳耶让贝聿铭对光有了更深的了解，特别是光在建筑中的重要性。"光一直在我的作品中扮演着很重要的角色……没有了光的变幻，形态便失去了生气，空间便显得无力。光是我在设计建筑时最先考虑的问题之一。"[1]贝聿铭加强对四季光线中自然力量的感知，探索光以及建筑内部空间的表达，对光影作用于空间内部方式、样式进行实践与研究，使阳光成为建筑造型中的一个重要因素。

"让光线来做设计"[2]是贝聿铭的名言，以光为主要媒介的设计要素在他一系列建筑设计中得到运用。路思义教堂粗糙的混凝土梁与富有肌理的墙体、狭窄细缝中的光线，以及局促的空间，共同营造出神秘而超凡脱俗的氛围。中国香港中银大厦在光线的作用下，建筑表皮的部分物质属性消失了，在强烈的日光下楼体变暗，呈现出一种深邃的、森林般的绿色，即使阴沉的天色中依然光彩醒目，更突显了充满张力的均衡线条和强烈的意象表达。巴黎卢浮宫的金字塔（图3-3）是对光是建筑的色彩最好的阐释。在现代展馆建筑中，光影作为具有独特表现力的视觉元素，已经成为现代展馆设计中主要的特质。其功能不仅要满足人们的视觉生理"看"的需求，而且运用光线来不断地丰富结构，光影与空间、光影与展品互为基础、相互补充，使空间序列充满了戏剧性。贝氏私宅、奥尔亭以大面积的匀质、光洁的玻璃营造了一个开敞空间，其中柱网中的每个独立的柱子都承托着斜梁上的一块方形的屋顶单元，这一手法保证了完全光滑平整的边界和光的灵性尽情发挥。如同中性的光的容器，玻璃透明度的微妙变化，室内外的光线都呈现出一种柔和、不可名状的美。

对于大多数的设计师而言，光线是陌生的，或者说对其概念是模糊不清的。对光的运用缺乏科学性，因而对其效果缺乏预见性。贝聿铭则利用

1　[德] 盖罗·冯·波姆. 贝聿铭谈贝聿铭 [M]. 林兵译. 上海：汇文出版社，2004：29.
2　黄健敏. 贝聿铭的艺术世界 [M]. 北京：中国计划出版社，1996：9.

科技的手段使光影的表达方式更加丰富和有效。美国国家美术馆东馆、美秀美术馆等建筑，都使用了连续的遮阳百叶和屋顶的薄板，白色的百叶如同拉紧的膜，同时用呈角度的突出部分强化之，并将百叶置于纤薄的混凝土楼板上，保证建筑内部的自然采光，同时避免阳光直射，建筑兼具透明性与不透明性两种特性，通过光与影的忽隐忽现而保持建筑的活跃气氛。他的建筑语汇中不仅把光和空间当作实体来处理，并在设计时将阳光可能产生的光影效果充分估计进去，把自然光引入或反射到空间。美国大气研究中心、达拉斯市政厅、伊斯兰博物馆经过注重细节、严格控制的开口，将天空和阳光引入其中，后退的混凝土墙面渐渐消融在光线中，阴影几乎可以触摸得到，墙体充分利用了光线非物质的特性，通过塑造刻画，墙上的阴影仿佛就像真实存在的形体。

贝聿铭以塑造空间的视觉意象为核心，把光的诗意和空间的诗意融为一体，对光与空间的关系从根本观念上进行了重新审视。实体造型并不是要构筑孤立的视觉刺激，贝聿铭关于光环境的设计理念及其新的空间表现形式充分考虑了光与实体两方面互动表达空间的因素，并引入了水，水可以用来激起记忆，并产生各种想象，作为光滑的表面或有涟漪的边界。得梅因艺术中心扩建项目中庭院水池的倒影和抛光的石灰石地面、隐蔽角落的采光天井交相辉映。和公园相接的半地下雕塑厅，将巨大的玻璃窗镶在4m 高倾斜的墙面中，比柯布西耶遮阳棚巧妙的是混凝土屏风不是独立的附加物而是建筑的墙体本身，将缓和的阳光洒进室内，整个参观过程自然光线的变化无比生动。

由是观之，光影对于现代建筑设计的基础功能性、视觉传达及心理感受都有着无与伦比的作用。贝聿铭不仅以光和固体物质构建积极和消极的空间，在光学效果与诗化空间的融合中，镜面般的水池、跳动的喷泉、通道、房间和庭院的序列沐浴在柔和的光与水中，加强了建筑的尺度与视觉变化、运动与静止的交替体验，在整体的构筑中达到了一种互动的关系，真正实现了光表现浪漫的氛围，把人与造物合一的酣畅迷醉表现得淋漓尽致。通过水池、天窗、螺旋楼梯一系列具有不同光线和强度的层次，贝聿铭克制而适度地重申了对空间、光线、运动和内部安静等要素的关注，创造了实体、空洞、光和影之间的微妙关系。通过光与空间一体化的方法来塑造室内外视觉空间，斑驳而柔和、层次丰富的光影效果，建筑与光的精彩对话，以满足人们的视觉和心理的审美需求。

二、庭院

几千年前的中国古建筑，就已出现庭院的雏形。兼具采光、通风的作用，传统庭院的存在与发展，使它契合了中国传统的价值观、宇宙自然观和审美观。传统庭院是一个多层次的结构，表层由实体构成，庭院在建筑实体之间相互连接部位的公共开放空间以及内部公共交往大厅及其辅助部分，具有空间的界面、围合、比例等空间体形态特征。深层内涵精神受生活方式和文化观念的影响，庭院不仅是愉悦隐居的地方，也是中国人需求天人合一的媒介。庭院为室内外之间提供了完美的连续性，将自然景观引入建筑内庭的设计，烘托出建筑的自然氛围，使自然成为可在一定距离内欣赏的景观，引导人们看到自己的内心。

正格与变格，共同构成了传统庭院单元的形成法则和生长模式。一个建筑组群中最重要的部分，都采用正格构图，强调中轴线的统率作用，以适应礼法的要求。而就变格构图突破对称式格局的程度而言，大体上有转折、局变、错落三种形式。随着建筑材料、建筑技术的不断发展，中庭的形式也日渐丰富。中庭是建筑内部带有玻璃顶盖的内院，是以一个大型建筑内部空间为核心，综合多种使用功能，引入自然构景要素，着意创造环境的共享空间。由于人工物的介入使周围环境变得非常微妙，玻璃墙成为覆盖在图画上的玻璃，也成为一种将欣赏者与欣赏对象加以隔离的工具。建筑中庭空间设计是集建筑、室内和景观设计为一体，具有引入自然光、创造舒适的室内环境和良好的通风状况等显著功能。

受传统文化的影响，建筑融合自然的空间观念和回归伦理功能的价值诉求，主导着贝聿铭一生的创作。"自然和建筑仿佛阴和阳，它们相辅相成、不可分割……妥善处理自然和建筑的关系是建筑师的一项重要使命。在我眼里，室内和室外永远是一个整体。对于古代中国的士大夫来说，前面没有小花园的书房算不上书房。你得把两者作为一个整体来谈论。"[1] 因此与获得匀质空间为目的的现代主义建筑的惯用手法不同，贝聿铭由庭院衍生成内庭，由内庭延伸为光庭，十分突出"中庭"在建筑中的定位，从实体、空间两个层次探求传统庭院中蕴含的深层文化意念，寻找它们在当代庭院中的转换方法。将大自然的和谐萃取出诗一样的精华，使自然成为室内陈设的一部分，将室内外之间的相互渗透以一种幻觉的方式表现出来。同时，庭院这种半公共空间用空间代替实体，标识出具有中心性的现代建筑，满足人们强烈渴求与他人交流、与社会联系的感情和心理需求，正是基于这种需求，中庭建筑的运用才会彰显社会学的意义。图 3-4 为美国国家美术馆东馆内庭。

贝聿铭继承并发扬以庭院为中心的中国传统建筑模式，认为中庭空间的概念存在着多种价值的前景，初步形成了自己有关庭院的空间围合方式、材质的表现、空间的流动性等特质的设计方法。内向的中庭作为交通

1　倪卫红.贝聿铭［M］.石家庄：河北教育出版社，2001：177.

关节，取代独立的建筑的半封闭空间，从活跃的公共区域到内敛的庭院给人一种归隐的氛围，成为主要的社会性聚集地点。在纽约大学广场、加拿大帝国商业银行、来福士广场等建筑群中，贝聿铭善用风车状排列方式，形成既通畅又整合各栋独立建筑的露天广场。在容纳办公和商铺的底层建筑之间设计了步行空间，为后侧的高层建筑营造了尺度宜人的前景。通过公共空间的层次，运用结构的穿插、悬挑和流动空间，建筑框架的特征因平面或交通流线上的复杂弯曲而活跃起来，激发人们在开敞环境中的视觉和直觉体验，寻求一种更为复杂的城市意象。

图 3-4　美国国家美术馆东馆内庭
摄影：刘长安

到晚期，庭院依然是贝聿铭作品不可或缺的元素之一，唯在手法上更着重于自然光的引入，使内庭成为光庭。通过模糊的结构层次整合内部与外部，颠倒常规的虚与实、荷载与支撑、实体与透明的关系，同时运用了变换、不对称、旋转等手法来继承并发展了传统样式。如美国大气研究中心、艾佛森美术馆、得梅因艺术中心雕塑馆与康奈尔大学约翰逊美术馆等。这些作品的共同点是设置内庭将内外空间串连，使自然融于建筑，同时作为人们活动交往的空间，内外交通立体丰富，力图在展示艺术品的室内营造出城市街道的效果。北京香山饭店的常春厅、苏州博物馆的紫藤园则经由连廊、庭院和变换的轴线连接在一起的过渡式空间，彼此交织的花园、藤架和墙体，将庭院处理成分散的空间，使空间组织曲折多变、层次丰富。具有私密性和半私密性的空间体现权利意识，利用建筑重新联系个体和社会以达到某种自然秩序。

总之，贝聿铭对建筑中庭空间设计有较系统的认识，将传统庭院实体构成按照置换、穿插和重复等多种"句法"进行组织，娴熟地利用建筑小品、艺术品、植物和水面的点缀，从而创造出不同气氛的庭院形式。经过合成、贯穿、弯折、打破、透视、分割以及变形等方法，对原有庭院类型还原的时候，多种人工、自然元素的引入形成了多变的光线、阴影和纹理，增加庭院活跃的气氛。在庭院空间变体的创造中，把握住新的生活方式特点，将庄重严谨的品质与悠然闲适的心态巧妙结合，使抽象的庭院可游、可观、可居，

图 3-5　贝聿铭对几何的钟爱

摄影：许艳

使现代建筑散发出浓浓的中国韵味，让传统建筑含蓄内敛的美绽放在新时代的建筑之中。

三、几何

纯形式是现代主义建筑提倡的，线条承载了创作者的力量与能量。一件建筑作品的精髓应该是在概念和形式之间、独立分散的要素和精确的意图之间建立起的那个有机关联。贝聿铭的建筑设计被人称为"充满激情的几何结构"，以严谨的方式探索一种通用几何形体，运用抽象来强化自己设计的形式意义，来强化设计体验，赋予几何以精神意义及个人的启示，甚至用来让设计和自然力或不可见的场所精神产生共鸣（图 3-5）。

贝聿铭通过纯化建筑物的形体，尽可能去掉中间的、过渡的、形体特征不明确的部分，明确了一套基于基本几何形——方形、矩形、圆形等的形式类型学，并以之表达出形式与内涵间某些核心模式的多种关系。因此在贝聿铭的设计中，很少出现裙房和连接体，以自身的体量的效果来塑造建筑，没有底层部分打断主体的轮廓线，从而更加清晰、挺拔。另一方面，贝聿铭大胆采用三角形、菱形、梯形、五边形等不断丰富建筑语汇的几何要素，并通过在平面中将几何形叠加、在剖面中空间彼此咬合，把几何的表现从简单的单一几何体发展到复合几何体或多个单一几何体的组合。肯尼迪图书馆由圆柱体、三棱柱和立方体等多个基本几何形体构成，来福士广场四座高度不等的塔楼都采用了近于四分之一圆的"泪滴形"的平面，建筑的平面与曲面交替转换、对比强烈。达拉斯市政厅由下至上各层进深不断增大，横剖面呈直角梯形，中间有三处被由平面和曲面交混而成的不规则柱体所贯穿。贝聿铭将符合几何图形的处理方式建立在对比和组织原则的严密掌控之上，将其转化为一种腔调纯正的语汇。简单几何形式的多元组合、共同作用使建筑形式丰富而精致。

"我在信封后面画了一个梯形，在梯形里面画了一条对角线，这样就形成了两个三角形：一个给艺术馆，另一个给研究中心。一切就这么开始了。"[1] 美国国家美术馆东馆表明贝聿铭对建筑构图中三角形的运用日臻成熟，艺术馆是一个顶角为 38°的等腰三角形，研究中心是一个 19°锐角

1　倪卫红.贝聿铭 [M]. 石家庄:河北教育出版社，2001：111.

的直角三角形，中庭构成设计图上的第三个三角形作为纽带，使建筑具有了整体感。传统的纵横线的网格空间有固定的灭点，而三角形却提供三种透视效果，因此很多建筑师对三角形透视上的特殊属性望而生畏，贝聿铭却变不利为有利，"只要我能够多利用一个灭点，我就能创造出更加精彩的空间变化。"[1]普林斯顿大学学生公寓，平面为等腰三角形的八栋公寓沿轴线交替排列，三角形的露台提供了变化丰富的视角。中银大厦正方形的建筑平面沿对角线分成四个等腰三角形，每个三角形上升到不同高度，形成四个高度递减的三棱柱，铝制板条显现出四角的支柱和斜向支架，楼体立面形成一连串的菱形图案。

艺术的任务是使混乱的现实变得有秩序，在与一个充满了各种混杂语言的城市相对时，贝聿铭以建筑学古典法则为基础，通过引入严谨的几何形式作为混乱秩序的无声和不容置疑的对照。建立在几何基础上的理性布局，将轴线与重复的几何母题的巧妙结合，从部分到整体保持着一种均衡和节奏上的重复与变化。组成建筑的各个要素在相互交错中并置获得了对混乱的控制，创造一种不同方向上的变化和统一产生的空间张力。美国国家美术馆东馆等腰三角形底边竖起的立面，正位于老馆的东西轴线上。两者之间的广场上，玻璃天窗、喷泉、人造小瀑布都组织在中心位于中轴线的圆形之内。通过强化轴线设计在不同程度上与周围环境发生关联，从而进一步强化了几何形态上的对比，表达一种永恒质量的抽象秩序。在此基础上用一个具有集体性社会属性的核心空间来表达这一体系的主要内涵，表明建筑艺术背后建构秩序的强度及与更高、更丰富的精神内涵相通。同时，贝聿铭的几何模式并不武断专制，而对几何精神进行更具体、更充分人性化的表达，类似装饰设计诠释得更加清晰和易于接受，让人们联想到水晶、曼陀罗或其他根植于自然法则这一信仰的外在表达。

历史学家史古利说，"当世人早已摒弃现代美学之后，贝聿铭仍活跃不已，原因是他那怡人、宁静的几何图形蕴含一种与生俱来的均衡感。"[2]从文化角度进行深层次的思考，才能真正理解贝聿铭建筑形式的根本动因。贝聿铭将建筑视为一种几何符号，汲取多种来源的意象和观念，设法发展出一套符号化的建筑几何语言，由简单的几何形式单元的延伸、重叠、错位处理，强调视觉的力量和抽象的精神性。拓展建筑构图的几何类型，聚焦在更广阔景观中的强有力的线条，将隐喻丰富的几何主题充分呈现，勾

---

1 [美] 菲利普·朱迪狄欧，珍妮特·亚当斯·斯特朗.贝聿铭全集 [M].李佳洁，郑小东译.北京：电子工业出版社，2015：138.

2 [意] 曼弗雷多·塔夫里，弗朗切斯科·达尔科.现代建筑 [M].刘先觉，等译.北京：中国建筑工业出版社，2000：171.

勒他心目中人类相互关系和习俗制度的社会图景。同时推敲几何形式与技术，在传统建筑中抽取的单纯的几何体作为现代语言表达古典建筑精神最适宜的元素，也就意味着可以发现超越了物质文明的出路。

四、材料

"建造是一项整合各种建造材料和构件的活动。"[1]贝聿铭建筑作品抽象的秩序和魅力往往依赖简朴的建构理念、对材料本质属性及可能性的尊重。贝聿铭偏爱混凝土、玻璃、钢化和石材的结合，熟悉它们固有属性和作为建筑材料时所表现出的特殊优势，注重材料本性所激发出来的哲学，以充满敬意地适应和调整材料法则，以交流的方式实现材料中体现的现实性和神秘性的对话。

混凝土天生具有被粗削或抛光的石材所具备的密实感和庄重感，早期贝聿铭喜欢使用清水混凝土作为建筑材料，扩展了混凝土的语汇，使其呈现迥异的视觉品质。基普湾广场公寓将混凝土倒入模型成型后直接作为楼梯，建筑色彩呈灰色表现出一种谦逊的气质，配合简洁的几何造型，贝聿铭用这种质量类似液态石灰石的结构取代传统的砖石结构，转而进入寓意深远的雕塑水泥造型主义。美国大气研究中心项目中，贝聿铭从采石场找来了砂石，将它们加入到混凝土中，再用凿石锤进行加工，让表面露出深粉色。这一层淡淡的云母般光泽使建筑有了生命，从效果上来看，与当地石材风格的硬朗原型相融合，整个建筑有了山体一样的自然景观。克里奥·罗杰斯纪念图书馆，采用贝聿铭工作室研发的空心楼板，取代了隐藏电线及风道的传统悬顶。美国人寿保险公司带有清晰木纹理的饰面板加强了现浇混凝土模块的可塑性，得梅因艺术中心扩建项目用凿石锤对混凝土表面进行处理，以显露混凝土中混杂的当地石材真实的肌理和色彩，使扩建部分的墙面呈现一种粗糙的蜜褐色。美国国家美术馆东馆中，他第一次采用了精美的清水混凝土浇筑构件，不同于以往毛糙的面或者模板裸露出的自然面。

玻璃所呈现的内涵是精神和物质两个方面，玻璃具有完美的可见度使视觉能够穿透到任何需要的深度，它的轻薄使围护结构从重量走向无重量。玻璃被其自身支配的光线所改变，在阳光和灯光的日夜变化中，建筑展现出不同的光线和色彩。建筑以从未有过的通透向自然敞开，将天空、周围的建筑一览无余地纳入框中，同时如巨幅镜面反射着周围的影像，为喧嚣的城市景观增添了一丝奇异与梦幻。玻璃透明性以极强的现代感和独特的

1　[英]威廉 J·R·柯蒂斯. 20 世纪世界建筑史 [M]. 本书翻译委员会译. 北京:中国建筑工业出版社,
2011: 661.

方式融入建筑中，象征一种新的纯净聚合体从现实走向非现实。贝聿铭深谙发挥玻璃自身的艺术表现性，卢浮宫玻璃金字塔像一颗闪亮的钻石，晶莹剔透、光芒四射，把对光线的遮挡降低到最小，反映出巴黎多变的天空和宫殿褐色的石头，既突出了自身的中心地位，又没有掩盖卢浮宫古建筑的庄重和威严，并且同时打开了地下世界和建筑本身，站在金字塔下通过玻璃结构仰望，更能领略巴洛克建筑的风采。德国历史博物馆，为了避免与辛克尔的新古典主义建筑产生风格上的相互撞击，贝聿铭同样使用了大面积的玻璃以强调建筑的透明性。在肯尼迪图书馆、美国国家美术馆东馆、北京香山饭店中，贝聿铭充分发挥空间网架的结构特性特点，网架不仅作为采光玻璃屋面的承重结构，在更多情况下作为侧向围护结构，形成宽敞、连续、完整的内部空间。这种水晶式的透明性匹之以无柱平面的自由性，空间网架和玻璃幕墙就像一块巨大的绷紧的织物。

钢结构作为现代主义建筑的主流结构，具有极大的创造和重塑空间能力，钢材随之成为建筑行业中最重要的材料之一。贝聿铭将技术与艺术的和谐统一看作现代建筑的重要特征之一，注重发挥钢结构体系和构造技术可根据需要自由变化的性能特点，并将其作为建筑设计时的重要表现要素，探求钢结构的艺术表达特征，创造出包罗万象的结构空间和充满活力的建筑形态。肯尼迪机场国家航空公司航站楼，大跨度的钢桁架的结构特点被放大到建筑里，在空间和结构的压缩和表现中表达了荷载和支持之间的视觉张力。中国香港中银大厦采用超级合成桁架，使结构的几何性、逻辑性与结构极限性在钢结构技术的艺术表达中得到充分的体现。对不锈钢和玻璃饱含寓意的结合，使中国香港中银大厦成为一座玻璃与钢的商业神庙。

建筑材料"是作为一种外在物的物质本身，是服从于力学规律的一大堆东西；它的形式一直是与诸如对称之类的抽象理解具有和谐关系的无机自然界的存在形式。"[1]传统材料由于其自身物理性能的局限和手工建造方式的落后，结构属性的作用逐渐减弱，但同时又是建筑师实现丰富想象力的重要因素。路思义教堂采用了脱胎于中国台湾传统建筑的、带有凸点的面砖并使用了中国传统佛教建筑屋顶的颜色——黄色。美国国家美术馆东馆主楼使用了与老馆同样的粉色田纳西大理石，这是贝聿铭第一次使用石材作为主要建材，石材形成了各式各样的纹理、韵律和亮度。在北京香山饭店建设时，贝聿铭走访全国寻找老的工匠完成苏州的白灰泥墙和烧制明朝流传下来的花纹砖，在华侨银行、中国银行总部大楼底座、大厅等核心部位使用花岗石，以体现企业形象的坚固、可靠。贝聿铭注重建筑材料的考究和传统材料承托集体记忆、怀旧体验、独特的场所精神和地域文化的作

---

1 [美]卡斯滕·哈里斯.建筑的伦理功能 [M]. 申嘉，陈朝晖译. 北京：华夏出版社，2002：354.

用，通过现代技术的介入丰富了传统材料表面质感和附加其上的精湛工艺，提炼出纷繁多样的材料表达手法，现代材料和传统材料之间的微妙共鸣，诠释了建筑元素的增加是如何造就形式和功能上更为多样的关联性。

五、雕塑

"建筑是雕刻的中心，雕刻是建筑的延伸。"[1] 建筑与雕塑的关系历来密不可分，古埃及、古希腊、古罗马、中世纪、文艺复兴时期，巴洛克风格，雕塑以装饰的形式在建筑中处于依附地位，立体主义以后的抽象雕塑的产生与现代建筑形式上的趋同导致位置关系上的相对独立。"我对建筑与雕刻相结合很感兴趣。雕刻家也愿意和我合作，说我总把雕刻安排在一个比较重要的位置，不是放在次要位置上当陪衬。"[2] 贝聿铭认为抽象雕塑足以丰富大型现代建筑，使冰冷的几何图形达到平衡的效果。因此在建筑的公共空间中雕塑成为其造景的重要手段，它与建筑简洁语汇形成一种共生、互动关系，并体现了东西方造景思维的有机融合。

齐氏威奈公司的露台的倒影池中立着法裔美国雕塑家加斯顿·拉雪兹（Gaston Lachaise）的青铜像，总裁办公室则立着野兽派大师马蒂斯（Matisse）的《裸女》雕塑。在社会山项目中，贝聿铭在塔楼的中庭，放置了一组伦纳德·巴斯金（Leonard Baskin）的三件式雕塑，联排住宅区则采用了加斯顿·拉雪兹的卧像。在麻省理工学院地球科学中心门前，放置了亚历山大·柯尔德（Alexander Galder）12m 高的钢骨雕塑《巨帆》，为严肃的建筑增添了活力，也预示着贝聿铭的偏好由人体作品转向了与现代主义建筑更加合拍的抽象作品。

纽约大学学生公寓楼广场放置的毕加索（Pablo Picasso）混凝土雕塑品"希薇特半身像"，其 7m×11m 的巨形与街道形成了若隐若现的效果。"那个作品那么简洁而充满活力，充溢着立体派的风格和变化。当时我就意识到现代建筑里加入规模相当的雕塑作品——这个点子蕴藏的惊人潜力。"[3] 艾佛森美术馆入口处亨利·摩尔（Henry Moore）的雕塑和莫里斯·路易斯（Morris Louis）、艾尔·赫尔德（Al Held）的画作作为特定的墙壁和景致。克里奥·罗杰斯纪念图书馆亨利·摩尔的大拱门，新加坡华侨银行中心把亨利·摩尔 1938 年的作品《卧像》放大为最大的作品，得梅因艺术中心扩建项目中，贝聿铭在庭院的水池边选用了卡尔·米勒斯（Carl Milles）。东馆中庭放置了柯尔德"量身定做"的活动雕塑（图3-6）和入

1　彭亚，黄斌. 外国美术史 [M]. 开封：河南大学出版社，2003. 231.

2　黄健敏. 阅读贝聿铭 [M]. 北京：中国计划出版社，1997；27.

3　[美] 菲利普·朱迪狄欧，珍妮特·亚当斯·斯特朗. 贝聿铭全集 [M]. 李佳洁，郑小东译. 北京：电子工业出版社，2015；76.

口处放置了亨利·摩尔的作品《对称的刀刃》。得克萨斯商业银行大厦广场放置了米罗（Joan Miro）的大型彩色青铜雕塑《人与鸟》。卢浮宫金字塔的右边，贝聿铭则放置了一尊仿制的贝尼尼为路易十四雕刻的、具有巴洛克风格的国王骑马像。

图 3-6　美国国家美术馆东馆雕塑

摄影：倪剑波

其中，亨利·摩尔的雕塑几乎成为贝聿铭建筑的标志之一，建筑师为艺术家提供的不是空间，艺术家也非从属关系，而是两者互动的决定性创作。作为 20 世纪最具影响力的西方雕塑家之一，除欧洲传统大师以外，英国中世纪教堂雕塑和古墨西哥玛雅雕刻艺术对亨利·摩尔也有直接的影响。摩尔欣赏那些古代雕塑的粗犷与质朴以及对自然直接而简约的表现，力图在雕塑中体现雄健、强大的生命力量。他打破传统雕塑封闭的空间形式，建立了一种雕塑与自然、雕塑与环境的新的空间关系，他在雕塑形体上采用空洞、线刻等手法来探索实体与虚实的关系，力求使复合的形有更生动、更饱满的张力。贝聿铭非常欣赏亨利·摩尔创立的全新的形体——空间的雕塑语言，根据建筑物的基本构思和空间要求而请雕塑家们有针对性地设计制作雕塑作品，通常仅提示基本的尺度和色彩的需求。"我绝不将艺术品当作装饰，艺术品的存在是有意义的。"[1] 因此雕塑是作为建筑物不可分割的组成部分来加强建筑的艺术性的，充分体现了贝聿铭对建筑与场址之间建立雕塑性共鸣的关怀，以及整合建筑、景观和雕塑的能力。

柯布西耶曾预言，"建筑必定会超越绘画、雕塑的界限而发展为一种综合艺术"[2]。对柯布西耶以建筑本身的雕塑性加强表现力的借鉴，贝聿铭的建筑作品越来越强烈地表现雕塑性，力求以雕塑性去改变抛弃一切装饰的、国际式建筑所造成的千篇一律。柯布西耶的雕塑性强调力的表现、富于动感，贝聿铭的雕塑性则严格建立在几何性的基础上，通过和谐的结构组织与体块以及功能性的技术装置等要素一起丰富了建筑的塑性造型，其作品的雕塑性有更强烈的整体感和明快活跃的现代气息。麻省理工学院地

1　黄健敏.贝聿铭的艺术世界 [M]．北京：中国计划出版社，1996：157．
2　季文媚.亨建筑的研究与发展架构 [D]．合肥：合肥工业大学，2005．

161

球科学中心，混凝土结构框架以雕塑形式清晰地表达出来，没有任何冗余的装饰，使秩序清晰可见。美国国家大气研究中心，将表面与结构体融合为一，厚重的整体性让人感受到一种和地质相关的内在属性，原始、雕塑性质的风貌和自然环境交相呼应，对落基山脉的地形以及悠久的印第安人传统产生了一种本能回应。此外抛光混凝土板、仪式般的台阶、平台、楼梯等细部，通过各元素之间的强烈对比来有意体现雕塑性的动感。艾佛森美术馆刚劲有力的混凝土楼梯强化了整座建筑的行进感和运动感，成为整个中庭的高潮，被馆长马克思·苏利文（Max Sullivan）誉为"馆里最出色的雕塑"[1]。而贝聿铭所有作品中最接近纯雕塑的建筑是联邦航空局空中交通管制塔和"天使之乐"钟楼，结构的大胆表现以及各种功能元素的清晰交接关系，混凝土的可塑性与社会意向相融合，与传统更深层次的共鸣，让人们同时联想到现代的抽象雕塑。

六、工艺

"建筑设计应该精心雕琢到最后一刻；过剩的商品很快会被人遗忘，精美的建筑则会因其微小的细部设计而世代相传。"[2]贝聿铭根据总体的效果去设计每个细部，以一种简单的几何秩序、清晰的结构体系和细节上高度的工业化工艺使建筑精益求精。

在对"更高品质"精神价值观念的直观理解后，贝聿铭认为奢华是简单的，是摒弃多余后的低调与内敛。为建造美观、重复的建筑构造单元，在基辅湾公寓大楼中，贝聿铭认真分析和检测材料来源、定型技术等涉及混凝土生产的每个方面，进行混凝土现浇工艺实验，包括防火结构、外立面及装饰。模板为巨大的板楼注入了人性尺度，并省去了很多立柱，使室内面积变大。建筑界面的连接处与捕捉阳光的切口在几乎连续性的墙面上，既加强了直棂又造成了一条阴影线，揭示了一种纯美学的建筑理念。路思义教堂这个精细的建筑共用了18000根波状外形的木材，按照完整尺寸的图纸，通过灌注混凝土一片一片地完成。对于克里奥·罗杰斯纪念图书馆，贝聿铭工作室研发了混凝土空心楼板，取代了隐藏电线及风道的传统悬顶。美国人寿保险公司带有清晰木头纹理的混凝土浇灌而成的饰面板，创新地使用横跨塔楼长边的梁作为承重结构，搭接结构的玻璃窗采用无棂条条形玻璃窗突出开敞的结构特点。得梅因艺术中心用凿石锤对混凝土表面进行处理，以显露混凝土中混杂的当地石材真实的肌理和颜色。

1 [美]菲利普·朱迪狄欧，珍妮特·亚当斯·斯特朗.贝聿铭全集[M].李佳洁，郑小东译.北京：电子工业出版社，2015：93.
2 倪卫红.贝聿铭[M].石家庄：河北教育出版社，2001：92.

在美国国家美术馆东馆建设过程中，贝聿铭每周都会跟建筑商谈论建造的细节，制作模型，并与工程师事先研究设计中是否存在隐患，并委托为老馆挑选玫瑰色大理石、在辨别石头色彩的微妙区别方面具有杰出眼力的专家，对采自田纳西东部山区的每一块大理石都仔细检查、安置得恰到好处。精密切割的石头表面所形成的庄严韵律，三角形的整体构图，使柱子、天花板嵌板、瓷砖、楼梯、门框等都是安装在斜线上，因此需要针尖般的精确度。他第一次采用了精美的清水混凝土浇筑构件，不同于以往毛糙的面或者模板裸露出的自然面。倒混凝土的模具，是由花旗松经过细木工精雕细刻而成，为了不留下小的瑕疵，工人施工时都穿着拖鞋。

在卢浮宫玻璃金字塔，贝聿铭创造性地使用外张拉力式幕墙系统，在玻璃上采用网格拉钢索加固，悬挂玻璃的三角形钢架、长条形圆弧端头的悬挂钢柱、网状钢索的联结无一不显示出构造的精美、施工的准确。在细部处理上，尽量使构件看起来更加轻盈，同时强调边角的锐利挺拔。在玻璃和钢的语言中结合优雅细节以表现出轻松的触摸感，架空的旋转楼梯，连同对节点、连接、吊杆以及纤薄的踏板的复杂表现，其本身就是一件艺术品。在苏州博物馆新馆地下建筑施工期间，为了清楚地了解建设过程中会碰到的问题，贝聿铭提出建一件 1∶1 的样板房，样板房的屋顶、天窗、屋檐下的格栅以及展厅的展柜完全按照设计施工、安装。细致到把手的高度、吊顶、墙饰颜色的整体协调，石料拼缝最大误差不超过 2mm。"用大家的话讲，做贝先生的工程，就像用钢筋水泥在苏州古城的土地上绣花"，[1] 贝聿铭对施工要求的精细可与苏绣媲美。

除了建筑材料、施工技术以及运用材料技术的精湛的技艺，贝聿铭在处理比例、尺度和细部方面都呈现出经得起时间检验的品质。富于变化的形式、比例、尺度、色彩、节奏都得自它的外观，也来自于功能和内部空间的布局，同时表现为不同质感的材料之间恰到好处的关系。其隐含的逻辑性、合理性、整体性表达出清晰、简洁和优雅的气质。细部处理反复强调主要构图的主题，通过几何叠加、标记和图底反转而被人感知，这种图像化的表达，是探索建筑的基本原则和基底特征。对于建筑群体之间空间的兴趣一点也不亚于建筑群体自身，在设计中引入形体与地面、实体与虚空的精妙复杂反转和恰当的组合关系，从整体到细节，精细的比例和精美的尺度感，微妙的空间品质和空间的复杂性，贯穿了统一的理念。此外光线的明暗、颜色的冷暖、质地的粗细对人的视觉所引起的不同感受，增强了建筑形象的特色、气氛，还坚持以艺术和植物的精致点缀，润饰现代主义简朴坦率的一贯手法。

1 徐宁，倪晓英. 贝聿铭与苏州博物馆［M］. 苏州：古吴轩出版社，2007：62.

正如密斯所言"上帝存在于细部之中"，[1]许多华丽而高贵的特征都来自细部特征，对独特建筑风格的刻意追求更需要经过长期深思熟虑、反复推敲。贝聿铭建筑的精致体现在设计、建造和维护全过程，细腻考究、雍容典雅之气散发至每一个角落。概念、形式和工艺的结合，伴随着潜在信念的力量，对抽象形象中的细部所具有的力量的探索，引导人们联想到效率、简洁、有组织和精英化，从时代内部结构、冷酷的客观性中体现出更高级的东西。但也造成贝聿铭为了最佳的解决方案，往往不考虑预算。美国国家美术馆东馆总造价 9440 万美元，成为当时全世界国家艺术馆最昂贵的扩建部分和全美国最昂贵的公共建筑之一。

小 结

历史分期包括外延和内涵两部分，外延是指从时间上看这一历史时期的起讫时间，内涵则是指这一历史阶段与其他历史时期本质上的区别和差异。大多数研究将重点放在贝聿铭成熟的作品上，而忽略了他在成型过程中的成果。只有了解了单一作品的特定的意图、独特的场景以及独有形式，完整展现贝聿铭这位多产的建筑设计师的不懈探索和艺术追求，才能更好地理解它们所共享的那些理念，总结其建筑创作的成败得失。

纵观贝聿铭半个多世纪的创作历程，他逐渐从对第一代现代主义建筑大师的模仿，转向空间的创造以及形体之间的关系所体现的个人风格的建立，并致力于寻求面临的新难题的解决办法。20 世纪 50 年代，侧重对称、比例、清晰地表达荷载与支撑的解释；20 世纪 60 年代，将建筑设计提升到都市设计的层面、寻求与原有的邻里关系和城市环境得体的对话；20 世纪 70 年代，积极面对地理环境的挑战，试图弥合表达方法与技术手段之间的长期冲突；20 世纪 80 年代，延续地域环境的传统特色，以高度的智慧对地域性的历史资源作出反映，表现为对现代主义建筑通用的原则、秩序和主题的创造性重新阐释，以及从抽象形式里提取文脉与记忆的能力；20 世纪 90 年代以后，不追求表面的宏大和突出表现，讲究平易之中包含巧妙的形式和空间处理。与历史的独特对话方式引领了一种超越现代主义的设计思想，预示着向自然、本真的回归。早期（20 世纪 50 年代）现代主义僵硬的形式，中期（20 世纪 60—70 年代）趋于雕塑感，后期（20 世纪 80 年代以后）被更为流动和顺畅的视觉语言所取代。

建筑作为一门艺术，其价值不仅在于创造的对象和产生出来的形式，

---

1 [美]肯尼斯·弗兰姆普敦.现代建筑：一部批判的历史 [M].原山，等译.北京：中国建筑工业出版社，1988：381.

还在于作为一种抽象的概念和形式所包含的一种系统的和谐和秩序感。贝聿铭笃信坚定、泰然自若，反对建筑上的流行潮流造成的表达不足或表达过分，始终秉持着现代主义的设计理念，拒绝将建筑作为空间中孤立的东西来设计或以功能的建筑明确化某种必然的形式。对于光线的观点、对于几何构图的理解是贝聿铭建筑中造型、变化和表现手法的关键，体现出已能完全控制自身语汇的艺术家在创作上的明晰性。贝聿铭现代主义抽象的方法对于过去并不是逃避，而是从不同的层面更深入地介入。将现代灵感注入带有古典主义静谧的形体和一些传统式先前存在的概念和形式之中，产生意想不到的新的解读与诠释，成功实现了从都市平淡无奇的环境，到艺术和建筑相融合的殿堂之间的飞跃。

第四章　贝聿铭现代主义建筑的美学特质

如果对形式演化的考察是要知道建筑师做过什么，那么深入建筑设计背后的美学特质，恰恰是选择何种"观念"，才能发现事物之间深刻的联系，否则就会陷入表面化和简单化。詹姆斯·弗格森在《历史的探究》中指出，"只有当建筑师将所有功利主义的迹象全部抛到一边，并开始勇往直前地寻求美丽和崇高的时候，建筑物才成为一种真正的艺术。"[1] 个性化的语汇背后是建筑内在的意义和思想体系，是所处时代和社会特征的凝聚，同时也可以从建筑学内外的源泉汲取灵感，任何有深度的建筑都是在传统与革新、个体与共性多个层面的开放与对立中产生，提炼或远或近的传统、转化其他内部和外部世界的现实。

建筑作为一种人工创造的事物，具有某种传达性或者说负载某种信息，这就构成符号的一般性特征。作品卓越的构思和典型的形式，汇总起来就是基于普遍建筑理论原则的建筑语言，这些建筑语言代表了一种对虚构的社会结构的阐释，同时也反映出建筑师对于自然和历史的思考。在建筑艺术领域中，理性地去判断设计师依据场地特有内涵感知到的形式，不断致力于符号的研究与运用，超越技术与功能结合，深入分析建筑形式产生和演变的规律，探索建筑形式与意义的关系，才为建筑艺术创作提供了创新的方法和理论依据。

第一节　伦理化的建筑审美价值观

艺术必须向我们表达理想的人性，并且给生活提供一个尺度。建筑形式是建筑空间中发生的人的行为图释，"'伦理的'（Ethical）衍生自'精神气质'（Ethos）。就某个人的精神气质而言，我们意指他（她）的性格、性情或者气质。类似地，我们谈及某种社会的精神气质时，指的是统辖其自身活动的精神。对建筑的伦理功能，我指的是它帮助形成某种共同精神气质的任务。"[2] 建筑是文化的载体，文化是建筑的灵魂。建筑与文化相互渗透，密不可分。中国传统建筑文化历史悠久，源远流长，光辉灿烂，独树

1　[英] 彼得·柯林斯. 现代建筑设计思想的演变 [M]. 2版. 英若聪译. 北京：中国建筑工业出版社，2003：250.

2　[美] 卡斯滕·哈里斯. 建筑的伦理功能 [M]. 申嘉，陈朝晖译. 北京：华夏出版社，2002：3.

一帜。纵观建筑历史长河，中国传统建筑作为东方传统文化和哲学的物质载体，深深影响着每一个中国人，它是中国人物质与精神财富的沉淀，具有历史的延续性。在贝聿铭的建筑思想发展中，蕴藏了中国传统建筑伦理的独特魅力，映射出中国特有的美学精神、严肃的伦理规范，以及对人生的终极关怀。

《黄帝宅经》中称，"夫宅者乃阴阳之枢纽，人伦之轨模。"[1]作为生活场所，宅和人相互依托，在儒家社会伦理和礼制文化范畴下，建筑营造是建立世界秩序的手段，建筑美学强调建筑的伦理意义。"最重要的是我学到了家庭的真正含义——内聚力和历史……这影响了我对生活和待人接物的看法。去了苏州，那个古老的世界使我更敏于感受。儿时记忆中的苏州，人们以诚相待、相互尊重，人与人之间的关系为日常生活之首，我觉得这才是生活的意义所在。我在那儿逐渐感受到并珍惜生活与建筑之间的关系。"[2]归属性是人的一种基本感情需要，家庭是一种近乎神圣化的社会单元，因此居住的问题首先不是建筑学的而是伦理的问题。贝聿铭对要如何理解居住，正是他在处理建筑时所传递的"人与人之间的关系"。

黑格尔指出，"建筑实际上是通向神的恰当显现的路上的首要先驱。因此它必须在客观的大自然中艰苦劳作，它可能会通过努力来摆脱'有限'的混乱发展和'偶然事件'的畸变。通过这种方式，它为神准备了一个空间，渗透于神的外部环境，并建立殿堂，以此作为一个神灵集中的适当场所和以智慧生物（人）为确定目标的适当场所。它为集合起来的人群建起围墙，作为一种屏障来对抗暴风雨和凶猛的动物的威胁。简而言之，它显示了集合的意愿，虽然在表面的关系中，它仍与艺术法则相符。"[3]中国传统文化把建筑当成宇宙复制品，宇宙在这里意味着赋予人类的稳定秩序及其适当位置，从而消除对时间的恐惧。建筑在其最高意义上应该帮助建立这种秩序，对我们本质上的不完善、对他人的需要、对真实而具体的社会的需要作出反应。

建筑是一种由建筑物来实现的精神上的秩序，理想居住依赖共享的价值观。儒家学说是中国古代社会占主导地位的正统的哲学、伦理思想，它渗透到中国古代社会生活的各个领域，必然也深深地影响了具有物质和精神双重性格的中国古建筑活动的诸多方面。"我的成长基本是受到儒家观念的影响……人生观念和道德观念都是以等级为基础的，我就是在这些观念下成长的。"[4]在中国儒家思想的精神内核"仁""礼""中庸""天人合一"

1　董易奇.黄帝宅经全书［M］.长沙：湖南美术出版社，2011.

2　［德］盖罗·冯·波姆.贝聿铭谈贝聿铭［M］.林兵译.上海：汇文出版社，2004：9.

3　［美］卡斯滕·哈里斯.建筑的伦理功能［M］.申嘉，陈朝晖译.北京：华夏出版社，2002：347.

4　［德］盖罗·冯·波姆.贝聿铭谈贝聿铭［M］.林兵译.上海：汇文出版社，2004：13.

等精神影响下的中国古建筑迥异于西方建筑，并以其独特的风格成为古代世界四大建筑体系——中国、印度、伊斯兰和欧洲典型代表之一，在材质、结构、造型、布局等方面都具有区别于世界其他古建筑的特点。中国古代建筑体现了传统尊卑有序、道法自然等伦理思想，对古代建筑营造形和制都产生了深刻的影响。

在造型艺术中，人的感官必须被强烈地感动，才能使人的心灵倾向于主观反应的充分发挥。"在这个结构合理的、占据空间的'句子'里，权威性的空间统治着整座建筑……这个句子总是由一种族长式的秩序所统治。"[1] 沃尔夫冈·奥托（Wolfgang T.Otto）在《占据空间的语言》一书中揭示了一个好建筑不可或缺的族长式的统治秩序。中国传统建筑重视创建公共场所，使个人汇聚到一起，参与必不可少的公共仪式。这种参与能再次确认个人在一个社会中的成员资格，以及个人对统辖该社会的价值观的忠诚。在西方古希腊神庙、中世纪的教堂、文艺复兴的市政厅、巴洛克的宫殿等传统伦理功能的建筑逐渐失去权威的工业化时代，在建筑的建筑学价值和它的社会角色之间，这些精神神话正是大多数现代主义建筑十分缺乏的。

贝尔曾指出，"现代主义有三个基本特征：艺术和道德的分治，对创新和实验的推崇，以及把自己奉为鉴定文化的准绳。"[2] 这三个特征都与现代主义追求一种纯粹化的审美经验，进而否定日常经验的作用有关。在商业化社会氛围中，建筑设计受到诸多外在因素的制约与影响，现代主义建筑不断挖掘鸿沟和自我孤立，建筑的伦理功能对人精神风貌的影响日渐式微。舒尔茨认为，"19 世纪的建筑背离了文化符号。过去有意义的形式沦落了，穹顶和希腊建筑中的三角墙被用于修饰博物馆、银行和其他机构，使其显得高贵。彩色玻璃则用于私人宅邸。"[3] 所以在一定程度上，建筑降格为以实用性、技术性、形式性为主导，不再当作精神教化、诠释生活方式的工具。

贝聿铭把建筑理解为一种预先考虑并满足我们最深层利益的表现手段，并坚持建筑回归伦理价值。建立在对本民族被浪漫化的中国传统士大夫的生活方式、绅士感和优雅性的家居生活景象的深刻洞察上，贝聿铭相信人类对精神家园和安居理想的追求，从物质到精神的升华的需要是永恒的，建筑师的职责旨在提供一种生活方式，社会关系的原型模式是需要建筑去揭示和褒扬的。贝聿铭的设计中有一种召唤性表述，和揭示一个社会

1 [美] 卡斯滕·哈里斯.建筑的伦理功能 [M]. 申嘉，陈朝晖译. 北京：华夏出版社，2002：85.
2 [美] 丹尼尔·贝尔.资本主义文化矛盾 [M]. 赵一凡，蒲隆，任晓晋译. 北京：三联书店，1989：85.
3 [美] 卡斯滕·哈里斯.建筑的伦理功能 [M]. 申嘉，陈朝晖译. 北京：华夏出版社，2002：100.

性方案的内在意义并将其转化成为美学形式的能力。建筑处理中的庄重感和礼仪性、习俗智慧和传统模式潜移默化地渗透到他的造型语言中，预示了现代主义建筑至关重要的、对替代性社会与城市结构的探寻。

基于社会结构新的支配和协作形式，贝聿铭运用象征这一方法为占据其作品主体的博物馆、艺术馆、音乐厅、大学及纪念性建筑，提供了发挥所谓伦理功能、表达个体单元和社会等级关系的一系列解决方案。将诗意与事实、形式与功能融合成统一的艺术构思，挖掘出对于整体文化的集体主义象征渴望的内在的信仰。对于遮蔽、包围和行进等原始品质的专注，着重强调空间的等级以及象征元素的宇宙意义，根据人类活动的日常仪式来组织空间形式。关注社会关系的清晰化，保留了轴线的控制和等级划分，但通过一种滑动和交错的平面布局手法，将旋转和不对称的特征加入其中，以强烈的节奏感实现一步一景、生机勃勃。一个好的平面能让人们在其体系中不偏不倚地体会到其中心内涵，这个内涵远远超越了单独的功能性图解，从情感转化与介入的角度，建筑空间相互交织在一起构成统一的系统。

贝聿铭将人类对归属性、同一性更深层次的渴望变成看得见的表达方式，重塑传统邻里城市模式。要过一种有意义的生活，并在这种意义上居住，我们必须认识到个人是一个进行中的庞大社会的一部分。大尺度的城市网格、高层集合住宅汇集了集约、高效等优点，但也破坏了适宜的城市尺度，导致社会隔离。取得邻里感意识，包括公共和私密之间的微妙层次，依赖于街道概念的现代阐释。贝聿铭将社会关系通过尺度的渐变直接表达出来，从位于中心的广场、道路到次要的道路，再到绿地，不仅限定了空间，而且强化了街道形态的周边布局和空间等级，将建筑形式、开放空间和社会等级结合为一个整体。隐藏在街道中的秩序包含了丰富多样的都市生活，体现了日常生活模式和人际关系网络的城市现存价值。中庭、公共绿地鼓励偶发的联系，让使用者的心灵到达最原始的地方，实现人人参与的社区生活与大都市中无个性的聚集相对抗。

总之，中国传统伦理思想的人伦关系原理、道德主体品格要求、人性的认同，从根本上规定了群体与个体、公与私的关系准则，决定了道德价值观的基本倾向。贝聿铭着眼伦理功能的最高目标——重建人类的精神家园，思索纷繁复杂的建筑诠释什么样的生活方式，现代主义建筑是否能够帮助人们形成一定的精神气质。因此贝聿铭的设计呈现完全不同的灵感和灵性，隐含着以建筑形式来触摸思想、提升行为，推动和形成一个崭新的、整体性文明。贝聿铭探索建筑根源的深刻洞察力，以及解决古典手法与现代空间和结构融合出现问题时的明智，显示出了无可争议的现代性、高度的秩序及与历史的深刻关联。既关注形式问题又不牺牲人的意义，既没有轻易退回到新乡土主义的模式之中，也没有牺牲概念和视觉上的张力，以一种更加永恒的人性主题抵御工业主义精神的堕落。

第二节 和谐统一的建筑审美理想

贯穿整个 19 世纪和 20 世纪社会变革的一个经常性议题就是社会秩序和自然之间的和谐依然丧失。所谓传统是一种基于自然条件、个人习惯体现出的社会相似性，本土建筑形式是其自身自然和社会条件的产物，并固化为具体的形式规范。机械的变革导致地域风格背后的实用逻辑遭到破坏，细腻和手工艺的感觉被粗略的工业化的建筑组件所替代。"建筑设计最应该学习的不是机器，而是自然"，[1] 建筑意向、形式和材料都有所转变，预示着与自然的新融合。

建筑是对世界和生命的重新组合，通过将不稳定的、变化的环境转为一种稳定的秩序，变无序为有序。每个民族都有各自钟爱的建筑形式语言，独特的地方形式和细部的运用，如同语言、服饰和民族传统一样拥有特殊的地位。儒家"天人合一"的宇宙观，"物我一体"的自然观，"阴阳有序"的环境观，及地域环境悬殊影响下，中国传统建筑具有历史性和地域性的建筑文化特点。在哈佛求学期间，贝聿铭就曾打断格罗皮乌斯的授课，争辩国际风格不应抹杀地方习俗与特色。相对于表面化和怀旧的地域主义局限性而言，贝聿铭认为，所有严肃的建筑，都应该在"过分感伤的怀旧"和"患了历史健忘症"两者之间找到一个恰当的折中。因此贝聿铭坦言，"我更热衷于把建筑融合进周围环境，而不是把我个人的设计风格强加于建筑之上，致使其受到限制"[2]。

构思的深度和娴熟，挖掘最具地方特色的文化，使贝聿铭巧妙地将地域文化的元素融入设计之中，把地域文化特色转化为自身优势，加深人们对文化的感知和认同。地域文化特色是指在一定历史时期及地理范围内逐步形成的意识形态、社会风俗、人们的日常生活方式等。所谓地域化的设计，就是要密切结合当地现有资源，提供建筑的框架及场景的过滤，把建筑作为地形学意义上的路径，城市是历史的场所，人们记忆中的、历史性的以及其秩序性是其中最有价值的部分，是反映社会及文化习俗的集体的表征，它们形成了一种建筑构成的场所，从而形成有别于其他地域的风格。

在孤立于自然环境的美国大气研究中心项目设计中，贝聿铭试图通过

1 ［英］威廉 J·R·柯蒂斯. 20 世纪世界建筑史［M］. 本书翻译委员会译. 北京:中国建筑工业出版社,2011;453.

2 ［德］盖罗·冯·波姆. 贝聿铭谈贝聿铭［M］. 林兵译. 上海:汇文出版社,2004;65.

山峦与天空等更广阔的景观，构建极具地域特色的建筑和景观环境来加强参观者的体验。舒展的平面布局和对地势的敏感，在设计中不打断景观的连续性的同时，最大限度地利用空间序列的优势，建筑像环境中的自然组成，又赋予环境以新的生命，有一种对自然界中生长和变

图 4-1　苏州博物馆新馆
摄影：李学东

化的视觉隐喻。在苏州博物馆新馆（图 4-1）等文脉复杂的城市建筑中，不是简单效仿周边建筑遗产的丰富性和关联性，而是将这些要素转化以适应自己的理念。详查基地特征，并以一种高度抽象的方式回应地形和城市的秩序从而达成潜在的共鸣。采用外形简洁、尺度适宜的建筑，极其灵活地穿插在起伏的自然地貌或错综复杂的城市脉络中。灵活交融的建筑形体与层层跌落且互不平行的场地形成统一秩序，与既有的建筑相互呼应，又使原来未经组织的空间加强了限定。富有层次的空间、材料的使用，地方风格的特征是被提炼精简、异化变形，并赋予大量情感。通过漫步的路径和框定的风景而直接与自然相联系，进而探索时间上的叠加，如同在人类生活与自然环境之间架起了一座沟通的桥梁。

"我相信建筑是反映生活的一种重要艺术。作为一个建筑师，我想要建造能与环境结合的美观的房屋，同时要能满足社会的要求。"[1]贝聿铭始终把建筑与所处环境的恰当关系作为创作合理性的源泉和基础，其建筑作品一直努力与环境协调一致，以统观全局的思维逻辑、装饰性的细节和地方意象，既不缺乏整体秩序的清晰感，同时又具有受人欢迎的表现形式，超越地域风格的明显特征，达到根植于景观和气候适应性的深层次文化结构。人类为自然添色，而自然也促发人类的创意，贝聿铭的作品强烈体现了这一精神。绝非仅是强调天然材料或传统符号，而是超越了对图式操作的简单继承，上升为对自然法则、不同文化的本能感知。现代基本元素与传统的交织，建筑理性与感性的和谐统一，使建筑的所有组成部分都源于一种内在的形式生产逻辑，蕴含一种秩序和根源、生长和变化、明确且单纯的力量。强化特有的自然和文化形而上学价值的提炼过程，这种提炼处于更高的层面上，远超单纯的形式参考，显露出与自然、文化的共鸣。

1　罗小未. 外国近现代建筑史［M］. 2 版. 北京：中国建筑工业出版社，2011：314.

第三节　东方化的建筑创作构思方式

一、整体思维

1982 年贝聿铭受中国政府邀请设计一座高级的旅游宾馆，他建议不要在故宫附近建高楼，"算起来，这才是我对中国最大的贡献"[1]。最终贝聿铭把场地选在了位于市区 40km 外的香山公园。在北京设计建造香山饭店，贝聿铭的理想是为中国创造一种新的建筑语言，一种将中西古今融会贯通的新风格来报答孕育自己的文化。熟悉亲切而又耳目一新的设计，掀起了中国建筑界对中国传统建筑与现代主义相结合的大讨论。

贝聿铭认为中国人对自然的尊敬，对"天人合一"的理解才是文化的根源，中国传统建筑作为人文精神在空间形态的折射和凝聚，始终秉承"天人合一"的有机整体观。《阳宅十书》所谓，"人之居处，宜以大地山河为主，其来脉气势最大，关系人祸福最为切要，若大形不善，总内形得法，终不全吉"[2]。因此中国传统建筑风水观非常讲求"相形取胜""相土尝水"，以期山环水抱、坐北朝南、藏风纳气、负阴抱阳，实现人与自然的有机统一。"天人合一"的宇宙观、人生观，深刻影响着民族审美主客交融的心理法则。因此中国传统审美强调整体性、体验性和对审美活动中物我浑融的表达。中国传统美学思想的独特致思方式，体现在建筑上追求道法自然、情景交融、虚实互补、有无相生，表现法天贵真、造化自然的图景。

贝聿铭选择香山公园，因为这里古木参天、泉水潺潺，景色自然天成。与人们期待的摩天大厦那样独立的雕塑形态迥然不同，香山饭店依山而建，与水光山色、参天树木融为一体，采用中国传统建筑多单元分割又联系的方式，将整个酒店分为五个区段相连，中央以巨大的玻璃天窗设计了一个典型的室内中国式庭院。植被与水体呈现出一种特殊的价值，为了保护原有的古树，客房围绕十几个大小不等、形态各异的花园不对称地分散在四周，从客房的不同角度都可以看到别具一格的花园。贝聿铭改变了传统朝南的入口，结合了中国园林经典的轴线和收放自如的空间序列，室内外的景致同时展开，内中有外，外中有内。就像江南园林那样置身其中，你很难一眼望尽，永远不能领悟全局，使人与自然更加亲近。

香山饭店在外立面上设计了三层玻璃窗，造成建筑只有三层的错觉，从心理上加强了建筑的低矮感和韵律感，产生宁静的节奏。传统风格的菱

1　[美]菲利普·朱迪狄欧，珍妮特·亚当斯·斯特朗.贝聿铭全集[M].李佳洁，郑小东译.北京：电子工业出版社，2015：183.

2　尚子力.由香山饭店解读中国传统建筑美学[J].科技信息，2010，(21)：382.

形和梅花形窗户借景入室，浓缩了"春有百花秋有月，夏有凉风冬有雪"的美妙，具有更强烈的绘画性，给人们带来多层次和内容丰富的感受。色彩配置采用中国传统江浙民居、园林建筑的基本色调，白色抹灰墙面、灰砖线脚，内部尽量使用木、竹等中性偏暖的自然材料，小径由彩色石子铺成精致的图案，重复使用具有中国传统符号特征的形式——方和圆，乡土建筑语汇唤起了人们对前工业时代中人、事物和自然力量共同协作、和谐相处的回忆，与香山幽静、典雅的自然环境相得益彰。

香山饭店在贝聿铭的设计生涯和现代主义建筑中占有重要的位置，梁思成所谓"如优游悠闲处之庭院建筑，则常一反对称之隆重，出之以自由随意之变化。布置取高低曲折之趣，间以池沼花木，接近自然，而入诗画之景。"[1]在中国建筑师向西方看齐的时候，贝聿铭在一个玻璃、钢构造的现代化建筑物上体现出中华民族建筑艺术的精华，不仅使现代主义更加自由，而且以浓郁的民族风格、先进的西方技术体现对新中国的理解和表述，率先打破了西方古典主义与中国北方大屋顶相"嫁接"的传统复兴模式。

二、立象尽意

在中国古典艺术创作中，意象是最基本、最重要的元素，意象方法源自中国人的形象思维习惯，构成中国古典美学体系的中心。"意象是主体审美心理活动（包括心物交互作用、想象、情感活动等）的产物，是寓情于象这一审美活动的物质表达。"[2]在中国，从《周易》的"立象以尽意"，到汉代"比兴"说的提出，到刘勰从文学审美角度提出"神用象通"，有关"意象"的认识不断丰富深入。"子曰：书不尽言，言不尽意。然则圣人之意，其不可现乎？子曰：圣人立象以尽意。"[3]可见，从"意象"一词诞生之初，它就是一个兼有形而下色彩和形而上意义的概念，既扎根于广阔的客观世界，又指向复杂丰富的精神领域，极具表现力和传达力。

著名建筑史学家佩夫斯纳（Even Pevsner）在他的《建筑类型的历史》指出"任何建筑物在观者印象中都会产生一种联想，无论建筑师是有意图的或是无意图的。"同时指出"现代建筑不存在任何与意义的分离，它向人们传递着简洁、精密和新技术等含义。"[4]诚然，现代建筑在追求自身含义的同时，忽略了人的多层次需求。中银大厦运用意象，将结构理性主义的构架被遮盖在浪漫主义隐喻的外衣之下，满足了国人普遍存在的将建筑"图

1 梁思成.中国建筑史［M］.天津：百花文艺出版社，2005：11.
2 朱恩彬，周波.中国古代文艺心理学［M］.济南：山东文艺出版社，1997：275.
3 同2.
4 ［美］H.F.马尔格雷夫.现代建筑理论的历史1673—1968［M］.陈平译.北京：北京大学出版社，2017：89.

像具象化"，通过联想以把握其"意象"的审美习惯。

中银大厦的设计充分地利用结构、表现结构。平面为一个正方平面，对角划成四组三角形，每组三角形向上衍生形成高度不同的三座塔楼，带有壁柱阶的塔楼体积逐渐缩小，在达到一半高度和四分之三高度时，又分别出现第二和第三座塔状物，剩下的那根柱子继续上升，形成金字塔般的顶点。每隔十三个楼层以横向桁架加固一次，常规的框架结构让位于束筒体系，有中间梁的巨柱和对角线支撑，使大楼纵向和横向的负荷全部转移到四根脚柱上。各个立面在严谨的几何规范内变化多端，角柱和斜向支撑交接关系大胆，清晰表现与三个棱柱形成的次级体系，紧张的轮廓和清晰的几何性，简单而又复杂，外形隐喻竹子"节节高升"。

大厦用镜面玻璃来回答现存城市环境所提出的尺度及构造上的文脉要求，玻璃是夹持性的，没有任何中间支撑或竖框，由此形成精致如镜面一般的立面，映射着光线、云影、灯光，随着时间和角度的不同，呈现不同的景象，超乎寻常的视觉冲击力和张力是对独立式物体极简主义概念的极端化表述，把密斯的"几乎无物"推向极致。暴露在外面的结构预制件象征交叉的宝石，形式、体量和空间表达着力量、生机、茁壮和锐意进取的精神。在都市繁华背景下，构筑银行自身富有尊严的、纪念碑式的城市形象。

大厦的典雅和视觉张力还源于标准化模块的细微变化，中国传统建筑具有自己独到的建筑定位，即以结构模数为主旨的中国传统建筑"器物论"。在网格平面上反复运用模数单元和竖向分割，创造出超越风格层面、恒定的工程学教义。主要空间的轴线都与装修线对齐，最基本的模数来源于立面上的装饰石材的尺寸并用它贯彻设计的始终，在施工过程中一块标准尺寸的石材不经切削，便可使用。结构规则、有灵感的形式与模数化的秩序，经过独一无二的艺术才华的诗性过滤，散发出微妙的东方寓意。

大厦坐落在三层楼高的花岗石地基上，基座的麻石外墙代表长城，贝聿铭在设计中有意识地表现它的功能，像一座巨大的雕塑给人以牢不可摧的印象。中银大厦独特形象和华丽气派成为中国香港的代表性建筑，也显示出贝聿铭的标志性建筑语言。这一构想实现了隐喻与自然的结合、科技与艺术的融合，丰富了现代主义建筑的结构和空间理念，使扩展的现代主义超越了单调的玻璃盒子，进入新的领域、新的境界。从整体上看，中银大厦像雨后的春笋，给人蒸蒸日上的印象，滚滚的喷泉交织着以"水"象征财源的民族文化。让它"抬抬头"，一种结构意识的纯真将积极进取的社会风气与对中国香港未来充满信心的精神内核结合在一起，进而达到美学上的中国风格和气派。

三、中庸适度

在"天人合一"的理论基础上，儒家进一步发展出中庸之道，"喜怒哀乐之未发，谓之中；发而皆中节，谓之和。中也者，天下之大本也；和也者，天下之达道也"[1]，包括天性与人性合一、理性与情感合一以及内与外合一等丰富的内涵。"'中庸'的根本精神就是适中、适度，离此就谈不上和谐统一"[2]。因此中国传统艺术把和谐统一作为最好的准则，在艺术表现上强调"适度""适中"，实现社会群体心理的"和同"。在苏州博物馆新馆中，贝聿铭灵感来源正是重新阐释场所内在的整体性、统一性，采取"不高不大不突出"[3]和谐适度的设计原则。

中国传统营造绝不会脱离建筑地点以及它周围的其他建筑物去构思一幢建筑，因为抽象、缩减和中性孤立看待环境的方法，往往忽视甚至遗忘了人们在心理和精神上与世界和建筑之间本应存在的复杂联系，而这种根本的联系正是衡量人们存在于世的状况和意义及其重要的尺度。"在建筑中，空间的形似意味着场所、路径和领域，也就是人类环境的具象结构。"[4]苏州博物馆新馆位于拙政园的西侧，紧邻苏州博物馆老馆忠王府，与苏州民俗博物馆（原贝家祠堂）以及世界文化遗产狮子林隔路相望。贝聿铭坚持追求将博物馆置于园林之间，新馆与拙政园相互借景、相互辉映，保护了拙政园历史街区的整体风貌，并赋予历史街区以新的生命，成为一代名园拙政园的现代化延续。

粉墙黛瓦新馆主体建筑檐口高度控制在 4m 以内，中央大厅和西部展厅局部二层的最高处不超过 16m。以现代钢结构替代传统的木结构，屋面和墙体边饰以"中国黑"的花岗石取代传统的小青瓦，与白墙相配，几何形态构成的坡顶传承了苏州古建筑纵横交叉的斜坡屋顶，屋顶的几何形天窗和斜坡屋顶形成一个折角，呈现出优美的三维造型效果，玻璃屋顶、金属遮阳片的运用突破了传统大屋顶采光方面的束缚。

延续江南民居前庭后院的布局，入口大厅设计成八角形，打破苏州民居方方正正的传统，大面积的玻璃门窗与天棚使内外景色浑然一体。中庭直落地下一层，将自然光引进。窗的设计具有使建筑铭刻地方特色的内在能力，从而表达了作品所在地的场所感。贝聿铭认为，弧线的动感来自线条透视灭点的不断改变，花窗、亭台、屏风、回廊等中国传统建筑体系中游动性的空间处理方式。将中轴线及园林、庭院空间结合起来，精心分解

1 四书五经 [M]. 长春：北方妇女儿童出版社，2002：13.
2 朱恩彬，周波. 中国古代文艺心理学 [M]. 济南：山东文艺出版社，1997：27.
3 徐宁，倪晓英. 贝聿铭与苏州博物馆 [M]. 苏州：古吴轩出版社，2007：18.
4 [挪] 克里斯蒂安·诺伯格 - 舒尔茨. 西方建筑的意义 [M]. 李路珂，欧阳恬之译. 北京：中国建筑工业出版社，2005：7.

的、一间间的展厅由庭院的廊榭相连。园林中的主要建筑不再是平面上相互之间的关节点，其本身即是规划中的一个元素。园林的布局强调空间的藏与露、虚与实、蜿蜒曲折变化，利用空间的渗透，借丰富的层次变化，极大地加强景的深远感，增加了艺术领悟过程中感受的难度和时延。

轻巧、灵便、精致是苏州园林的特点，花园由 1 个主庭院、9 个小庭院组成。小庭院采用传统做法，以松、竹、桂花、银杏、太湖石等点缀，非常注重形态和色彩。"石头、植物、水是三件很简单的东西，但上面可以有丰富的变化。苏州的园林是诗人、文人、画家做出来的，他们把做园当成是作画作诗一样。"[1]主庭院使用古典园林符号的变异元素去打造创意山水，"以壁为纸，以石为绘"将传统石砌的假山变成一种意象假山，营造出米芾水墨山水画"信笔作之""意似便已"的意境。通过水景设计使新馆与拙政园有机结合，紫藤园则嫁接了文徵明当年在忠王府手植的紫藤，新旧园景笔断意连。其中的宋画斋复原了宋代民居厅堂，从基础到屋顶全部采用传统工艺和青石、柱夹泥土墙、梓木、毛草等传统材料。

神似而非形似，神合而貌不同。从传统中式元素中提炼出来的神韵和精华，采取易于引起共鸣的抽象形式，规避对可识别性的模仿，在现代几何造型中体现错落有致的江南特色，为粉墙黛瓦的建筑符号增加了新的诠释内容。对传统建筑文化的理解，超越形式表象，走向深层内涵。布局、结构、材料、光影、色彩、装饰以及用水、叠石、植树，走出弘扬民族文化的宏伟叙事，走向浓缩地方的记忆、强化场所精神的微观表达，阐释和演绎更具现代性和时代精神。既有现代建筑的科学理念，又更贴近苏州园林的意蕴，成为集现代化馆舍建筑、古建筑与创新山水园林三位一体的建筑，为民族与地域文化的理解奠定了范本。

第四节　对现代主义建筑美学的继承与超越

一、现代主义建筑美学的合理内核

（一）功能与形式的协调性

"按照功能进行设计的原则是建筑学现代语言的普遍原则"，[2]功能主义也一直被作为现代主义建筑的一个重要特征，沙利文首先突出了建筑功能并提出了"形式随从功能"的口号，主张建筑形式要如实地反映它的功能要求。建筑功能就是建筑使用价值的具体体现，随着社会的不断发展，

1　徐宁，倪晓英．贝聿铭与苏州博物馆［M］．苏州：古吴轩出版社，2007：73.

2　［意］布鲁诺·赛维．现代建筑语言[M].席云平，王虹译．北京：中国建筑工业出版社，2005：4.

居住、饮食、娱乐、交流、私密……人们对人居环境的需求更加多元，建筑的功能日益复杂、细化。可量化的、能客观呈现的功能性因素强调设计的空间组织、技术性和经济性。建筑形式是建筑艺术价值的直接体现，满足人们对建筑艺术审美的精神要求。而建筑的功能与形式不是机械对应的，应充分体现建筑师的主观能动性。对于贝聿铭来说，功能与形式相辅相成、有机统一，建筑设计要尽可能发挥物理空间承载社会活动的实用功能，但一座建筑的平面并不是从功能而来的某种结果，而是运用概念在设计中有意识地表现它的功能，同时借助形式造型活跃视觉张力。

作为设计师贝聿铭从建筑良好的使用功能出发，布置建筑的功能分区、空间体量、人流组织及通风、采光、交通等技术指标，但在肯尼迪图书馆中，贝聿铭在考虑建筑的使用功能、平面布局的同时，追求"有意味的形式"，融合长方体、圆柱体、三棱体等各种有力的几何形式，涵盖图书馆、档案馆、办公室、剧场等各种功能。整体达 33m 高的纪念厅光线充足，只有一面高悬的星条旗。"空旷就是纪念馆的精髓，刚看过展览的人们已经不需要再看再听，他们想要的，只是寂静。他们的思想感情的激荡成就了整个纪念厅。"[1]贝聿铭以形式如实地体现了功能的要求，有效塑造了环境与感情的反应，达到了功能美与形式美的完美统一。

贝聿铭认为"必须了解一个项目自身的制约，找出项目的症结及其轻重缓急，做完了这些才可能找到解决方案"。"不考虑问题就空想解决方案是白费力气。这个阶段还谈不上具体的设计，也就是说，在处理建筑范畴的造型、空间、光线、运动之前，必须抽丝剥茧，从复杂的要求中觅到精髓。要做到这一点不容易，是要花不少时间的。你首先得剥离次要的抽象部分。这一点是老子的理论，他将语言简化到绝对必要的精髓部分。而我的做法也是不断简化，一旦你找到了关键问题，就可以各个击破，在这个过程中，你必须一直清晰地认识到问题的症结所在。因此，整个过程从复杂开始，不断简化，直到最为精简，随后在建筑的具体开发和细节处理上再次回归复杂。"[2]在正式接受巴黎卢浮宫项目之前，贝聿铭用了 4 个多月的时间深入研究巴黎及卢浮宫的每一个角落，为缓解卢浮宫庞大的规模、塞纳河长长的翼楼所带来的问题及满足当代博物馆的功能需求，确定将主入口设在拿破仑庭院发展地下空间，增加了商店、餐厅、临时展馆和不可或缺的"后台"空间。金字塔作为一个清晰可见的符号，从形态上和整体形成互动，但"金字塔最重要的不是它特殊的形态，而是它将光线带入地下的两

---

1 [美] 菲利普·朱迪狄欧，珍妮特·亚当斯·斯特朗. 贝聿铭全集 [M]. 李佳洁，郑小东译. 北京：电子工业出版社，2015：110.
2 [美] 菲利普·朱迪狄欧，珍妮特·亚当斯·斯特朗. 贝聿铭全集 [M]. 李佳洁，郑小东译. 北京：电子工业出版社，2015：21.

层空间。同时，它还是主入口，游人可以通过它进入卢浮宫周围的三个馆，因为它们都是彼此相连的。"[1]

可见，在贝聿铭看来，功能与形式不是一套永恒不变的抽象原理，恰恰是选择何种最为合适的观念形成建筑师独特的风格，因此跳出功能与形式的二元对立，设计的灵活性和合理性才是有意义的。他把建筑作为一个复杂的内部与外部之间的环境过滤器，建筑也是一个行为的容器，确定行为的界限，建筑还是一个具有象征和文化的物体，使人们直觉地想到形式然后理性地去判断它们，好的设计涵盖了普遍意义的有效性。

（二）结构与空间的丰富性

勒 - 杜克批判折中主义缺乏整体性，宣称"建筑只有严格地运用一种新结构去寻求形式，才能给自己配备以新的形式。"[2] 整体性只能来自结构一致的体系，建筑是从结构形式的最经济利用而得到其最佳的表现，统一于结构中的力学技巧与美丽的形式之间的结合。"中心解体是现代建筑运动的主题之一"[3]，这是对传统结构的对称性和中心性的背离，使空间自由灵活"分割"的概念间连成整体的"组合"的概念。传统的纪念性建筑模式已经不能适应时代的发展需求，贝聿铭等现代主义大师基于严密的理性与表现的法则，从新的建筑结构体系中挖掘纪念性。

格罗皮乌斯不协调、三维反透视以及体积的分解，忽略了时空连续和组合。赖特不在中央配置大的体块从而形成离心性和偏心性。密斯从分解法推出了动态空间，形成匀质性聚集的水平板式空间，"两个水平面所限定的空间，其垂直面都是透明的玻璃，从内外都可以看出平滑的水平面相分离的无柱空间。"[4] 内部空间在水平方向上延展、通畅，墙成为室内变化的焦点，通过透明玻璃与外界形成视觉上的连续性。贝聿铭把建筑作为外部体量和内部空间的组合，采用动态布局、非对称而复杂的轮廓连接不同的功能体块。他的建筑乐于表达中心明确的构成形式、空间的层次关系和平面的动态交接关系，利用建筑抽象的平面和高差，将空间的不确定性和立体派的张力融合在一起，引导人们感知基地的层次并强化对场所天然特征的体验，使有限的手段表达丰富的意义。轴线不过分地起到统治作用，从而赋予空间以深度和变化。

---

1 [美]菲利普·朱迪狄欧，珍妮特·亚当斯·斯特朗. 贝聿铭全集 [M]. 李佳洁，郑小东译. 北京：电子工业出版社，2015：241.

2 许力. 后现代主义建筑 20 讲 [M]. 上海：上海社会科学出版社，2005：180.

3 [日]原口秀昭. 路易斯·I·康的空间构成：图说 20 世纪的建筑大师 [M]. 徐苏宁，吕飞译. 北京：中国建筑工业出版社，2007：4.

4 [日]原口秀昭. 路易斯·I·康的空间构成：图说 20 世纪的建筑大师 [M]. 徐苏宁，吕飞译. 北京：中国建筑工业出版社，2007：10.

设计从外到内，同时又从内到外。结构和空间体现在网格状布置梁柱的方法，柯布西耶均匀布置柱网，密斯将柱子设在端部，康将其作为分隔空间的工具，阿尔托在形态构成上将长方形以 L 形和雁阵形排列，加上波浪线曲面和扇形组合。贝聿铭受严格的正三角形和正方形网格的几何学控制，从整体出发贯穿到各个部分，根据功能划分不同的体块，对空间的分解进一步发展建筑的构成序列，将它们以非对称的方式加以连接，通过建筑中的统治性空间统一各个单元空间，结构单元和空间单元形状相一致，在作为中心的大空间和中庭四周布置有层次的、独立的空间单元并由其统摄起来。各部分相互连通、贯穿、渗透，呈现出空间序列的高潮和收束、过渡和衔接等极其丰富的层次变化。

贝聿铭注重在结构的概念、悬浮的平面，以及精确且线性的细节中，贯彻一种纯粹的理性主义。正如对路思义教堂，"这个设计严格遵照结构体系及所选材料，并以逻辑和准则贯穿始终。"[1] 贝聿铭将工程结构既看作科学又看作艺术，以钢架、活动构件和玻璃，从构成原则层面而非表现形式上在现代技术与古代遗产之间架起桥梁，使基于技术手段的、有表现力的工程技术变成一种文化，通过简化的做法增加形式的张力，强化其意义。

(三) 材料与装饰的真实性

纪念性建筑是一种以满足人们纪念性精神功能为目的的古老的建筑类型。吉迪恩和约瑟·路易·塞特（Josep Lluis Sert）提出"纪念性"的九要点，认为纪念建筑是"对人类最高文化需求的表达"。[2] 勒-杜克强调材料使用所赋予的关键性作用，"对于建筑师来说，建造就是依照材料的特性与本质来运用它，并表达出以最简单和最有力的方法来达到目的的意图。而且要给予建筑物的结构以一种永恒性，一种适合的尺度，并使之符合由人的感觉、理智和直觉所制定的某些法则。建造者采用的方法一定要依据材料的特性、他可以支配的建造经费、每一类建筑的特殊要求以及他所处的文化环境而有所变化。"[3] 新建筑运动推动了混凝土、玻璃、钢铁等同质的人工材料，取代了石头、木材等异质的、不可靠的天然材料，并直率真实地表达材料与结构的本来面目、对材料不加粉饰地直接使用。贝聿铭能够揭示出某个特定场所潜藏的记忆，并暗示出细微差别和隐含的意义，可以说都深深地根植于他的建筑材料所呈现出的可感知的特征中。

1 [美] 菲利普·朱迪狄欧，珍妮特·亚当斯·斯特朗. 贝聿铭全集 [M]. 李佳洁，郑小东译. 北京：电子工业出版社，2015：61.
2 [英] 威廉 J·R·柯蒂斯. 20 世纪世界建筑史 [M]. 本书翻译委员会译. 北京：中国建筑工业出版社，2011：513.
3 许力. 后现代主义建筑 20 讲 [M]. 上海：上海社会科学出版社，2005：180.

贝聿铭不仅只强调在形式上对原材料再现，而且把真正的再现视为让建筑材料表现自己。钢筋混凝土在结构美学领域引发了一场革命，曲折和后退带来了前所未有的平面美学，而且带来更多的光影变化，投影不再局限于从上到下的垂直方向，还存在于从左到右的水平方向。贝聿铭充分体现材料固有的结构表现力，追求建筑明晰的体积感与坚实性，用混凝土创造毫无瑕疵、在外表和光滑程度上都酷似大理石的混凝土表面。混凝土不是唯一一种源于古典主义的元素而进行重新阐释的材料，玻璃幕墙和空间网架作为建筑时代发展的方向标，在贝聿铭的创作中也扮演着重要的角色。对建筑外部形式的处理采取了密斯式的玻璃与钢立面，但赋予一种新的不规则性与柔和感，玻璃的光泽和铝片的轻薄让体量漂浮、让边界消解，为中银大厦内应力的传递方式提供了视觉上的表达。

材料是建筑学的根本问题，贝聿铭把传统材料的当代应用和与现代材料的组合作为风格的一部分来考虑，力图通过不同材料及其建造工艺的把握在建筑本体性和建筑传统文化之间找到一个契合点。强调对材料的结构属性、表面属性、文化象征的个人诠释，分离出各个片段和元素，使材料变成另外一种、更加夺人眼目的介质，从而得到深层的体现。香山饭店的白色的抹灰墙和平整表面，意图是为了表达一种非物质感，体现一种抽象的机器和手工艺的对立。路思义教堂屋面使用瓷瓦砖，菱形呼应了内部交叉梁的形状，黄色富有中国传统宗教建筑的性质，瓦面凸出的钉头装饰呈现水平线的印象以反衬曲面的曲度。并置新旧建筑层级和片段，从而使新与旧各自的意义都得以加强，进而使参观者感受到一种在各个时间层级中的穿越。贝聿铭的艺术手法反对装饰、纯化表面，这已不是一般意义上的装修，材料、装饰与建筑真正融为了一体，也为建筑背后的指导原则提供一个可以感知的渠道。

二、现代主义建筑美学的拓展路径

(一) 平面与构图的象征性

几何性是建筑的一种天然属性，在抽象的形而上学概念中，几何是一种绝对的、普遍而永恒的建筑形式原则。鲍曼曾断言："几何学是现代精神的原型"，[1] 直线或几何的形体无疑更符合机器化的生产方式。"抽象"（Abstract）一词有"实质""非具体""提取"等意义，抽象既用于浓缩意义，又用于隐匿意义。从某种意义上，几何是与自然相对的理性象征，隐藏着自然现象的神话诗意似的画面。把几何性归结为贝聿铭建筑风格的特点之

---

1 [德] 马克思·韦伯. 新教伦理与资本主义精神 [M]. 于晓，陈维钢译. 北京：三联书店，1987：21.

一，是因为他倾向于将现代主义视为精神庄严的、几何性的显现，并显示出了驾驭几何空间组合的能力与技巧。

贝聿铭将几何学作为建筑的内在支撑，在处理功能与形式关系时突出表现几何特性，通过抽象的途径净化表现主题，以普世性的几何语言表现精神世界。"凡从艺者终需正视建筑四法：即线条的强大作用。直线，象征天际，寓意广博浩大，高贵壮丽；拱形，象征苍穹，寓意欢愉敬畏，鸿鹄之志；圆形，象征石子落入湖面产生的涟漪，寓意圆满，万物循序运动；矩形，寓意力量公正，诚实刚毅。此四法既为建筑语言之本源，也为基本单位。反之若缺失一二，其表现力便不会使人心领神会、为之振奋。"[1]贝聿铭建筑语汇的几何要素，除了矩形、方形、圆形，还有平行四边形、菱形、五边形以及三角形，通过切削、分离、穿插、叠加、扭转，超越表现，发挥对抽象形式和外观的幻想，追寻由其自身的图画内涵所维系的形态，探寻一种古老而永恒的建筑法则。

在贝聿铭看来，未来始于过去，历史是创造新事物的基础，"几何与历史之间的关系，就是形式的历史性应用，是建筑的一个永恒特性。"[2]贝聿铭挖掘形式的构成关联于宇宙万物的主题和社会表层下人类习俗制度的内在意义，并给它们一个恰当的形式。贝聿铭深爱金字塔这一具有最小的表面积，但又是结构上最稳固的形体。贝聿铭在卢浮宫、美国国家美术馆东馆、摇滚名人堂中一次次回归金字塔完美纯粹的几何表现，并将古典主义的几何体转化为包含自由清晰空间的明快而富于韵律的体量。"金字塔的律动来自整个建筑的几何性，而这种几何性正是深植于法国文化的。"[3]金字塔采用玻璃和金属结构，达到了高度透明的设计要求并代表了时代的特征，实现几何学纲要与现代主义的技术的结合。

我国建筑大师齐康指出纪念性的本质是"纪念过去，表现历史，并期望这种表现得以延续。"[4]贝聿铭强调纪念性建筑的特殊功能需求，强烈地传达定向的空间氛围或场所精神。贝聿铭以优雅的几何以及对于隐藏的场所记忆的专注，以强大的形式和建构秩序抽取社会结构、强化场地本身具有的力量，并在新的人造物和历史传统之间寻求共鸣。在结构中发掘三角形简单、牢固和三个灭点带来的空间丰富感。中银大厦的高度不等的三棱柱象征生命、寓意节节高升的竹子。美秀美术馆用四面体抽象提炼了日本江

1 [英]威廉 J·R·柯蒂斯.20世纪世界建筑史 [M].本书翻译委员会译.北京：中国建筑工业出版社，2011：97.

2 [英]威廉 J·R·柯蒂斯.20世纪世界建筑史 [M].本书翻译委员会译.北京：中国建筑工业出版社，2011：593.

3 [美]菲利普·朱迪狄欧，珍妮特·亚当斯·斯特朗.贝聿铭全集 [M].李佳洁，郑小东译.北京：电子工业出版社，2015：245.

4 于晓森，王金凤.浅谈纪念性景观的营造 [J].河北林业科技，2008，2 (1)：34.

户时代农舍的歇山式屋顶。圆形的洞窗带着贝聿铭对苏州月亮门的记忆，伊斯兰博物馆圆顶则是回归拜占庭建筑的影响、实现空间凝聚力。贝聿铭将纪念性建筑保存历史记忆，来实现政治和意识形态功能这些品质，通过严谨的几何变形转化为一种无可争议的现代建筑语汇。

对贝聿铭来说，正确地使用几何图形并一以贯之，是一种道德责任。贝聿铭认为抽象雕塑足以丰富大型现代建筑，这是造型雕塑无法办到的，抽象雕塑可以平衡自身几何的严肃感。贝聿铭在艺术气质上与迈耶一样，坚持自己的艺术定性，把简洁与诗意、技术和文化、几何性与纪念性作为设计的基本项，并在建筑中给予准确而完美的表现。

（二）建造与生产的技术性

如同阿瑟·德克斯勒（Arthur Drexler）在《现代建筑的转变》中所揭示的，"我们仍在为困扰了 19 世纪的在艺术和技术之间的冲突进行调解"。技术表现一直是现代主义建筑的一个重要主题，这个主题有时带有乌托邦主义色彩，建筑与科学之间的结合还必须永远是其存在的最终基础。当世界比任何时候都更服从于技术方法的无个性的专制时，贝聿铭却如以结构思想并说话的诗人，通过对空间想象和几何秩序的探索，协调标准化技术和整体形式概念，将建筑提升至结构艺术的高度。

建筑的发展演进中隐含着科学技术进步的影响，理性主义者相信建筑形式本质上就是结构形式，外观是内部构成的结果，即"建筑的本质是结构，所有风格的演进仅仅是技术发展的合乎逻辑的结果。"[1]西方近代建筑借助新材料、新技术与新形式的应用，最终成功地完成了对砖石结构体系的古典建筑的革命，时至今日技术依然是制约建筑形态的内在规律。贝聿铭的设计中结构技术的含量一贯极高，试图创立一种基于对建造构件的活力表现和具有流线造型、鲜明隐喻的结构表现类型。

贝聿铭学过土木工程，有深厚的结构功底，既是建筑师又是结构工程师，善于揭示隐含于结构和技术中的本质，探索与机械学意象相结合的文化现象，以现代术语重新阐发一种更为全球性的对结构纪念性化的表述并使建筑形态得以升华。贝聿铭把框架和面板、工艺技术看作现代人的文化表现，运用玻璃和钢框架体现建筑的非物质化，指向把建造形式拆卸为悬挂在透明空间中的移动平面。作品中也频繁使用张力结构来创造空间形态，张力结构明显轻于传统刚性节点结构，在视觉和体量上极为精炼，这种装配式结构以轴、杆、链的方式连接，在空间连接而成的结构体成为高技术

1　[美] 肯尼斯·弗兰姆普敦. 现代建筑：一部批判的历史 [M]. 原山，等译. 北京：中国建筑工业出版社，1988：11.

表现最为常见的方式。在细部处理上大量或整体采用铆接方式，效仿哥特式建筑的骨架券和飞扶壁的视觉张力，以及古典方格天花的原理，用最少的材料来降低静荷载和活荷载。

建筑设计需要直觉、想象、热情和大量的组织技巧，正如佩雷所言，"结构乃是建筑师的本国语言，一位建筑师是以结构思想并说话的诗人。"[1]贝聿铭在建筑中通过结构整合和材料展现有机把二者结合，充分发挥结构与材料的特性，突破钢筋混凝土体系与钢结构的力学性能自身的局限，把结构技术与建筑艺术完美地结合为一体。穿越透明结构看到景观的蒙太奇式的表现，产生了一种超现实的张力。休斯敦的得克萨斯商业银行大厦，花岗石表皮下包裹钢筋混凝土的管状结构，并通过新型锚固系统紧密结合。中银大厦采用四面体叠加的造型，创新性的超级合成桁架，这个桁架包括两个结构体系，一个用来承担建筑自重，另一个用来抵御侧向风力。竖直空间架构内部用交叉支架将所有的承重都转移到四个巨大的角柱上，建筑内部不再需要支柱。结构符合拼接技术，摒弃传统费时耗资的复杂空中焊接，选用混凝土来固定左右的结构组成部分。卢浮宫金字塔玻璃净重105t，金属支架仅有95t，支架的负荷超过了它自身的重量，不仅是体现现代艺术风格的佳作，也是运用现代科学技术的独特尝试。

"各种建筑风格不是时髦的游戏而是建筑技术发展的逻辑结果"，[2]形式来自原则而非随意，贝聿铭基于有限的标准化构件探索空间多样性，在许多层面上为创造唤起一种新的自由。与结构、材料本性的协调产生出真实的形式，这种形式又映射出最深层次的集体信仰。贝聿铭使用严格、灵活的模数制，根据办公空间、地下车库、卫生间不同的功能需要适时变换模数，一直把模数制贯彻到建筑的基本轴网、层高、门高甚至节点大样中去，不仅方便施工还体现了从技术规范中提炼极简主义美学。总之，贝聿铭信守"技术与艺术的完美结合"，利用先进的科技为艺术服务，提炼出历史传统的精华来雕塑空间，将技术以一种无与伦比的卓越方式表现出来，同时也将技术作为表达体验现存空间和记忆空间的工具，使建筑艺术得以通过自我陈述中的合理性来象征理性的力量。

(三) 立意与表达的诗意性

诗是最心灵化的艺术，是现实庸俗世界的对立面，中国是诗的国度，诗代表着人们的生存方式和人生态度。诗歌与平常的语言不同，是由于

1　[英] 彼得·柯林斯. 现代建筑设计思想的演变 [M]. 2版. 英若聪译. 北京：中国建筑工业出版社，2003：173.

2　[美] 肯尼斯·弗兰姆普敦. 现代建筑：一部批判的历史 [M]. 原山，等译. 北京：中国建筑工业出版社，1988：122.

它经过锤炼，更有韵律、更有画面感，而且正如陆机《文赋》中的"诗缘情而绮靡"，诗歌是个人内心感情的自发流露，是情感的最佳载体。"建筑像诗歌，仅仅作为装饰的所有装饰皆属过分，建筑依靠其比例之美丽与布置之精当，此外别无他求。"[1]贝聿铭的作品更注重感性体验，精心营造意境和含蓄典雅的风格，充满"言外之意，味外之旨"，浓缩的视觉形式达到诗意般的境界。

贝聿铭的建筑语言凝练精致，简化结构体系、精简结构构件、净化建筑形体，着眼于支撑、开敞、围合等建筑要素的基本含义，尽可能去掉那些中间的、过渡的、几何特性不确定的组成部分，追求将纯粹几何减少到最佳的程度。其作品的精妙处在于对有限的元素——框架、墙体、洞口、桁架、楼梯等的处理手法，并通过这些元素对比、连接、呼应保持整体与部分之间、构思与建造手段之间的张力，把对于比例、尺度、体量等精准控制把握，成功地融合在现代空间句法的表达模式中，建立对基本结构的诗意阐释。

"对结构，我们有一种哲学观念，结构是一种从上到下乃至最微小的细节全部服从于同一概念的整体。"[2]理性主义的诗性结构保持着潜在的和谐韵律，仿佛一部交响乐。"建筑和音乐都是由思维而来，都需要结构来构成形体，这也是结构的具体体现。另外还有时间的因素，时间是空间构成的顺序。音乐和建筑同时涉及了形体、结构、颜色和空间。"[3]贝聿铭对基本几何主题、装饰和色彩的交叠重复，立面凸出与凹进的虚实对比，光影明暗的变换跳动，以及基于动态旋转和离心发散所生成的空间序列，为建筑注入一种富含动感和韵律音乐的品质。

"择境殊择交，厌直不厌曲"[4]是中国园林大师陈从周对贝聿铭设计的评价。贝聿铭擅长"在心里画图"，将建筑融入自然环境，与园林、绿化形成一种互动、共生的关系。利用中国传统以窗框景、借景手法，组合中界面的围透产生复杂的空间和曲径通幽效果，形成丰富画面视觉层次（图 4-2）。舒尔茨提到，"建筑首先是精神上的避所，其次才是身躯的避所。"[5]贝聿铭作品中静谧的空间、富于肌理感的材料、柔和的色彩与人们细微变化的心境保持着紧密的联系，精神上呈现出某种"自然天性"，从而达到情景契合的意境。贝聿铭贯用绘画、雕塑作品加强建筑的艺术性，

1　[英] 彼得·柯林斯. 现代建筑设计思想的演变 [M].2 版. 英若聪译. 北京：中国建筑工业出版社，2003：175.

2　[美] 肯尼斯·弗兰姆普敦. 现代建筑：一部批判的历史 [M]. 原山，等译. 北京：中国建筑工业出版社，1988：192.

3　[德] 盖罗·冯·波姆. 贝聿铭谈贝聿铭 [M]. 林兵译. 上海：汇文出版社，2004：18.

4　[德] 盖罗·冯·波姆. 贝聿铭谈贝聿铭 [M]. 林兵译. 上海：汇文出版社，2004：163.

5　罗小未. 外国近现代建筑史 [M]. 2 版. 北京：中国建筑工业出版社，2011：310.

美秀美术馆则直接借鉴文学意象，用隧道和索桥重现一个悠远神秘、充满诗情画意的"桃花源"，正是诗意的部分，使建筑成为含蓄典雅的艺术品。

小　结

英国学者伯因和拉坦尼认为，在现代主义艺术家之中，"我们可以发现一种自觉的审美 - 反思性，这种反思性使得艺术创造的媒介，以及艺术表现手法成为艺术品中值得关注的对象。"[1] 分化就是区别，就是确立边界，分化为现代主义艺术寻找各自的生长空间，尝试各种创新的可能性，以及为艺术家个性

图 4-2　苏州博物馆新馆的园林小品

摄影：李春

风格的确立奠定了观念上和实践上的基础。贝聿铭以执着与超然的智慧，创造了一座座精致完美、令人感动又各不相同的作品，将现实的意图翻译成使空间、结构和光线都能融合在一起的更高秩序。从这些创作归纳出的共性和特征，是贝聿铭对自身风格特征的强调，是找到自己存在的合法化依据，也是对社会文化发展不同的内在回应。

一旦超越历史风格的外部特征，就可以发现一种更为本质的延续，进而就可以用当代的方式重新诠释这些"基本"价值。贝聿铭不是对现代主义的简单复制和延续，而是根据对建筑本质的深刻理解、自身独特的美学思想去充实和扩展现代主义建筑的内涵。在几何造型、中庭式布局、尊重材料本性、雕塑性景观、精细化工艺以及对光的空间表达等现代主义设计语言的基础上，以从容、淡定的风度，高贵、典雅的格调，明晰、简洁的形式，朴实而又富于变化的色彩，使设计展现出无与伦比的艺术力量。更加关注建筑形式的自主性，重新呼唤理性的复归以及推崇和谐美学的愿望，从一个特定的角度确证了把现代功能与传统审美结合在当代设计中开掘不尽的潜力。同时他的作品总体上是因地制宜、宜人怡情的，对称与非对称、规范性与灵活性以一种巧妙的方式结合，使室内外空间达到添景增韵的境界。吸收文化传统、呼应场所精神，十分节制地运用

1　周宪. 审美现代性批判 [M]. 北京：商务印书馆，2005：313.

古典符号，结合对视角和视野的控制、空间层次间的过渡、反光的水池和隐蔽光源等手段，将优雅的表现与标准化的技术结合在一起。其精神力量体现在比例、色彩和精致的细节中，推动现代主义建筑语言更加丰富、更有人情、更加精致化。

第五章　贝聿铭在现代主义建筑历史上的地位与作用

　　尼古拉斯·佩夫斯纳把风格定义为"将一代个体创造之美学成就连结为一体者"[1]，是流行的处于支配地位的或真正当代的世界观的表现，艺术家应能成功地知觉到其时代所特有的人类经验的性质，并能够将这些经验表达在适宜的技术和形态、外观和内部组织中。作为第二代现代主义大师，贝聿铭虽然只"是一个整合者，而非先驱"[2]，但没有比一位艺术家毕生追求始终如一的道路更有分量的了。贝聿铭自觉维护现代主义建筑的核心原则和艺术价值，进行不断修正、充实扩展和精心阐释，将不同的文明精华和经典先例吸收并转化到自己的设计中，形成了自己精致而又优雅的风格，提高了现代主义建筑的历史地位和当代价值。

　　现代主义建筑杰作中蕴含的思想意境和深度，根植于现代主义建筑各历史阶段和现代主义遗产代际的传承与发展。第一代现代主义建筑师使现代主义建筑的内在意义被人理解，成为通用的理想和表达语汇，但把建筑当作居住的机器，忽略与社会和环境的结合，造成功能主义、纯净主义的呆板和冷漠。作为跟随格罗皮乌斯、柯布西耶、密斯的新一代，第二代现代主义建筑师扬弃了只是汲取技术意向和纯粹形式主义的现代主义的草率之作，重新思考建筑最根本的价值，各自寻找反省和创新之间的平衡。"当其他第二代现代主义者逐渐失宠没落之际，贝聿铭依旧优雅地在向前走，并散发出一股无懈可击的魅力。"[3]贝聿铭坚持在现代主义建筑的物质和技术基础上，以东方智慧和精英文化的路线将功能主义和机器美学的弊端弱化到最小，取而代之的是一种唤起古典主义的抽象审美，重新焕发现代主义建筑鲜活的生命力。

1　[英] 彼得·柯林斯.现代建筑设计思想的演变 [M] .2 版.英若聪译.北京：中国建筑工业出版社，2003：52.
2　张克荣.贝聿铭 [M]．北京：现代出版社，2004：167.
3　张克荣.贝聿铭 [M]．北京：现代出版社，2004：166.

第一节　推动现代主义成为官式建筑风格

　　法国哲学家亨利·列斐伏尔指出，"空间是政治的，并不是某种与意识形态和政治保持着遥远距离的科学对象，相反地，它永远是政治性的和策略性的。"[1] 官式建筑作为权力等级的视觉证明，总是被用来彰显主流意识形态和集体价值观念，同时也被用作国家的宣传工具，凭借象征和联想的手法来传达信仰与凝聚的力量。直到 20 世纪 50 年代，学院派新古典主义在欧洲和美国仍然是公共性、纪念性建筑领域的主流模式。大多数人的口味依然倾向于保持传统的形象和习俗的联想，认为现代主义建筑体系趋于模糊各种类型建筑之间的区别，缺乏向大众传达信息的修辞能力。而贝聿铭"坚信历史是连贯的，建筑也必须向前发展"[2]，坚持现代主义建筑作为文化表达根基的、可识别的恰当方式有利于新的理念和规则的生成、拓展。在肯尼迪图书馆、美国国家美术馆东馆、卢浮宫项目等重要的公共建筑中，协调建造技术、抽象形体和古典韵味，推动现代主义获得广泛的历史认同，成为官式建筑风格。

一、新古典主义的霸权

　　在建筑历史上，官方建筑曾长期扮演了上层建筑和官方意识形态空间载体的角色，从埃及的方尖碑、希腊的雅典卫城、罗马凯旋门，到中国《考工记》中记载的"夏有世室，商有重屋，周有明堂"，都是礼制纪念性建筑，承载了颂扬统治者文治武功、维系宗法纽带、确立统治合法性的政治使命。18 世纪下半叶到 19 世纪末起源于法国的新古典主义浪潮，经法国学院派建筑教育的推广，迅速波及欧洲、北美甚至中国，成为长期占据美国官式建筑主流地位的风格。

　　新古典主义是经过改良的古典主义风格，暗含了资本主义启蒙运动对古希腊、罗马民主、共和的礼赞，具有丰富的"自由""平等""博爱"的价值观和政治含义。《弗莱切建筑史》指出，新古典主义"不仅仅是对古希腊及其他古典建筑的复兴，在建筑上，应该把它对结构的理性原则的回归联系起来。"新古典主义继承古典主义追求"平衡""对称""比例"等理性原则，从古典主义形式中提炼出经典元素，采取三段式构图和集中式布局，以柱式、三角形山花、线脚、檐口等传统建筑符号装饰，在一种纵向的价值同一感上暗含着对理想形式和永恒品质的追求。

　　华盛顿作为一个新兴帝国的政治文化中心，由法国建筑师和土木工程

1　孙全胜.列斐伏尔"空间生产"理论形态研究［M］.北京：中国社会科学出版社，2017：166.

2　［德］盖罗·冯·波姆.贝聿铭谈贝聿铭［M］.林兵译.上海：汇文出版社，2004：67.

师皮埃尔·朗方（Pierre Charles L'Enfant）根据古典法则规划设计，奠定了华盛顿强调几何轴线和主从关系的基本骨架。代表立法的国会大厦和代表行政的白宫为两个主要中心，之间的国家林荫大道作为供全体公民活动的公共空间。围绕国会大厦、白宫、林肯纪念堂和华盛顿纪念碑组成拉丁十字纪念核心区域，构成放射形和方格形相结合的道路和城市系统。充满雄心壮志的美国政府，希望借助于古希腊、罗马的古典建筑来表现民主、自由、光荣、独立等宏大政治主题和意识形态，国会大厦采用隆重的穹顶，而介于希腊庙宇和墓碑之间的方盒子形象的林肯纪念堂则是美国新古典主义建筑的典范之作。

林肯纪念堂保留了古希腊建筑的材质、色彩，同时简化了线条，它被视为美国永恒的塑像及华盛顿市标志。纪念堂位于华盛顿的国家大草坪西端，与东端的国会大厦遥遥相望，是一座用通体洁白的花岗石和大理石建造的古希腊神殿式纪念堂，可以强烈地感受传统的历史痕迹与浑厚的文化底蕴。整座长方形纪念堂经典、优雅、庄重，使用古典构图原理并富有象征意义。36 根白色的大理石圆形廊柱环绕着，象征林肯任总统时所拥有的 36 个州。纪念堂顶部护墙上有 48 朵下垂的花饰，代表纪念堂落成时美国的 48 个州。廊柱上端护栏上刻着 48 个州的名字。摒弃了过于复杂的肌理和装饰，是对公众的真实情感和集体记忆的表达。

平衡和对称型的新古典风格建筑在美国盛行，成为政府、大学校园和文化机构普遍采用的形制。由美国的第三任总统托马斯·杰斐逊亲自设计的新古典主义的弗吉尼亚大学，被美国建筑师协会评选为"最令美国人引以为豪的建筑景观"。1937 年著名建筑师约翰·雷塞尔·波普（John Russell Pope）担纲设计国家美术馆，与杰弗逊纪念堂和国家档案馆一样，波普依然采用了新古典主义风格。在长长的两翼中央是古罗马式穹顶，外面包裹田纳西州粉红色花岗石。约翰·罗金斯说过："比起家用建筑，公共建筑的'历史之用'，应当更加确切无疑。"[1] 官式建筑与一个时代特定的政治、经济和文化背景息息相关，贝聿铭拒绝将古典主义的变形作为创造新式纪念性建筑的唯一可行之路，为如何用新的建筑学处理尺度与象征性地表达"官样的"纪念方式提供了一些新的思路。

二、现代主义的突围

官式建筑的形态和意义又被打上了深刻的时代烙印，通过公共建筑、纪念性建筑的形式和空间充当了历史记忆、集体意识的物质载体，同时通过特定的建筑语言诠释了一个时代人类的精神世界和文化的表现。在全球

1 [英] 约翰·罗斯金.建筑的七盏明灯 [M].张鹏译.济南：山东画报出版社，2006：295.

化和多元化的今天，虽然纪念性建筑表达并没有被彻底消解，但是许多新的建筑类型已经进入纪念性建筑的主题，纪念性建筑的形式和空间形态也在发生巨大的变迁。贝聿铭从东西方各种纪念传统中汲取创作整体意象的灵感，凭借非凡的抽象能力和空间处理能力将设计意图的不同层级展现出来，为美国的公共建筑设计寻找到一种现代的处理方法。

　　"贝聿铭一生的七十多件作品无一例外地与金钱、权利和政治纠结在一起。他将外交手腕和设计的独特混合运用在中国香港中银大厦、华盛顿国家艺术馆、法国巴黎卢浮宫等七十多件建筑身上。"[1] 贝聿铭驾轻就熟地掌握物质与力量的高度技巧给人一种崇高感，进入官方格调所归属的精神之中，因为"建筑不像诗词绘画艺术，它可以遗世独立地创作，它必须追求权力。"[2] 在华盛顿新古典主义的建筑语境中，美国国家艺术馆东馆没有重返古代先例和历史语汇，向人们昭示官方建筑中的复兴主义和折中主义被真实的现代主义建筑形式取而代之是历史发展的必然。

　　纪念性建筑作为一种特殊而重要的建筑类型，是以社会集体精神为基础和动力的产物，并且在交流活动中塑造集体精神和身份认同感。一个时代有一个时代的文化，随着经济全球化及文化多元化的发展，贝聿铭的建筑不仅成功地荣耀了当权者，并且以设计民主化满足人们对艺术的追求，使美术馆、博物馆、音乐厅、大学校园建筑等新的建筑类型日益取代教堂、官厅、宫殿等传统的官方建筑地位。这既是人类集体精神发展、变化和丰富的结果，也是多元文化参与和感知体验对建筑功能的需要。

　　贝聿铭很早就对建筑与艺术的关系形成了自己的看法，他把美术馆、博物馆作为艺术的容器，致力于为艺术品设计最合适的空间和民主、怡人的形式。新古典主义的博物馆巨大的空间容易产生"博物馆疲劳症"，以盛气凌人的宏伟气势压倒游人。贝聿铭重视人的尺度，以吸引公众前来游玩为目的。以"民居博物馆"的形式设计美国国家美术馆东馆，不仅缩小了大型美术馆的尺度，并增加了展览的灵活性。新馆的体量看上去比老馆小，但实际上增加了 $14000m^2$ 的面积，连接新旧馆的地下两层高的公共大厅，设有临时展厅、报告厅、咖啡厅、纪念品商店、储藏室、办公室等多种配套设施。卢浮宫呈现了一种现代博物馆的神话，对称与非对称之间，厚重与透明之间，注入了新的尺度感和尊贵感，完美的雕塑形体控制力与视觉秩序洞察力，融合着过往的回音，保证了整体与局部的均衡关系，又避免了刻板或模仿的尴尬。对于苏州博物馆，贝聿铭则继承地域精神和园林特质，将古典园林的空间布局融入现代博物馆的功能要求，开创了现代

1　张克荣.贝聿铭［M］.北京：现代出版社，2004：3.
2　张克荣.贝聿铭［M］.北京：现代出版社，2004：55.

园林式博物馆的先河。博物馆具有古典园林的空间特点，由高低错落、外形各异的单体建筑组合而成，以门厅、东厅、西厅、花园作为主要节点，形成整合游览主轴线和组团内各展览厅空间序列的闭合线路。采用古典园林视觉通透、一步一景的视觉系统，主要流线区域通过形状各异的花窗与中央花园产生视觉联系，使花园占据视觉的中心。与传统园林相比，现代材料和技术使博物馆散发着工业文明的秩序之美。

在当代以商业为中心的城市秩序中，摩天大楼成为纪念性图景中的重要景观。中银大厦虽是一个商业建筑，建筑的姿态却是纪念碑式的，实现对现代市场经济商业精神的重新阐释。视觉分量的轻盈、纯粹与活跃的空间动势结合在一起，其无与伦比的高雅与简单的方盒子的苍白之间有品质的差别。抛光发亮的表面材料和半反射的玻璃，在天际线产生失重感和消失感的效果，用光线、空间和绿化来解放城市，将重复与抽象的现代城市品质升华为一种秩序，力图解决权威性与开放性之间的矛盾，并以其积极进取的时代精神形成占主流的机构性建筑新的构图。

随着时代发展，官式建筑从纪念性精神到纪念性建筑形态，都不断发生嬗变，从宏大叙事到世俗化、从权威主义到自由平等、从崇高化到人性化。建筑设计的功用与效益、以功能关系作为建筑空间组合和城市布局的理性依据，是注重理性与实效的现代哲学思潮在建筑领域的反映。纪念性建筑需要拥有震撼、打动人心的东西，但功能和形式必须符合逻辑。贝聿铭的作品对这一诉求作出具体回应，具有功能主义和理性主义的特点，简化建筑形式和元素，采用干练的线条和清晰的结构以获得理想的功能关系并符合建造的逻辑性。同时具有个人重视感情、历史和文化的表现，通过基地限制性要素的转化、与环境的同构提升场所的品质。以引用和重新阐释旧的原则来保持传统，力图超越国家与习俗回归建筑的艺术本原，乃是现时代官方建筑的关键问题之一。

简而言之，贝伦斯在《什么是纪念性艺术》中，"把纪念性艺术定义为任何一个时代中统治权力集团的表现"。[1] 纪念性建筑与再现性公共空间作为集体象征物的需要，通过它们，社会可以识别出所具有的共同特征。象征权力与财富，城市纪念性主题贯穿在贝聿铭的公共建筑中，他通过创作证明现代建筑的杰出作品和过去伟大的建筑一样，其意义远非只是改变了各自时代的潮流或阶段性的样式习惯，而是达到崇尚统一的时代精神这一现代文化的核心的视觉表现。

1　[美] 肯尼斯·弗兰姆普敦．现代建筑：一部批判的历史 [M]．原山，等译．北京：中国建筑工业出版社，1988：131.

第二节　引领现代主义建筑走向雅致化

20世纪晚期现代主义建筑被推广为一种普遍的风格和形式，其核心的功能主义、纯净主义的审美价值超越单一性而被纳入总体性的文化和社会表现的最基本方法。"现代主义仿佛是这样一个关口，在这里，激进和创新的艺术思想，从浪漫主义中产生出来的实验的、技巧的、美学的思想，都陷入了形式危机。"[1]面对现代形式语汇在艺术上的"意义丧失"，现代主义的审美价值不再被看做绝对的、不可改变的东西，其美学的文化立场和理论视域做出全面调整。后现代主义将历史重新引入设计，用多层次的含义取代形式与功能上的单一性，从而赋予形式以新的活力。但后现代主义包括了某种激进的文化与意识形态分裂，是对所有普世性与理想主义价值观以及场所、时间和同一性的颠覆和解构。现代主义建筑的美学价值受到后现代主义各种思潮的猛烈攻击，使当代建筑呈现形式畸变、寓意混乱的局面。

鲍曼（Zygmunt Bauman）指出："作为划分知识分子实践的历史时期的'现代'和'后现代'，不过表明了在某一历史时期中，某一种实践模式占主导地位，而绝不是说另一种实践模式在这一历史时期中完全不存在。即使把'现代'和'后现代'看做两个相继出现的历史时期，也应认为它们之间是连续的、不间断的关系（毫无疑问，'现代'和'后现代'这两种实践是共存的，它们处在一种有差异的和谐之中，共同存在于每一个历史时期中，只不过在某一个历史时期中，某一种模式占主导地位，成为主流）。"[2]西方建筑全面进入了当代的自身转型和现实重构，贝聿铭与路易斯·康、理查德·迈耶、丹下健三等第二代现代主义的主力，对现代建筑美学"痴心不改"，超于功能限制、发掘现代主义建筑传统的深刻内涵并付诸形式表达，向世人证明现代主义建筑依然具有强大的生命力。三位大师虽然彼此的策略和路径不同，但抽象的几何造型，富有秩序的空间，简洁纯净的形式，现代的技术材料，抒情的光影效果，对细部的精心雕琢，创造性地表现古典主义的精髓，共同的审美价值取向成为他们致力于推动现代主义走向雅致化的不竭动力。

一、路易斯·康：空间哲学

康从小受宗教的影响，因而对人类的意识、存在及它们与建筑形式原

1　[英]马·布雷德伯里，等现代主义[M].胡家峦，等译.上海：上海外语教育出版社，1992：11.

2　[英]齐格蒙·鲍曼.立法者与阐释者——论现代性、后现代性与知识分子[M].洪涛译.上海：上海人民出版社，2000：3.

型、建筑本体逻辑的关系作苦苦探索，成为时代的诠释者和伟大的空间诗哲。"康作为现代主义营垒中最后一位大师，深知现代主义建筑的积弊之重，他从理论和实践的双重角度对现代主义反戈一击，自然不同凡响。"[1] 康打破了包豪斯影响下的现代主义独步美国建筑界的束缚，他的作品既不与现代主义的标准品类相符，也不与已经到来的后现代主义一致，他跨越了现代和后现代两个时代。

康敏锐地捕捉到现代主义建筑技术、功能至上理论的弊端，以"形式唤起功能""建筑是有思想的创造"[2] 向现代主义建筑发起问难。但与他的学生文丘里大张旗鼓地挑起后现代主义大旗不同，儒雅矜持的康坚持现代主义精神内核，带着强烈的使命感，充分吸取古典艺术精髓、大胆创新，探索一种关于信仰、体验和文化的建筑。康沉浸在历史中，领悟形式的稳定性和对称性等古典法则，将功能发挥与古典主义结合，以晦涩的"空无"赋予建筑强烈的纪念性和深刻的精神内涵，使他的作品更接近建筑本质的东西。

康采用最先进的工艺手段，通过将历史转变为符号，把简单几何形式和象征性的粗野主义各种共存的对立要素娴熟地熔焊在一起，意在恢复一种集体的记忆、追求一种玄学状态基本的出场。基于清晰的服务与结构组织概念和逻辑体系，康赋予现代结构以象征性意义。理查德医学研究楼结构单元等同于空间单元，将服务以垂直交通的塔楼做成纪念碑式的，被服务的实验室作为附在其上的单元。方案平面是点与线的微妙结合，试图通过强调节点和结构的连接处来展现建筑是如何组织起来的，在尺度上实现从环境到建筑单体之间的过渡。"静谧与光明"的金贝尔美术馆实现了光、结构和空间的完美融合。康将白光口设置在拱顶的中心线上，保证室内均匀的采光并间接表明了结构的真实性——拱顶并非承重结构。结构限定了光的形态，光和结构同时限定了空间。

在被毫无意义的形式技巧或枯燥乏味的功能主义极度困扰的时代，康如同一个对建筑永恒价值的坚强守卫者，"如果要我用一句话去定义建筑，我会说建筑是对空间的思考创作……一种自发形成的某种和谐状态，能良好服务于建筑用途的空间"[3] 空间永恒的内在秩序，紧张而强烈的垂直形象，坚定而直接地使用砖与混凝土，康的作品具有令人敬畏的形式直觉，为怀旧之情的叙述打开了一个难以言说的空间，对一种已经变成了制度和权力的信仰进行世俗化纪念，为现代主义建筑增添了典雅的古韵。

---

1 万书元. 当代西方建筑美学 [M]. 南京：东南大学出版社，2001：27.

2 同1.

3 [英] 威廉 J·R·柯蒂斯. 20 世纪世界建筑史 [M]. 本书翻译委员会译. 北京：中国建筑工业出版社，2011：520.

二、理查德·迈耶：白色主义

迈耶坚持现代主义建筑传统的基础，认为现代主义具有非常完善的理论内核，"建筑的抽象依然是现代主义盛期留给我们的最富活力的遗产之一。它继续激励我们按照几何学组织和解释人类活动的方式来大胆创造和精心推敲。"[1]迈耶以现代主义的基本语汇和建筑整体的高度理性化，追寻古典建筑的空间序列、秩序感和建筑与场所互为依存的方式，以特有的柔润与和谐的变化手法以及含糊性，形成了建立在几何基础上的理性布局特点。充分建筑化的方法和明晰的空间组织与构造方法，向世人证明，现代主义建筑完全能够以一种常规的方式，以严密的逻辑和明晰的秩序，得到表现、装扮、升华。

迈耶认为"白色是永恒运动的短暂标志"[2]，白色是光的颜色，是色彩的记忆和期待，能强化对自然界所有其他色彩的感觉，对着白色表面也能够最好地欣赏光影虚实的表演，无所不在又各不相同，是理解和改变生命力最丰富的色彩。他采用白色作为自己色彩设计的媒介，认为白色是建筑中最能反映建筑美、建筑结构、光影效果的色彩。作品一律使用简单朴素的立方体，极端地发展了这种安静、冷漠的白色方块，把使用全白色作为能够达到最充分、最饱满、最强有力的建筑目的的手段。亚特兰大高级美术馆、法兰克福装饰艺术博物馆等最打动人心的特征，是白色瓷面钢板完整无缺的表面，使得建筑在任何时候都是一个闪光的物体。

迈耶强调建筑生成的自主性与形式秩序感，同时更自觉地建立建筑与场地、环境的有机联系。被称为新包豪斯主义、新现代主义代表作的格蒂中心（Paul Getty Culture Center，1985—1997 年），是设计最昂贵的博物馆建筑群，分散式的布局方式包括艺术博物馆、文物和考古中心、图书馆、讲演厅、文化活动中心、收藏馆及附属设施。迈耶将现代主义建筑普遍采用的正交直线和笛卡尔坐标网状空间旋转、交叉、变形，使网格成为二维平面的装饰品。在总体布局中又设置了两套交叉组合的轴网，建筑群的形体与空间组合以这两套轴网为依据，既有规律又有变化。用白色的大理石作为主要墙面材料，建筑之间以有遮檐的人行道连接。"她从粗犷的山丘上展露出来，优雅而永恒，明朗而完美……有时是环境控制着她，有时她又挺立而出地主宰环境，两者在对话中共存，在相互交融中合二为一"。白色派领袖迈耶把建筑与环境的互相生成、互相融合作为一种终极追求。寻找一种古典的平衡，在自己的建筑中，重构古典建筑中那种建筑与环境互相生成、互相融合的方式。层叠的墙体和透明层、碎片化的结构网络，

1 万书元.当代西方建筑美学 [M].南京：东南大学出版社，2001：45.
2 许力.后现代主义建筑 20 讲 [M].上海：上海社会科学出版社，2005：180.

贯穿的坡道，以及内部空间错综变化的光线所构成的复杂层次，创作了一系列优美而感人、纯洁宁静的作品。

三、丹下健三：内在的日本

师从柯布西耶的丹下健三引领日本现代建筑进入成熟期，探索以现代主义建筑表达"内在的日本"，奠基了第二次世界大战后日本的现代主义建筑雅致化发展的道路。丹下健三指出："建筑必须具有一些引人共鸣的特点，但建筑的基本形态，空间和外表也必是有逻辑的。创意作品在我们这个时代表现为一种科技和人文相结合的形态。传统在其中扮演的角色是催化剂，它促成某种化学反应且不能在成果中被识别。传统毫无疑问可参与创作，但它自身将不再能成为一种创意。"[1]

丹下健三强调建筑的人性与科技的完美结合，先后提出"功能典型化"概念和"都市轴"理论。东京新都舍厅充满日本和风特点，横向、纵向的窗结合形成的纤细、丰富的立面，与日本传统江户以后住宅的某些精髓之间建立了另一种联系，用抽象的建筑形态唤起人们对传统潜在记忆的同时满足了现代化功能对灵活空间的需求。代代木国立综合体育馆采用混凝土壳体悬索结构，具有日本神社形式和竖穴式居住的原始想象力，达到了毫无传统装饰细节，又具有强烈的民族特色和科技力量的境界，展示出丹下健三杰出的创造力和对日本文化深邃、独到的理解，让世界认识了日本现代建筑。

作为日本现代建筑最重要的奠基人，丹下健三通过自己的创作和在东京大学的任教，影响了黑川纪章（Kisho Kurokawa）、槙文彦（Fumihiko Maki）和安藤忠雄（Tadao Ando）等整整两代杰出的日本建筑师。黑川纪章将人与自然、传统与现代、文化与经济等建筑多样性相互渗透提出共生的概念，并借鉴解释茶道思想的"利休灰"，开创性地提出了城市和建筑中"灰空间"的概念，通过街道、中庭、门、小型公园等灰空间将自然与室内相互捕捉、穿透，体现日本文化以一种精妙的朴素感提高对自然世界的感悟。槙文彦采用开放性的构造方法，以精细的手法使建筑表现出理性的思维，赋予建筑人性和文化更多层次的内涵。安藤忠雄偏爱细腻、匀质、原始朴质感的清水混凝土，重复地再现"住吉的长屋"的风格，运用现代主义的手法表现日本传统建筑内敛的空间，以细致而非力道、柔滑而非粗犷，回应那些过着普通生活，惯用木材与纸张的日本人心中的感性。

日本现代建筑的发展，从前川国男倡导"洋风为基础的和风意匠的折

1　[英]威廉 J·R·柯蒂斯. 20 世纪世界建筑史 [M]. 本书翻译委员会译. 北京：中国建筑工业出版社，2011：670.

中"开始，到丹下健三及深受其影响的新一代建筑师几代人的不断传承，始终致力于本土化和国际化、现代主义的基本原则与日本以"禅学"为基础的传统文化之间建立一种健康的张力，演变成具有深刻日本文化特色的建筑文化现象，简洁洗练、质朴细腻、雅致隽永的品质在国际现代主义建筑中占有非常重要的一席之地。

四、贝聿铭：东方智慧

中国哲学的最大特点是以整体综合、直觉感悟为基本特征，以伦理观念、道德修养为主线，并日益渗透和贯穿于民族的价值观、审美观及中国传统建筑的独特的形制格局和思想精神意蕴。传统建筑朴素的自然观，将建筑、园林、城市作为一个有机整体，创造宜居的环境。同时中国传统建筑重人伦，强调空间的秩序。因此贝聿铭在建筑创造中尊重自然，驾简驭繁、形成整体，追求天地人三者和谐如一。而作为东方贵族，贝聿铭倾向于文质彬彬、从容闲适、清淡隽永的"雅致"，更加突出建筑的适性娱情作用。

建筑"如作诗文，必使曲折有法，前后呼应，最忌堆砌，最忌错杂，方称佳构"，[1] 贝聿铭作品的简约形象以序列化、符号化、图式化展示，万物的构成，可以归结为几种几何形体，逐步加以展开、深化而形成一定的模式。在简约的母体之中加入各个部分，对其上下左右的关系进行深入地分析比较，避免拼凑、堆砌、缺乏内在逻辑，通过建筑的收放、开敞、封闭、曲直、转折、俯仰、穿插、参差等手法，形成优美的形象。在空间序列的组织中，"静""动"相离、层次分明，纵横交织形成统一的整体。通过墙体、庭院、水面和绿化对建筑内部和外部空间的界定，达到空间的延伸和渗透，强化景观展开的连续性，成为一个动态"步移景异"的构成。贝聿铭自觉追求建筑结构架设、形式肌理、用材选料及色彩装饰的细致、典雅，重视建筑近观效果，也善于因地制宜、考虑远景的总体气势。不仅注重对建筑实体的修造，更加重视对庭院、地下空间的使用，把本属于消极的虚空变成积极的空间，实现空间组合的虚实结合，这种组合原则反映了中国传统内省、含蓄、包容的处世方式以及阴阳和合的哲学思维。

吉迪恩（Sigfried Giedion）在《空间·时间·建筑》中认为，当代建筑中存在着某种程度的混乱、停顿，甚至一种枯竭。但他坚持"我们仍然处在新传统的生成时期，处在它的开端"，重申当代建筑面对的主要任务是"对于我们时代而言是可取的生活方式的诠释"。[2] 所谓运用之妙，存乎

1　王鲁民.中国古代建筑思想史纲[M].武汉：湖北教育出版社，2002：100.
2　[美]卡斯滕·哈里斯.建筑的伦理功能[M].申嘉，陈朝晖译.北京：华夏出版社，2002：11.

一心。贝聿铭同样坚持探索修正"国际式"风格刻板面貌的途径，认为后现代主义的许多流派实际上是从现代主义的基础上发展起来的，几何抽象、纯净主义美学、技术主义并不是公式化和非个性化泛滥的真正元凶，关键是设计者的知解力和创造力，才能引向理想的现代主义。贝聿铭在现代主义的基本手法的基础上，将东西方不同的古典精神融会贯通，从自然、历史和先例中汲取充满个性化的实验和表达的方式，使新现代主义散发出时代的光泽和东方的典雅气质。

第三节 拓展现代主义建筑文化适应性

"如果你对人类情感的历史——那也正是建筑史的本质——进行思考，你会注意到，最为硕果累累的想象力的发展总是在两种或两种以上相互对立的思想或情感方式碰到一起时发生。这些思想或情感方式也许扎根于彼此非常对立的文化土壤中，但如果它们真的能碰到一起……那么，一种出人意料的含义丰富的关系就会出现。由于我生命中的对立面逐渐获得一种互补，我在这些方面感觉到了发展。与此相比，这些年中我在设计建筑方面取得的进步就不再那么新颖、有用、令人振奋。这好比是播种和收割，季节和情绪的循环，光和洞察力的运动，你种下的东西什么时候可以收获，你永远不会搞得很清楚，收获也许是一次性的，也许是重复进行的。你也许会忘记你种下了某种东西——一种经历、一种观念、与某人的关系或一种哲学、一项传统。然后，突然间它就开花了，而且是由截然不同的环境促成的。这样的开花现象能穿破墙壁，甚至突破整个时代。"[1] 贝聿铭从更广泛的文化的背景来修正现代主义困境，以适应新的意图和处理完全不同的气候、文化和传统。在不同文化和不同时期的形式中寻找相似之处，然后将这些语法转化为自己的建筑语言，为这些旧形式赋予了全新的活力，使处于断裂或者衰退之中的现代主义传统成为一个"包容"的象征。

贝聿铭的作品遍布美国、法国、德国、英国、卢森堡、中国、日本、新加坡、卡塔尔等国，涵盖了基督教、伊斯兰教、中华文明、商业文明等多元的文明。"旧的事物不会再生……但是它也不会完全消失。曾经存在的都会以一种新的形式再次出现。"[2] 贝聿铭尊重历史文化，不是浪漫的怀旧或形象图式的模仿，而是发掘历史上深层次的精神价值和生活哲学使之转化。在有着悠久文化传统的地方做建筑，贝聿铭一定会吸取当地

---

1 [美]迈克尔·坎内尔.贝聿铭：现代主义泰斗[M].萧美惠译.台北：台湾智库股份有限公司，1996：424.
2 [英]威廉J·R·柯蒂斯.20世纪世界建筑史[M].本书翻译委员会译.北京：中国建筑工业出版社，2011：97.

的文化，使之融入建筑设计中。"一连好几个星期，贝聿铭在卢浮宫一带不断地来回走动。在房间里对法国最伟大的园林建筑师安德莱勒诺特尔的作品进行反复研究，苦苦思索如何根据经典文物的特点，灵活应用当代的设计图案。"[1]

"建筑将一个场所的记忆传递给当下，并进而将其交给未来……建筑区分自然要素，同时又对它们加以整合。通过建筑，自然被分解为各种元素，再被融为一体。这么一来，自然就被建筑化了，而人与自然的对抗也被文明化了。"[2]贝聿铭认为，所有严肃的建筑师都不应否认伟大的建筑在现代主义、本土风格与古典形式之间寻找最佳切合点，借鉴并改变各种文明的过去的遗产，更为深刻地理解和思考人与自然的关系。贝聿铭强调建筑与场所的关联，追求建筑整体性的表达，用丰富多样的现代建筑语言表现商业文明、民主精神、宗教救赎、东方神韵以及伊斯兰内向性和统一性的理想，包容着对地域文化的理解和对自然的一种谦逊态度。渴望将某种确切的普遍性赋予建筑形式，寻求历史上一切伟大风格所拥有的深邃、严谨和广泛适用性的建筑语言。将古代传统的建筑艺术和现代最新、最前沿的科学技术融为一体，以一种融合古典主义和地域主义风格为一体的复杂的隐喻形式在形而上学层面跨越不同时代，来复兴现代主义建筑传统成为过去与未来之间的纽带。

小　结

建筑的任务在于传达视觉形象，超越历史表现永恒的权力形式，建筑的目标亘古不变，改变的只是实现目标的手段。现代主义建筑的一项重要使命就是将图像和概念转化成形式，让时代和生活的内在逻辑、建筑的本质和意义得以彰显，以超越现实、获得永恒。"如何变得现代又回归本源；如何在唤醒沉睡的古老文明的同时又积极参与建构一种普适性的文明，这是一个悖论。"[3]与其说现代主义建筑所缺乏的是一种感染力，倒不如说普通的建筑师缺乏将这种感染力转化成形式和符号的能力。

建筑并非是仅依据笛卡尔抽象模式塑造的，还应该能诉说感觉，唤起记忆，与历史对话。正如哈贝马斯眼中的现代文化一样，贝聿铭审视现代主义建筑全景图，将其作为"一个未完成的理想"和"未竟的事业"，探求现代主义形式如何被接受、被拒绝，达到何种成熟的阶段以及深入到何

1　倪卫红.贝聿铭［M］.石家庄：河北教育出版社，2001：135.

2　［英］威廉 J·R·柯蒂斯.20世纪世界建筑史［M］.本书翻译委员会译.北京：中国建筑工业出版社，2011：670.

3　贾冬婷.百岁贝聿铭［J］.三联生活周刊.2017，932.

种程度，以及如何使之服从于不同的文化特征。立足中华古老文明和深厚的传统，汲取天人合一、道法自然、儒家伦理、中庸、包容等思想和诗词、绘画、园林等传统艺术的灵感源泉，摆脱机械化形式的桎梏，将实用、审美和象征方面的需求以令人信服的方式进行组织综合。以现代手法实现一种古典的气息，把雅致、温润、诗化的独特美学效果融入现代主义建筑体系，呈现出建筑与自然、现代化和历史传统和谐统一的表达语言，在更深的层次上唤起对建筑内在法则和秩序的回归和发展。

第六章　贝聿铭对中国建筑现代转型的推动与启示

　　一部建筑史，基本是一本风格史或建筑类型史，风格或类型是建筑传达意义的核心内容。风格代表了时代，记录了历史的发展和演变，风格是基于某种原则的理想显现，也是建筑视觉经验的中心。现代主义专注于功能和构造，并视功能和构造为一种风格，刻意否定装饰、反对提倡风格，而形成独立的功能主义的、构造性的风格，形成现代主义的建筑类型，是建筑上的重大突破，从而使意义的传达变得更加透明、明确和准确。基本的现代主义建筑概念在不同的文化和国家中经历了重新思考的过程，与捷克、日本受到外界影响的同时积极参与对现代建筑的定义，与现代主义原发地一起平行发展，演绎自己的现代主义运动不同，中国接受了一种现成版本的现代主义。

　　改革开放后在政治景观和消费文化合力下和快速推进城镇化过程中，建筑的宏大叙事和媚俗之风形成了，"人们对形式关心过多，而对本质过问得不够。建筑是一件严肃的工作，不是流行形式。"[1]功能具有科学性特征，也具有理性特征，而不是简单的美学范畴。功能无法独立生成形式，最苛刻的功能要求都可以有多种实现的途径，通过某种风格的表现才能转化成建筑的形式和空间。贝聿铭自觉而奋力地坚持美学价值的首要作用，依赖早期现代主义中所蕴含的精神价值的传承、古典秩序中基本类型的转换和抽象形式中意义的提取，实现了西方理性精神与东方传统文化的深度融合，为当代中国的建筑发展指明了适合当前状况、强调建筑永恒价值、超越风格范畴的新路。

第一节　中国现代建筑发展的历史阶段

　　中国建筑的历史文化源远流长，清朝以前被誉为"世界三大建筑体系之一"，有着自己的概念、秩序和谱系，通过三维语言体现了不同的世界观。中国近代建筑的发展和中国近代社会的发展一样经历了复杂而曲折的过程。这一过程中掺杂着中国对西方影响相当复杂的矛盾的心态。"自清末季，外辱凌夷，民气沮丧，国人鄙视国粹，万事以洋式为尚，其影响遂

1　罗小未. 外国近现代建筑史［M］. 2版. 北京：中国建筑工业出版社，2011：314.

立即反映于建筑。凡公私营造，莫不趋向洋式。"[1]对传统的看法取决于依附在旧有建筑形式上历史的、甚至政治上的联系。受在华西方教会的本土化运动和清末"新政"影响，欧美建筑师及直接模仿西方古典主义的中国早期建筑师，在公共建筑中以西方砖石（木）结构体系全面取代传统梁架式结构，并出现了向以钢结构、钢筋混凝土结构为代表的现代建筑技术体系过渡的趋势。现代主义建筑不仅意味着新形式和独特风格，作为一场建筑文化的变革，也呈现出一种文化上的激进主义。这是从社会生产组织方式这一理论视角来把握建筑设计作为一种现代的物质文化实践在社会整体系统中的地位和作用。

建筑设计既是一种知识系统，也是一种社会生产。无论是作为物质生产还是文化创造，建筑设计始终是特定历史时期和特定社会组织方式的结晶。中国并没有经历过西方社会那样的建筑和艺术的现代主义运动，天生带有一种西方色彩和诉求的现代主义建筑在中国经历了漫长、冲突和曲折的转变过程。邓庆坦教授在《中国近、现代建筑历史整合研究论纲》一书中，从中国近代建筑史寻求建筑的现代性，把以1949年为界的近代、现代建筑史重新整合，将中国现代建筑史的起始期设定在1900年，着力追寻19世纪与20世纪之交中国宏大的社会和变革之中的现代性因素，使之在建筑创作环境之中具体化。邓庆坦教授以现代化作为对中国近代以来建筑历史的解释系统，把中国近、现代建筑历史当作一个有着历史延续性和内在规律性的完整历史过程，将贯穿20世纪的中国现代建筑的主要历史脉络分为三个发展阶段。

第一个阶段：从萌芽到第一个高潮（1900—1949年）。以1900年欧洲现代主义建筑运动的前奏——新艺术运动在中国出现，作为中国传统建筑体系的断裂点和中国现代建筑的起点。教会主导下的西方建筑师的"中国式"建筑的尝试，客观上开启了中国建筑师"中国固有形式"的探索，1920年代末到1937年形成了中国现代建筑的第一次高潮。"建筑式样之决定乃以其结构方式为主要，今日之钢骨与混凝土结构，已普遍采用，则其结果更多相同之处矣。"[2]童寯、庄俊、范文照、杨廷宝等中国第一代建筑师在西方接受了严格的学院派建筑教育，先后接受了现代建筑的设计原则和方法。在其影响下，以华揽洪、林乐义、冯纪中、汪坦等第二代建筑师也确立了现代建筑的基本方向。"中国第一、二代建筑师的现代建筑实践和思想奠定了1949年后现代建筑自发延续的基础。"[3]

1　梁思成.中国建筑史［M］.天津：百花文艺出版社，2005：353.

2　何立蒸.现代建筑概述［J］.中国建筑，1934，2（8）.

3　邓庆坦.中国近、现代建筑历史整合研究论纲［M］.北京：中国建筑工业出版社，2008：7.

第二个阶段：意识形态干扰与现代建筑的自发发展（1950—1976 年）。1949 年中国建筑历史进入新的阶段，全盘接受了苏联"社会主义内容、民族形式"的建筑思想，北方官式大屋顶和新古典主义的"民族形式"模式成为国家意识形态和民族精神的表达，再次掀起传统建筑文化复兴的浪潮。但将特定的建筑风格与社会制度、意识形态建立关联，导致"文化大革命"期间建筑走向政治化的极端。同时面对恢复生产的需要，在大规模工业生产和民用生活性建筑上，政府也提出"适用、经济，在可能的情况下注意美观"的建筑方针，政治象征让位于更为严峻的国情和经济现实。杨廷宝的北京和平宾馆、黄毓麟的上海同济文远楼、莫伯治等人的广州白云宾馆等一批优秀的现代主义建筑作品问世。承续了 20 世纪初的现代建筑传统，同时为新时期的探索奠定了基础。

第三个阶段：经典现代建筑的回归与继承、超越与发展（1977 年至今）。改革开放结束了与国际建筑潮流相隔绝的局面以及经济持续的强劲动力，中国建筑迎来新的开放性演进，步入空前繁荣的多元化时期。20 世纪 80 年代形成一股现代建筑思潮，要求"补上现代建筑运动这一课"的主张，引发了关于建筑现代化与民族化的激烈讨论，形成了立足现代性，充实、提高和超越经典现代主义的趋势和突破以大屋顶为蓝本的"民族形式"的局限，进入乡土性、地域性的广阔领域。"中国社会当前所面临的是，如何从前工业时代向现代社会的转变和如何从现代工业社会步入知识经济的后工业或后现代社会的双重问题。"[1]

第二节　中国现代建筑体系的变迁

现代建筑运动在中国的建立与更为广泛的技术和体制的现代化进程是分不开的，"制度体系、思想体系、功能体系、技术体系的现代变迁，正是建筑现代性的体现和基本特征。"[2]

一、技术体系

建筑是艺术与技术的结合，建筑师总是在建筑技术所提供的可能性条件下进行创作，因此建筑技术属于建筑活动最基本的层面。建筑技术包括建筑结构、建筑设备以及材料和施工等，其中建筑结构技术是形成建筑空间的主角。现代建筑技术体系包括钢（铁）结构和钢筋混凝土结构两大主要结构体系。伴随建筑结构的改变，新的建筑类型的出现到现代建筑材料、

1　郝曙光.当代中国建筑思潮研究［M］.北京：中国建筑工业出版社，2006：3.
2　邓庆坦.中国近、现代建筑历史整合研究论纲［M］.北京：中国建筑工业出版社，2008：5.

建筑设备的应用都呈现出加速发展的态势。

1900年之前，海上贸易和宗教传播共同形成西方建筑文化向中国渗透的强劲势力，在传入时期出现了以圆明园西洋楼、上海董家渡天主教堂为代表的混合型建筑技术，即采用中国传统木架结构，而维护体系及室内外装修掺入西式做法；或采用西式砖石承重，屋面、墙身及装饰构造非单一源流的建筑技术手段。圆明园西洋楼采用中国传统抬梁式木架结构和宫殿式琉璃瓦屋顶，而饰面采用西式石材雕刻的图案夹杂中国传统花饰。董家渡天主教堂采用砖石墙体承重，天顶的半圆形拱券和交叉拱券则是在木骨架外用泥灰粉饰。鸦片战争后，纯粹的西方建筑技术多集中在租界，而洋务运动将西方建筑技术作为"器"引入并仅仅局限于第一批中国工业建筑。对于中国传统建筑体系的整体都没有受到有力的冲击，因此"这一时期，中国传统建筑体系的纵向延续和西方建筑体系的横向移植两个过程基本上处于并存和共生的状态。"[1]1900年义和团运动失败和八国联军攻占北京，清政府被迫实行自上而下的"立宪""新政"，为表达现代政治观念，官方重要建筑由西方建筑师直接设计或模仿西方建筑样式，形成建筑领域的全盘西化浪潮，墙体承重、楼层与屋顶结构皆为木质的砖石（木）混合结构建筑技术大规模引入，并出现了全钢结构的工业建筑，对中国的建筑发展的轨迹产生了决定性影响。1903年哈尔滨的中东铁路哈尔滨总工厂、1905年成都的四川机器总局新厂均采用钢屋架和钢柱，建筑设计和施工工艺都达到了很高的水准。1905年武汉的英商平和打包厂采用现浇混凝土楼板，框架柱的受力钢筋与现代建筑结构完全相同。

总之，中国建筑技术体系从砖石（木）结构向现代建筑体系逐步过渡。砖石（木）结构取代传统梁架结构，木桁架代替了抬梁式屋架，拱券代替了木梁枋，砖石墙取代了木柱，钢筋混凝土也开始应用于各种类型的公共建筑。作为砖（石）木结构与钢筋混凝土框架结构之间的过渡，砖（石）墙钢骨混凝土混合结构和砖（石）墙钢筋混凝土混合结构出现。"1908年上海电话公司人楼较早采用了钢筋混凝土结构，1916年上海有利行大楼成为使用钢框架的先例之一，"[2]由于钢筋混凝土框架结构、高层钢结构以及大跨度结构的引入与应用，上海的公共建筑随之出现了多层化和高层化的趋势，建材工业、设备制造、建筑安装及施工技术全方位发展。1910年商务印书馆出版了中国第一部现代建筑科学著作——张锳绪的《建筑新法》，采取东西各国建筑书籍之粹，以去除世人"若夫枝枝节节，徒摹形似。而

1　邓庆坦.中国近、现代建筑历史整合研究论纲［M］.北京：中国建筑工业出版社，2008：64.
2　郑时龄.上海近代建筑风格［M］.上海：上海教育出版社，1995：205.

不审其用意之所在，非效法之善者"[1]，系统介绍了建筑材料、结构技术、采暖通风等西方近代建筑方法与原理。中国建筑技术体系完成现代转型之后逐渐与西方步入同步发展阶段，结构和技术的创新、对技术精美的追求和技术美学的表达成为建筑创造的重要手段和目的。

二、管理体系

建筑制度包含政府机构建筑管理体制、社会分工和行业运作机制等方面的内容，马克思认为，"技术的应用最终是由社会经济关系决定的。"[2]西方在华租界建筑管理机构、相关建筑技术管理法规对中国现代建筑制度体系的核心——政府管理结构和建筑法制化管理提供了范本。同时受较早来华的西方土木工程师和土木工程专业留学生的影响，中国工匠对西方建筑技术逐渐地熟悉，基于近代科技的建筑工程学科体系、职业规范及工匠系统逐渐形成。

1846年上海英租界成立"道路码头委员会"（Committee on Roads and Jetties），负责界内筑路、修码头及向外侨征收市政建设费。1854年英、法、美三国领事共同修订并经三国公使批准的新《土地章程》，"该章程规定三国租借地行政统一"。[3]负责租界行政领导与管理的机构是市政委员会（Municipal Council），即所谓的"工部局"，其下设的工务处负责租界内一切市政基本建设和建设管理等工作。1862年法国租界独自为政，宣布成立"大法国筹防公局"，后改称"公董局"（Conseil Municipal），其中公共工程处对应公共租界工部局的工务处。20世纪初工部局先后颁布了《华式新屋建筑规则》《西式新屋建筑规则》《钢骨混凝土之规则》《建筑物用钢料之规则》《关于戏院等之特别规则》和《旅馆普通寄宿学校舍及公寓之特别规则》等一系列普通规则、专门技术规则和特别规则，20世纪30年代《中国建筑》以《公共租界房屋建筑章程》为专题进行了连续刊载。上海公共租界工部局的工务处和法租界公董局的公共工程处的成立，以及一系列建筑法规的制定，标志中国领土上真正出现了与具体建筑活动有直接、明确对应关系的政府管理部门，实现"归口管理"，为中国建筑管理体制的现代转型在制度层面上提供了示范作用。

20世纪初清政府的"新政"和"立宪"运动，为现代建筑全面输入和移植开辟了道路。1901年清政府成立"北京善后协巡总局"，成为第一个负责都市管理事务的正式机构。1902年被"京师内外城巡警总厅"取代，

1　李海清.中国建筑现代转型［M］.南京：东南大学出版社，2004：147.

2　杨沛霆等.科学技术论［M］.杭州：浙江教育出版社，1985：63.

3　费成康.中国租界史［M］.上海：上海社会科学院出版社，1991：20.

该机构下设建筑科、交通科等，负责建筑的规划审批、市政建设的管理。在租界建筑管理体制的示范影响下，清政府1908年颁布《城镇乡地方自治章程》，为中国现代市制的确立拉开了帷幕。1912年广东省会警察厅公布《取缔建筑章程及实行规则》，"为中华民国国民政府系统内颁布的第一部建筑管理规则"[1]。1914年中华民国成立京师市政公所，内务总长朱启钤兼任督办。1938年南京国民政府公布中国历史上第一部全国性的专门法规《建筑法》，明确主管建筑活动的机关——中央为内政部、省级为建设厅、市级为工务局，开始有计划地进行城市公共建设，并逐步制定完备的技术规则进行管理。

中国古代歧视建筑工匠为不齿之鄙役，工匠的技艺难以得到总结和传承，"职之故，一般人仅注意于建筑物表现形式之鉴赏，而忽略建筑方法及学理之探讨，此所以吾国固有建筑技术为一般人所遗弃，而建筑者（所谓工匠）亦渐莫无闻，不足表见于当时也。"[2]随着中国工匠对西方结构方式和装修方法等建筑技术手段的学习和熟悉，初步具备西式建筑施工能力、有开拓意识的工匠开始参与到建筑市场的竞争中，并成为率先接触西方工程招标投标制度的先驱。中国工匠的组织方式和经营手段也随之发生了显著变化，1922年出现了中国近代最大的营造商——陶桂林的"馥记营造股份有限公司"，全盛时期员工达到23000人，[3]"为中国工匠系统进入20世纪以后尤其是20世纪20年代到20世纪30年代的大转型奠定了基础。"[4]而较早来华的土木工程师和土木工程专业留学生的先驱，打破了中国建筑活动长期以来依靠工匠系统及其经验的单一体系。1895年天津设立中西学堂，成为中国人自办土木工程教育的最早实例，1912年1月詹天佑发起成立土木工程师的行业组织——中华工程师学会并创立《中华工程师学会会报》，中国初步建立起一套基于近代科技的建筑工程学科体系与职业规范。

三、教育体系

与西方特别是文艺复兴以后的建筑历史相比，中国古代建筑历史是"无名"的历史。在现代意义的建筑专业和建筑师职业引入之前，集建筑设计、预算、施工于一身的是"匠人"，而且建筑体系的传承方式是师徒收受，士大夫与营造工匠社会地位泾渭分明。"盖中国之制器也，儒者明其理，

---

1 汪坦，张复合．第四次中国近代建筑史研究讨论会会论文集 [M]．北京：中国建筑工业出版社，1993：184.

2 汤锦贤．本会二届征求会员感言 [J]．建筑月刊，1934，2 (4).

3 张云家．陶桂林奋斗成功记 [M]．台南：长鸿出版社，1987：82.

4 李海清．中国建筑现代转型 [M]．南京：东南大学出版社，2004：74.

匠人习其事，造诣两不相谋，故功效不能相并。艺之精者，充其量不过为匠目而止。"[1]

1902年清政府颁布的《钦定学堂章程》中列入建筑学科目，1905年废除科举制度兴办实业与新学，1906年江苏省铁路学堂开设建筑班，1910年农工商部高等实业学堂开设建筑课程，为新式建筑教育的开创奠定了基础。1910年前后庄俊、贝季眉、沈理源等建筑学专业的留学生归国执业，标志着接受了西方学院派建筑教育的现代知识分子型的中国第一代建筑师登上历史舞台。经济地位的独立与职业地位的确立提高了中国建筑师群体的主体意识，"欲跻我国建筑事业于国际地位，即非蓄志团结，极力振作不为功"[2]，他们不仅在商业化浪潮下积极投身被西方建筑师控制的建设实践，使建筑活动主体得以实现本土化，而且主动担负起开创中国现代建筑教育事业和科学研究、整理传统建筑遗产的多重使命。

由工匠转变为建筑师，这一过程无疑是长期、冲突而曲折的。近代中国建筑师所面临的历史责任不仅是作为西方专业知识的掌握者，而且应该是"建筑"与"建筑师"在东方社会得以确立的重要推进者。1923年，日本留学归国的柳士英等人创办了苏州工业专门学校（苏州工专）建筑科，即南京中央大学建筑系的前身，作为中国最早的有系统、有规模且办学历史持续较长的建筑教育机构，苏州工专为1927年后高等建筑教育的开创奠定了基础。童寯、庄俊、范文照、杨廷宝等第一代建筑师不仅培养了戴念慈、华揽洪、林乐义、冯纪中、汪坦等中国新一代建筑师，同时为中国建筑教育课程标准的制定和建筑研究的发展做出了巨大的贡献。纵观中国近代建筑教育发展史，以学习建筑学的欧美留学生为主体的第一代中国建筑师提出了"建筑是科学技术与艺术的结合"与"建筑反映国家和民族的文化水平"这两种影响至今的经典理论，意在将建筑师与传统工匠及土木工程师相区别，进而掌握专业领域的"话语权"，提高国人对建筑师职业及建筑学专业的了解与认同。

受巴黎美术学院"美术＋功能"的建筑学教育体系和以"风格、样式、流派"为标准的建筑理论方法影响，训练集中式构图基础上的、古典折中建筑设计的"鲍扎"体系，在教学思想和方法中一直占主流地位。然而梁思成反对"鲍扎"的折中古典传统，致函梅贻琦，提出以引进包豪斯现代主义体系创办清华大学建筑系。从而将"鲍扎"体系在漫长历史中建立起来的建筑自主知识，包括形式思考的范畴、方法和标准全部抛弃，教学不再依赖对先例的模仿，而是对现实问题的客观研究，在包豪斯教育体系中

---

1 李海清. 哲匠之路 [J]. 华中建筑，1999，17（2）.
2 梁思成. 梁思成全集（第六卷）[M]. 北京：中国建筑工业出版社，2001：121.

最有特色的是对学生进行艺术指导和形式启发的设计基础课，推动现代建筑形式的标准化和普及化。

新式建筑教育逐渐取代了传统建筑业工匠师薪火相传的延续方式，伴随知识分子型建筑师群体的兴起和职业意识的日益萌发，"中国建筑师学会"和"建筑技师公会"等行业组织得以建立和发展。1927年张光、吕彦直、庄俊等发起成立"上海建筑师学会"，1928年改称"中国建筑师学会"并颁布《中国建筑师学会公守戒约》，1933年正式会员达到55人。1947年颁布的《技师法》，使行业组织"建筑技师公会"应运而生，选举关颂声、刘敦桢、杨廷宝、童寯等为理事。"中国建筑师学会"策划出版了中国近代主要的建筑刊物——《中国建筑》，宣传建筑行业和教育，发表设计作品和研究论文，并积极制定《建筑章程》等行业标准，提供咨询服务和行业保护。"建筑技师公会"则行使在市场竞争态势下谋求本行业的社会地位、维护会员集体利益的"行会"职能。而1936年由"中国建筑师学会""中国营造学社"等联合主办的中国建筑展览会则是中华民国时期建筑师群体最具影响力的社会活动。

正如梁思成所言，"我们这个时期，也是中国新建筑师产生的时期，他们自己在文化上的地位是他们自己所知道的。他们对于他们的工作是依其意向而计划的；他们并不像古代的匠师，盲目地在海中漂泊。"[1]针对中国古代历史上对建筑系统的记载和研究的缺失，知识分子型建筑师开始了对中国古代建筑和中国建筑史学的系统研究。1929年朱启钤创办"中国营造学社"，发表了以《中国营造学社汇刊》为代表的一批重要研究成果，标志着中国古代建筑史作为一门学科的真正创立。梁思成采用科学实证的方法构筑中国古代建筑历史的框架，阐释中国传统建筑结构和材料的"诚实性"特点，其中蕴含了丰富的现代建筑思想和现代性精神内涵。

第三节　中国现代建筑审美观念的演进

现代建筑不仅是新形式和新技术，还包括一个建筑思想体系，首先是一种新的审美观念，它意味着对过去的文化遗产进行全面的检验。哲学家保罗·利科（Paul Riceur）在《历史与真理》一书中指出，"当一定的外来影响作用于文化和文明时，一切取决于原有的扎根的文化在吸收这种影响的同时对自身传统再创造。"[2]新老碰撞和文化认同问题的困扰是工业化危机

1　梁思成.梁思成全集（第六卷）[M].北京：中国建筑工业出版社，2001：121.
2　[美]肯尼斯·弗兰姆普敦.现代建筑：一部批判的历史[M].原山，等译.北京：中国建筑工业出版社，1988：388.

的另一种显现，地方文化的精髓是在改造外来文化时凝聚当地艺术潜力的能力。一方面是受西方古典主义冲击，基于中国传统的建筑创作的追寻、探索与拓展，出现了三次"古典复兴"浪潮；另一方面是对现代主义建筑这种外来新思想的认识从时尚开始，逐渐接纳、兴起并达到高潮。从西洋古典主义、早期摩登建筑的装饰艺术到国际式的现代建筑风格，20 世纪中国建筑师们试图以一种中立甚至客观的语汇，在新与旧、本土与国外之间找到某种最佳结合点。

一、"仿洋风"

清末"新政"主导下，资政院、地方咨议局等官厅建筑全盘西化，以建筑为载体表达政治观念。官方重要建筑由政府指派西方建筑师或中国建筑师模仿西方建筑样式进行建造，"仿洋风"很快从官方波及民居和商业建筑，"人民仿佛受一种刺激，官民一心，力事改良，官工如各处部院，皆拆旧建新，私工如商铺之房有将大赤金门面拆去，改建洋式者。"[1]这种崇洋崇西的社会心理驱使下，社会风尚从"体用之争""华夷之辨"到将"洋风"等同于文明开化的象征，西方古典主义从宫廷的猎奇心理变为整体性的潮流。

1906 年清政府下诏由德国建筑师罗克格（Curt Rothkegel）设计兴建资政院，罗克格仿照德国的议会大厦，议院大厅、参议院、众议院三个大厅均采用穹顶配以柱廊以"昭体制而壮瞻观"。[2]中国早期建筑师孙支夏、沈祺等从直接模仿西方古典主义建筑起步，1907 年沈祺设计的北京清政府陆军部衙署，1909 年中国早期建筑师孙支夏设计的南京江苏省咨议局，都属于新式官厅建筑的"洋风"。

在列强的租借地，早期的"殖民地式"建筑也被正统的西方古典主义所取代。中国第一代建筑师贝寿同、庄俊、沈理源等在西方接受了学院派教育，归国后也以西方古典主义开始其职业生涯。第一代建筑师回国后，一批人选择自主创办的事务所作为发展方向，其中华盖和基泰与国际接轨、运作正规，其规模、作品和影响最大。

二、"中国固有形式"

"中国固有形式"指运用西方技术手段，结合中国传统官式建筑的大屋顶、仿木构柱、斗拱、彩画等建筑构件和装饰纹样的建筑样式。1929 年

1　汪坦，张复合 . 第四次中国近代建筑史研究讨论会论文集［M］. 北京：中国建筑工业出版社，1993：168.

2　故宫博物院明清档案部 . 清末筹备立宪档案史料［M］. 北京：中华书局，1979：703.

中华民国政府在《首都计划》中正式提出，建筑"要以采用中国固之形式为最宜，而公署及公共建筑尤当尽量采用……有所谓采用中国款式，并非尽将旧法一概移用，应采用其中最优之点，而一一加以改良。外国建筑物之优点，亦应多参入，大抵以中国式为主，而外国式副之。中国式多用于外部，外国式多用于内部"，[1] 因此技术上运用钢筋混凝土或钢结构，外观上采用"大屋顶"的形式特征与视觉效果，成为一种官式建筑的范式。

而"中国固有形式"探索的先声，却源于 19 世纪末、20 世纪初教会建筑和西方建筑师。"传教士自己应该投身于中国基督教徒的团体之中，他不应强迫他们发展一种西方的形式，而应贡献一种基督教精神，让这种精神以一种纯粹的中国方式表达自己。"[2] 伴随在华教会的宗教本土化运动——天主教的"中国化"和基督教的"本色运动"，教堂及学校、医院等教会类建筑在形式上中国化，由中华圣公会华北教区总堂主教史嘉乐（Charles Perry Scott）主持建造的北京南沟沿救主堂，将传统的硬山屋顶和八角形亭子套用在巴西利卡形制的平面上，是北京最早的"宫殿式"教堂。墨菲（Henry Killiam Murphy）是最早对中国北方官式建筑特征进行研究的西方建筑师，在设计金陵女子大学校舍、燕京大学办公楼时采用西式屋架与中国传统屋顶形式结合，尝试在新的功能、技术条件下体现中国传统建筑文化，出现了传教主义与中国古典样式的结合。"西人的实验为将来崛起的第一代建筑师的尝试提供了参照物和可能性，具有某种示范效应，尽管这绝非始作俑者之本意。"[3]

在西方文化冲撞的压力下，在西方建筑师探索中国建筑民族形式的早期尝试的启发下，在官方的大力扶持与倡导下，吸收西方现代建筑材料、技术、功能的同时，力求继承中国建筑艺术的优良传统，创作中国民族形式建筑作品成为许多建筑师主动的艺术追求。以杨廷宝和林克明为代表的中国建筑师在官方建筑领域里有意识地掀起"吾国固有之建筑形式"的大讨论，在一定程度上占据了原则和道义上的优势，形成了很大的声势。

吕彦直因 1925 年、1926 年相继在南京中山陵和广州中山纪念堂设计方案竞赛中获大奖而声名鹊起，"今者国体更新，治理异于昔时，其应用之公共建筑，为吾民建设精神之主要的表示，必当采取中国特有之建筑式，加以详密之研究，以艺术思想设图案，用科学原理行构造，然后中国之建筑，乃可作进步之发展。"[4] 南京中山陵的主体建筑祭堂，采用西洋古典式的整体构图，配以简化的檐口、门廊、须弥座等传统构件和装饰细部，给人

1 李海清.中国建筑现代转型［M］.南京：东南大学出版社，2004：317.

2 ［韩］李宽淑.中国基督教史略［M］.北京：社会科学文献出版社，1998：327.

3 李海清.中国建筑现代转型［M］.南京：东南大学出版社，2004：316.

4 吕彦直.规划首都都市区图案大纲草案［J］.首都建设，1929，（1）：25.

以清新挺拔、简洁洗练的现代感。广州中山纪念堂借鉴西方古典集中式构图，平面为八角形的大空间，四翼分别为入口和舞台，使用钢桁架、钢梁和钢筋混凝土结构，屋顶为八角形攒尖顶。两个建筑均为"采用中国古式而含有特殊与纪念性质者，或根据中国建筑精神特创新格者"。[1]

与中国古代官式建筑相比，"宫殿式"建筑在基础结构与主体结构上以西方建筑为范式，引入西式屋架又要实现屋面举折，构造做法的一个明显特征是大量运用钢筋混凝土模仿木构件的形式和视觉效果。由于建筑技术、建筑功能被动适应形式，造成结构力学的效能性、工程造价的经济性与使用功能的合理性大打折扣。

为应对"宫殿式"建筑在功能、造价、工期、用地等经济因素的弊端，部分建筑师以现代建筑为基点探索"现代化的中国建筑"，采用石构建筑的造型处理手法，表现为对称的体量、浑厚庄重的构图、中国式的局部装饰，代表作有杨廷宝1931年的北京交通银行、1935年董大酉设计的上海江湾体育场建筑群、1936年陆谦受等设计的上海中国银行总部等。将传统建筑的某些形式从已经失去生命力的物质载体上离析出来作为装饰，简朴实用略带中国色彩成为"中国固有形式"的新路径。1935年奚福泉的南京国民大会堂设计方案更加接近现代建筑风格，高低组合和立面开窗忠实反映了使用功能，檐口和细部采用传统构件和装饰纹样，表明后期"中国固有形式"进一步向现代建筑转变的趋势。

"中国固有形式"建筑成为一个主体上旧传统的社会对自身适当形象的期望，期望建立传统与现代性的平衡关系，"融合东西方建筑之特长，以发扬吾国建筑固有之色彩"[2]。与国民政府奉行的民族本文主义文化政策要求相契合，涉及的建筑类型更多、更复杂，对中国传统建筑形式构成要素的运用也更加自如，创作了一批极富创意的优秀民族形式建筑作品，成为中国现代建筑史上不可或缺的一环。但作为国民政府文化政策的衍生物，"中国固有形式"代表的中国建筑民族形式折中主义的探索热潮，逐渐走向定型化，并因结构和经济的不合理而受到质疑，逐渐陷入实践的困境。同时建筑形式与政治色彩相指涉，使传统与现代、继承与创新成为困扰中国建筑界的一个挥之不去的牵绊。

三、"摩登建筑"

20世纪初作为欧美探索新建筑的先声——新艺术运动已经波及我国，1903年哈尔滨火车站、1904年中东铁路局办公大楼及1906年的莫斯科商

1　邓庆坦.中国近、现代建筑历史整合研究论纲 [M].北京:中国建筑工业出版社,2008:77.

2　王明贤，戴志中.中国建筑美学文存 [M].天津:天津科学技术出版社,1997:220.

场，哈尔滨的新艺术运动几乎与欧洲同时起步，表明中国建筑已经不知不觉卷入世界现代建筑的历史进程中。

中国第一代建筑师立足现代对建筑民族性的追求，在很大程度上其包含的现代性因素受世界范围现代主义建筑运动的影响。中国许多第一代建筑师也接受了现代主义建筑的设计原则和方法，毕业于美国宾夕法尼亚大学的童寯目睹了新建筑运动的兴起，认为"现今建筑之趋势，为脱离古典与国界之限制，而成一与时代密切关系之有机体。科学之发明，交通之便利，思想之开展，成见之消失，俱足使全世界上建筑逐渐失去其历史与地理之特征。今后之建筑史，殆仅随机械之进步，而作体式之变迁，无复东西、中外之分。"[1]童寯一生坚持现代主义建筑合理性原则，成为最早接受和倡导现代主义建筑的先驱。庄俊、范文照、杨廷宝也分别从西方古典主义、"中国固有形式"和折中主义的多元主义转向现代主义建筑的科学、合理、经济。而梁思成始终在"中国固有形式"和经典的现代主义之间摇摆。这些先驱的思想和实践，都深刻地影响了现代主义建筑运动在中国的发展。

第一次世界大战之后工业出现新的经济增长，迎来了"中国民族资本主义的黄金时代"[2]。现代主义建筑以其形式的新颖时尚、功能和经济上的优越，在建筑的商业化、世俗化导向及社会心理崇西崇洋、趋奇尚新的共同作用下，对"新建筑"的追求被置换成商业建筑和地产投资对"摩登式"的推崇。西方在华建筑师（商）如上海的公和洋行、匈牙利的邬达克（Laszlo Hudec）、法商营造公司等，在现代建筑实践浪潮中走在前列，上海华懋公寓（1926年）、沙逊大厦（1928年）、天津百福大楼（1926年）、上海国际饭店（1934年）等现代建筑改变了中国沿海城市的天际线轮廓，成为时代潮流的引领者。

中国建筑师对现代主义建筑的认识从时尚开始，在建筑实践中逐渐掌握了现代主义建筑的真谛。1933年杨锡镠设计的百乐门舞厅落成，被誉为"远东第一乐府"和"现代建筑学与装潢术上的惊人进步"[3]。作为中国最著名的倡导现代建筑的设计机构，华盖事务所1933年设计的上海恒利银行反映出1930年代中国现代建筑的商业时尚特征，当时评论其为"新厦优越之点，在十足显露德荷两国最近建筑之风"。[4]1934年奚福泉设计的上海虹桥疗养院以功能为主旨的空间分区，几何形体量及建筑构件的设计，交通、光线、噪声的控制，成为近代中国最具有代表性的现代主义建筑。1937年荣康地产公司投资建造的麦琪公寓，这幢10层公寓平

1　童寯.童寯文集（第一卷）[M].北京：中国建筑工业出版社，2000：2.

2　罗荣渠.现代化新论 [M].北京：北京大学出版社，1993：298.

3　郑祖安.海上剪影 [M].上海：上海辞书出版社，2001：125.

4　麟炳.上海恒利银行新厦落成记 [J].中国建筑，1933，1（5）.

面布局紧凑、立面简洁、弧形转角阳台为水泥砂浆抹灰，完全吻合功能、没有任何附加装饰的几何语言，反映了商品住宅的批量化、标准化和时代感。在房地产业的推动下，不仅上海，南京、天津、青岛、武汉、重庆等城市的最豪华的商业建筑、达官贵人的私人官邸及白领阶层的集合住宅也大多是现代建筑。经济发展和建筑商业化趋势，使建筑师从官方意识形态的"文化本位"转向"市场本位"，从而推动了新风格和新审美观的形成。

中国对现代主义建筑理论的介绍和探讨主要集中在《中国建筑》《建筑月刊》及"中国新建筑社"的刊物和著作。首次介绍源于 1934 年 2 月《中国建筑》刊登的卢毓骏翻译的柯布西耶 1930 年在俄国真理学院发表的演讲稿——《建筑的曙光》，强调建筑的科学、社会学和经济学价值。1934年 8 月何立蒸发表了《现代建筑概述》，简要介绍了现代主义建筑运动产生的背景及演进过程并对其进行了评价。1935 年 11 月庄俊撰文《建筑之式样》分析现代主义建筑的结构合理性，将其誉为顺应时代趋势的样式。与庄俊一样，梁思成在《建筑设计参考图集序》指出新建筑的基本特征是由科学结构形成合力的形式。1936 年广东省立勷勤大学建筑系学生创办"中国新建筑社"，旗帜鲜明地提出"反抗现存因袭的建筑样式，创造适合机能性、目的性的新建筑"[1]的口号。其出版的刊物《新建筑》"成为抗战期间在中国系统介绍'现代运动'，推行现代建筑的最有力的学术刊物。"[2]《新建筑》杂志的主编黎抡杰、郑祖良的著作《现代建筑》《国际新建筑运动论》《新建筑造型理论的基础》《纯粹主义者 Le Corbusier》等一系列著作，对现代主义建筑的形式特征、思想框架的本质体系起到了积极的推广作用。

除了学术刊物，上海的《时事新报》《申报》等大众传媒刊物发表的介绍现代建筑的文章，虽然与学术刊物的专业深度相比内容简略、浅显，但将现代建筑观念在更大的社会范围内呈现给大众，使这种注重建筑的功能性、经济性，真实反映结构和材料的新型建筑文化逐渐为社会所接受。1936 年 4 月上海举办"首次中国建筑展览会"，展出了来自全国 52 家单位的 1580 余件作品，华盖事务所以"以国际样式"的作品参展，观者如潮、盛况空前。

这次展览虽然现代建筑得到了展示和宣传，但其中最受重视的是中国营造学社的古建筑整理发掘工作。"现代主义思想最终在中国没有成为一种革命性的建筑运动。以民族主义为旗号的折中主义、复古主义依然很强

---

1 赖德霖."科学性"与"民主性"——近代中国建筑的价值观（下）[J].建筑师，1995，(63)：72.

2 李海清.中国建筑现代转型 [M].南京：东南大学出版社，2004：334.

大"。[1] 虽然旧的建筑体系开始瓦解、陷入混沌状态，传统建筑体系向现代建筑体系演变却不是直线的，作为过渡产物的折中主义盛行，现代主义建筑的实践在数量、范围和时间跨度上成效依然有限。而"政府当局的心理，相因成习，改进殊少，提倡新建筑运动的人寥寥无几，所以新建筑的曙光，自国际新建筑会议后已成一日千里，几遍于全世界，而我国仍无相继响应，以至国际新建筑的趋势适应于近代工商业所需的建筑方式，亦几无人过问"。[2] 现代主义建筑在中国的冷场，有水泥和钢材等建材工业不发达、工业化生产所依赖的标准体系不完备等技术层面、制度层面的问题，更重要的是观念层面对建筑现代化趋势采取的不同的价值取向与模式选择，反映了面对民主与科学、救亡与爱国主题的碰撞与纠缠，从传统走向现代、从历史走向未来的曲折和艰难。

新的精神需要新的表现，无论出于对工业化批量生产还是空间灵活性的考量，对标准化建造的诉求都是非常必要的。正如美学家李泽厚所言，中国 20 世纪崛起的一代知识分子开创和奠定了中国现代许多专业领域内的各种模式，但面对时代启蒙与救亡的双重变奏，"中外古今在他们心灵上思想上的错综交织、融会冲突，是中国近现代史的深层逻辑"。[3] 作为一种异质文化，现代主义建筑在中国经历了从被动引进到主动追求的历程，中国建筑师对现代建筑的认识也经历了从摩登时尚的追捧模仿到风格形式、理性精神等现代性内涵的理解把握，现代主义建筑的思想和观念体系初步形成。

在民族危机、抗战纷乱的历史环境下，中国建筑界对之前"中国固有形式"进行了反思与批判，并出现了激进的现代主义思潮，现代主义建筑活动依然没有停止，梁思成、林徽因、卢毓骏等著名建筑师走出象牙塔，投身战后重建和平民住宅的设计，推动了战时和战后现代主义建筑思想的进一步传播。第二次世界大战结束后，现代主义建筑成为世界范围内占据主流的建筑风格，中国重新汇入世界性的现代主义建筑潮流。1947 年梁思成与柯布西耶、尼迈耶等现代主义大师一起被任命为联合国总部规划设计的顾问，1944—1945 年杨廷宝受国民政府资源委员会委托赴美国考察工业建筑。此外，战后修建的为数不多的重要建筑——美国顾问团公寓大楼（1935 年）、招商局候船厅及办公楼（1947 年）、浙江商业第一银行（1948 年），都采用了平屋顶、简洁的立面、水平的带状钢窗等纯正的现代主义建筑手法。

1 赖德霖."科学性"与"民主性"——近代中国建筑的价值观（下）[J]. 建筑师，1995，(63)：72.
2 同1.
3 李泽厚. 中国思想史论（下）[M]. 合肥：安徽文艺出版社，1999：1172.

四、20 世纪 50 年代以来的"民族形式"

第二次世界大战结束后，世界形成了东西两大阵营的对立。1949 年后，中国采取了向苏联"一边倒"的外交政策及单一的计划经济体制，建筑思潮的发展也为适应时代和社会变动而发生着变化。在官方图像形成过程中，宣传和论战起着相当大的作用。"苏联的'社会主义现实主义的创作方法''社会主义内容、民族形式'和'批判结构主义、世界主义'三个政治性建筑创作口号全面移植，特定的建筑风格与特定的社会制度和意识形态之间建立了政治关联，并在'文化大革命'期间走向建筑政治化的极端。"[1]中国建筑师们需要在苏联的影响、现代化的样式和对本国历史遗产导致的矛盾心态之间寻找方向，踏上了一条试图调解新现实与旧形式的、严峻的文化自我定义之路。

第一个五年计划期间的"社会主义内容、民族形式"口号，1950 年代末"十大建筑"的建设项目，再度形成了传统建筑文化复兴的浪潮，传统复兴、古典主义和集仿主义占据了建筑文化的主流地位。张嘉德设计的重庆西南人民大礼堂（1951—1954 年）、张镈的北京友谊宾馆（1954 年）、梁思成的北京民族文化宫（1958—1959 年）都以传统大屋顶表现民族形式，但很快在 1955 年反浪费运动中以"复古主义"而受到批判。人民大会堂（1958—1959 年）和中国革命历史博物馆（1958—1959 年）采取西洋古典柱式构图，通过台基、檐口和纹样等细部特征体现民族形式。这种依靠西洋构图加传统细部的拼贴和杂烩的渐进式和民主式的隐喻，更多地考虑功能适用经济的可行以及社会文化宣传的需要。此外，1950 年代初还出现了由苏联和中国建筑师共同设计的一批模仿或照搬苏联斯大林时期形式的建筑，如北京展览馆（1952—1954 年）、上海中苏友好大厦（1955 年）等，强调中轴线并用中央体量层层高起的塔楼和尖塔予以装饰。

"文化大革命"时期建筑师的创作条件开始受到多方面的制约，四川成都的万岁馆（1969 年）、郑州二七纪念塔（1971 年）等各地的纪念性、标志性建筑出现了一批政治象征主义建筑。建筑平面、外观及装饰题材运用政治含义的图案、符号或数字的隐喻与象征，红旗、五角星、火炬等成为最常用的装饰题材。

在 1950 年代初，面对国情、大规模的工业和民用建设任务需要经济理性主义，现代主义建筑经历了三年国民经济恢复时期的自发延续，建筑师的个人创作理念有过短暂的发挥。政府提出"适用、经济，在可能的情况下注意美观"的建筑方针，暗合了现代主义建筑的功能理性和经济理性

1　邓庆坦.中国近、现代建筑历史整合研究论纲［M］.北京：中国建筑工业出版社，2008：219.

原则。而体育场馆建筑、交通航站建筑等功能类型，客观上需要现代主义的建筑风格与现代技术。杨廷宝的北京和平饭店（1953年）、夏世昌的广州中山医学院生物楼（1953年）、黄毓麟的上海大学同济大学文远楼（1951—1953年）、欧阳骖的北京工人体育场（1958—1959年）等一批优秀的现代主义建筑问世。1956—1957年在短暂的"大鸣大放"中，上海建筑界发出倡导现代主义建筑的呼声，"坚持从实际出发，精打细算、不求气派，讲究实惠与形式自由、敢于创新、潇洒开朗、朴实无华的作风"。[1]陈植等建筑师设计的上海鲁迅纪念馆、南洋著名华侨领袖陈嘉庚投资兴建的厦门大学建筑群、新疆和内蒙古等体现少数民族传统风格的"民族式"建筑，突破北方官式大屋顶和新古典主义的"民族形式"模式，探索从丰富的地域文化中吸收营养。承接了1920—1930年代的现代主义建筑传统，为新时期现代主义建筑的探索奠定了基础。

五、20世纪80年代以来的"新民族形式"

改革开放后计划经济向市场经济转型，以经济建设为中心带动了空前的城市化大潮，建筑创作不仅摆脱了意识形态的羁绊而且改变了与国际建筑潮流相隔绝30年的局面，出现了大规模引进现代主义建筑运动理论的高潮。"整个1980年代，中国思想界最富活力的是中国'新启蒙主义'思潮……逐步地转变为一种知识分子要求激进的社会改革的运动，也越来越具有民间的、反正统的和西方化的倾向。"[2]在这一社会文化背景下，正统的现代主义者陈志华提出，"今天，我们建筑界提倡创新，就是把20世纪头几十年世界范围的建筑革命引进来，补上这被我们耽误了30年的一课"[3]的激进主张。与国际修正经典现代主义相吻合，中国形成了立足现代性和传统文化，充实、提高和超越经典现代主义的趋势。

"全球一体化的文化整合作用具有文化全球化与本土运动的二重性，在建筑文化中表现为国际趋同与传统复兴的二重性。"[4]以陈志华、曾昭奋为代表的要求"补上现代建筑运动这一课"、实现与世界建筑体系接轨及激进的反传统姿态，引发了1980—1990年代中国建筑界关于现代与传统、现代化与民族化的争论。戴念慈等主张在传统的基础上进行创新的建筑师，用官方语言把传统划分为"精华"与"糟粕"，以"取其精华，去其糟粕"

1　罗小未．上海建筑风格与上海文化 [M]//．中国城市与建筑编辑委员会．上海建筑．深圳：世界建筑导报社，1990：15．
2　汪晖．当代中国的思想状况与现代性问题 [M] //许纪霖．二十世纪中国思想史论（上）．上海：东方出版社，2000：625．
3　陈志华．北窗集 [M]．北京：中国建筑工业出版社，1993：62．
4　邓庆坦．中国近、现代建筑历史整合研究论纲 [M]．北京：中国建筑工业出版社，2008：27．

"批判地继承传统"等政治性话语进行立论。但其动因绝不是单纯的政治意志和民族主义，而是包含了回归传统的寻根意识、历史文脉和传统风貌保护等现代意识。1980 年广州白天鹅宾馆、北京四中、北京国际展览中心等作品，更多地体现了以现代主义建筑的功能理性精神满足社会大众的需求。而出于对传统历史文脉的保护和旅游观光业的需要，1980—1990 年代"夺回古都风貌"形成了第三次传统建筑文化复兴的浪潮。

1990 年代以来，出现了以南京夫子庙、武汉黄鹤楼、天津古文化街为复原代表的古风主义；以曲阜阙里宾舍、西安三唐代工程为代表的古典主义；以武夷山庄、上海方塔园、敦煌机场航站楼为代表的地域主义。北京奥林匹克中心、甲午海战纪念馆等是对技术美的追踪、隐喻与象征的表达。中国建筑突破了以大屋顶"宫殿式"建筑为蓝本的"民族形式"命题的局限，进入乡土性、地域性的广阔领域。从对北方清代官式风格的"仿古式"复兴，传统文化的理解开始超越形象，走向深层文化内涵，走出弘扬民族文化的宏伟叙事，走向场所精神的微观表达，对传统建筑文化的阐释与演绎更具现代性和时代精神。20 世纪中国传统建筑文化复兴现象和长期占据建筑界话语中心的"民族形式"问题，与日本明治维新之后的"洋风"与"和风"争论一样，从全球化的视角加以重新审视，可以视为全球一体化带来的建筑文化趋同的逆反应。

随着消费主义、物质主义的盛行，思想启蒙等宏大叙事退出了话语中心，国际式、后现代主义、解构主义等多元的建筑思潮的涌入，为中国建筑师指出了一条明显别于"民族形式"的传统继承方式。"无论是后现代建筑风格上的'代码'，还是大众的、'多元'以及符号学的形式和'传统与选择并存'，在中国都可以找到落脚点。中国建筑界奇大无比的包容性以及现代与后现代'杂交'的模糊性，足以使后现代主义者在丰富中国建筑形式（尤其是民族形式）的设计实践中大显身手。"[1]但后现代主义理论对大众通俗文化的倡导，导致建筑的形式主义和商业化、庸俗化倾向。"中国社会当前所面临的是，如何从前工业时代向现代社会的转变和如何从现代工业社会步入知识经济的后工业或后现代的双重问题。所以，对中国社会而言，既面临着如何从西方学习现代化经验，又面临着如何避免西方建筑现代化过程中所产生的教训。"[2]在渐增的消费文化中找到更深层的社会意义，保持建筑文化品位、提高创作水准，在传统文化内涵、场所精神与现代的建筑空间理念之间建立对话沟通，现代主义建筑在中国仍然有其"严

1　张在元．"后现代"与中国建筑民族形式之争鸣 [J]．建筑学报，1989，(7)．
2　郝曙光．当代中国建筑思潮研究 [M]．北京：中国建筑工业出版社，2006：3．

肃的历史使命"[1]。

第四节　贝聿铭"中而新"的探索与启示

贝聿铭在中国出生、长大，17岁赴美求学并定居，但"我还是中国人，我的看法还是中国的看法。当然美国的新东西我也了解，所以这两方面没有矛盾、没有冲突。"[2]诚如霍尔所指出的："文化涉及的是较少实体的事物——意义、价值、象征、观念、知识、语言、意识形态：这就是文化理论家所说的社会生活的象征层面。"建筑的实质目的是探索和最终找寻到文化内涵。贝聿铭相信"越是民族的，越是世界的"，"从早期的香山饭店到近年的苏州博物馆，我都致力于探索一条中国建筑的现代之路。中国建筑的根可以是传统的，而芽则应当是新芽，这也是中国建筑的希望所在。"[3]

纵观贝聿铭北京香山饭店、香港中银大厦、苏州博物馆新馆三次卓有成效的实践，"我企图探索一条新的道路：在一个现代化的建筑物上，体现出中国民族建筑艺术的精华。"[4]对特定的建筑体系而言，贝聿铭超越历史符号的简单复制、拼贴，传达那些被视为民族认同的"常量"。追寻中国传统文化"天人合一"的理想、突出意象"隐"与"奇"的审美特征，实现和谐统一的"中和"之美，实现现代主义建筑技术和中国美学传统的有机结合，驾轻就熟地掌握物质与力量、思想与形式、情感与材料的高度统一，将现代主义建筑的空间概念和中国传统建筑的历史反响拓展到一个更为广阔的范围，对当下中国风格泛滥、文化缺失、特色不明的建筑创作具有重要的启示。

一、根植传统

中国建筑从传统文化中的形而下之"器"，到被纳入艺术的范畴并跃升为"民族文化和时代精神的象征"，从宫殿式的"中国固有形式"到平顶、局部采用大屋顶的"现代建筑与中国建筑的混合样式"，再到中华人民共和国成立初期的"民族形式"，从对传统建筑大屋顶形象的简单模仿走向地域建筑现代化的表达，立足现代功能和体量并加上有中国特征的传统装

1　邹德侬.中国现代建筑的历史使命——关于后现代主义的引进 [M] // 顾孟潮，等.当代中国建筑文化与美学.天津：天津科技出版社，1989：180.

2　张克荣.贝聿铭 [M].北京：现代出版社，2004：30.

3　[美] 菲利普·朱迪狄欧，珍妮特·亚当斯·斯特朗.贝聿铭全集 [M].李佳洁，郑小东译.北京：电子工业出版社，2015：扉页.

4　徐宁，倪晓英.贝聿铭与苏州博物馆 [M].苏州：古吴轩出版社，2007：1.

饰，建筑的功能、结构、设备与古代建筑相比已经发生了本质的变化。在一系列官方意识形态导向下对民族本位主义追求的背后，隐含着民族危机和传统文化危机下对现代建筑演变潮流中温和、渐进的趋势。

改革开放特别是中国加入世贸组织之后，中国建筑市场逐渐开放，建筑师的创作环境日益国际化，后现代主义、解构主义、高技派的各种西方文化语境下的产物"嫁接"到中国，国际先锋大师先后在鸟巢、央视大楼等多项国家级工程项目中胜出，引起"中国正成为西方先锋建筑师的试验场"的一片惊呼。全球化技术网络所施加的均质化影响，一种新的全球文化的要素和变量正在成型。弗兰姆普敦（Kenneth Frampton）提倡"从地域价值观念和形象方面对国际现代主义进行解构以及给本土元素掺杂外来范式。"[1]努力在城市化和地形、国际化和识别性之间取得平衡，新和旧、人工和自然的碰撞与叠合是新格局的内在本质。但20世纪以来对传统文化的忽视、文化遗产的破坏，建筑逐渐与其历史背景和文化脉络相剥离，建筑的民族性、多样性和特色性正在消失。

李泽厚认为："民族性不是某些固定的外在格式、手法、形象，而是一种内在的精神，假使我们了解了我们民族的基本精神……又紧紧抓住现代化的工艺技术和社会生活特征，把两者结合起来，就不用担心会丧失自己的民族性。"[2]在当下的文化语境中，中国的建筑必须提高在吸收外来影响的同时对自身传统再创造的能力。贝聿铭在设计过程中，"每前进一步，都要研究一下中国文化和苏州的传统。"[3]在他看来，中国大屋顶固然是中国传统建筑的显著特征之一，但更重要的、更应该引起我们注意并加以研究探讨、继续发展的"是虚的部分，是大屋顶之间的空间——庭院……还有——墙。"[4]中国传统建筑是四维的活动，天生与时间和变化相关，而且借由高墙断离外在世界，以塑造内隐的园林景致，或者强化室内与院落的空间连接，以寻找自我与心灵对话的契机。正是基于如此深刻的理解，贝聿铭才能形成一种独特的将传统形式、地方特色和现代感结合在一起的空间模式。

建筑本质上是创造性艺术，是有思想的空间创造。梁思成先生曾说过："中国建筑既是延续了两千余年的一种工程技术，本身已造成一个艺术系统，许多建筑物便是我们文化的表现、艺术的大宗遗产。除非我们不知尊重这古国灿烂文化，如果有复兴国家民族的决心，对我国历代文物，加以

---

1 [英]威廉J·R·柯蒂斯. 20世纪世界建筑史[M]. 本书翻译委员会译. 北京：中国建筑工业出版社，2011：97.

2 李泽厚. 美育与技术美学[J]. 天津社会科学，1987，(4).

3 徐宁，倪晓英. 贝聿铭与苏州博物馆[M]. 苏州：古吴轩出版社，2007：10.

4 王天锡. 贝聿铭[M]. 北京：中国建筑工业出版社，2002：253.

认真整理及保护时,我们便不能忽略中国建筑的研究。"[1]中国传统建筑根植于农业经济、宗法制度和官僚体质的悠久历史,以对"天人合一"的追求,被伏于大地的平面结构、相互依偎的群体组合,道法自然的环境理想,亲和融洽的人间情暖,等级分明的礼乐制度,成为流动的宇宙、生命的载体。这是建筑创造的生命意象,是"种族场域"的可见表象。追求这种更内在而非肤浅的,更持久而非短暂的,更具有文化意蕴而非反文化的审美理想,才能避免抄袭拼凑、千城一面的无奈或哗众取宠的形式卖弄,创造出一种永不追赶时尚,却永不落后的,既具有历史感又具有时代感的建筑。

二、审美至上

从文化角度说,科学和艺术是人类创造力最具代表性的两大领域。罗杰斯·斯克鲁登(Roger Scruton)认为作为艺术的建筑"以取得建筑美的本质为目的,而不是偶然性"[2]。无论是早期城市更新时期造价低廉的城市集合住宅,还是卢浮宫金字塔、美国国家美术馆东馆造价昂贵的国家级工程,无论是路思义教堂、奥尔亭的小巧别致,还是来福士广场建筑群的巨大体量,"他只做他认为美丽的事——没有震惊效果的美感。你无法解释的美感。"[3]贝聿铭倾其一生只为向世人呈现最美、最雅致的设计。

经济作用造成了后现代主义的商业化和消费主义,建筑沉迷于视觉形式、从功能与结构转移到外在的风格和意向联想。中国当代的建筑实践,立足于以技术理性为核心的功能主义和以商业消费为旨归的形式主义,脱离了深厚的历史文化语境和自觉的美学追求,陷入单调刻板、冷漠疏离、创造乏力的窘白和尴尬。想象性和创造性的建筑创作被转化为刻板的功能化和商品化的形式,这些弊端导致建筑形式、城市景观缺乏本身的意义和造型特征,无法与场所认同,建筑必将使人们失去归属感。多元化丰富的美学象征系统被单一的符号所取代,语义场对话被传达出固定观念和概念的独白所取代,表现为技术至上、中西古今建筑语言错位以及建筑审美变异的现象。

当代建筑的审美变异包含"质"的变化,基本的哲学内核是"理性的失落",由此产生的单调抽象是对现代主义建筑早期创意作品中充满激情的简洁形式的一种歪曲。现代建筑的理性精神,既包含了推崇演绎逻辑、讲究概念明晰和数理秩序的古典主义理性,也包含了从经验主义发展而来,建立在现代实用主义基础上的功能至上。功能正是现代建筑创作思

1　梁思成.中国建筑史[M].天津:百花文艺出版社,2005,2.

2　[美]卡斯滕·哈里斯.建筑的伦理功能[M].申嘉,陈朝晖译.北京:华夏出版社,2002:11.

3　[美]迈克尔·坎内尔.贝聿铭:现代主义泰斗[M].萧美惠译.台北:台湾智库股份有限公司,1996:424.

想的灵魂和主要的美学依据，将装饰简化为几何性、非具象性的、交替变化的材料和颜色。现代主义建筑美学虽然存在若干缺陷，但不是致命的缺陷，源于关注现代主义建筑风格的表面形式而忽略其基本的原则和衍生的理念。

贝聿铭拒绝后现代主义的玩世不恭和粗糙浅薄，紧紧把握以功能合理与结构材料的完美统一作为艺术出发点，以极高的艺术敏感力协调机械和自然之间的对话，强调内容与形式、平面与表现的高度统一，体现设计过程的逻辑性，运用从内到外解决问题的方法，通过清晰明确的造型语言，创造出和谐统一的美学效果，使现代主义建筑呈现出鲜明的纪念性和深刻的象征意义。"有人说现代建筑已经没有路可走了，这个意见我也不能同意。我想他们这样说是因为他们懒惰。"[1]贝聿铭拒绝把原型当作刻板的仿制品，创造性地把握对于现代主义先例和古典元素的忠诚与怀疑，同时避免教条与分裂，结合现代主义和中国传统审美理念重新诠释现代主义建筑的美学价值，形成了一种克制而又诗意化的理性主义。

大量经典的横向挪用、简单比附，造成对中国当代建筑美学内涵立场不明的错位和误读，审美价值的缺失必将取代意义的寻觅和深度的追求。在新的历史语境中，中国建筑应实现民族性与现代化中西合璧，形成迁想妙得、艺匠独造的传统建筑符号与现代设计语言的对撞，以符合公共期待视域、能唤起传统文化审美共通感的"中国样式"立足于世界建筑之林。回归埃兹拉·庞德所谓"有生命力的传统"，使建筑创作建立在一种纵向的价值同一感和凝重的历史感之上，亟需总结现代主义建筑的社会文化蕴涵，揭示中国传统建筑深层的审美意识和美学精神，将感性的审美经验提升到理论思维的高度，为建筑创作实践构筑具有内在逻辑关系的美学框架体系，才能实现"顺四时而适寒暑，和喜怒而安居"的诗意的栖居。

三、工匠精神

《时代》杂志曾如此评价，"贝聿铭创造了一件杰作。这幢建筑物和它所在的地皮以及周围的建筑物配合得天衣无缝。它尽现庄重风貌，却没有丝毫笨拙感。大楼让我们真正体会到独具匠心的深刻含义，而许多建筑之所以失败正是缺乏这种匠心。"[2]精英阶层的自我形塑，使贝聿铭坚持对艺术创造和完美的不懈追求并达到极致。作为艺术家将其灵魂深处的完整赋予其作品，其中每一处构图、每种构件和每个细部都是为它必须完成的作用而审慎设计的建筑。

1　王天锡.贝聿铭［M］.北京：中国建筑工业出版社，2002：10.

2　倪卫红.贝聿铭［M］.石家庄：河北教育出版社，2001：129.

当代消费社会被贪婪的全球化过程及商品化逻辑所主导，建筑领域理论与实践浮躁情绪严重，对立竿见影的过度追求、对金钱财富盲目崇拜，导致住宅和商业建筑单调的国际通行模式盛行，"粗放式"设计和建造模式导致建筑的粗制滥造和资源的大量浪费。贝聿铭代表的雅致化、精致性和艺术上的不懈的创造力，从主要形式的配置到细节上的处理都保持一种连贯的精英意识和工匠精神，对中国当下的建筑创作和生产都具有极强的示范作用。

　　工匠精神是一种职业精神，不去用心做一件事，就不叫匠心；不把一件事做到极致，就不叫匠人。贝聿铭"以更高的工艺水平来设计和'制造'建筑，尤其以精致的节点和精细加工来体现高超的技艺。"[1]苏州博物馆新馆在国内首次采用了干挂石材屋面的做法，通过金属挂件将菱形石材和金属屋面有效规则连接。为避免金属挂件在阳光照射下反光过于强烈，在条石与不锈钢挂件之间安装橡胶垫，遮挡反光的同时橡胶垫形成四通八达的暗沟，便于排水从而更好地保护外墙面。美国国家美术馆东馆的墙面外包三英寸厚的大理石石片，为防止大理石的膨胀收缩，贝聿铭和他的助手昼夜奋战，共同研制了垫在大理石空隙中的氯丁橡胶条，这是一项重大创新。在中庭天窗下装有融化降雪的电热线和把雨水引入墙后排水沟的微型氯丁橡胶槽。为防止紫外线损伤艺术品，他们发明了能够连续投下无差别柔和阴影的、遮阳的管状铝合金百叶窗。为使馆内空气流通，贝聿铭巧妙地在每块楼梯踏板边沿安置了排风的小槽。

　　贝聿铭从不循规蹈矩，深受老子思想的影响，总是采用因时、因地、因事而设计的分析型手法，善用钢材、混凝土、玻璃与石材，将功能的组织、建造技术的表达与形式创造的愿望高度整合起来，具有无懈可击的轮廓控制能力。多变的设计在时代、地域和具体的问题中寻找创新，形成一种崭新的中国本土建筑风格，精致细腻之中透露着无处不在的传统意蕴和时代气息。建筑所蕴含的思想之强度、雕刻的形体力量、结构的组织原则、形式的精确和联系场景的方式，是从内向外进行的，外部是内部的结果，功能的平面与建筑的表现之间存在一种基本的联系，建立起一种建筑与人的"叙述"和"对话"的有序关系，实现整体场景与隐喻细节的完美结合。

　　所谓"技可近乎道，艺可通乎神"，艺术匠心的核心价值在于专注和创造，现代精神需要根据不断发展的技术和价值观之间关系的变化追求革新和永恒品质。贝聿铭以别出心裁的设计、精益求精的工艺、高品质的质量体现了当代的理想与憧憬，以多样的面貌坚守对社会变迁的承诺，实践过程中始终隐含着形式创造、技术创新和对细节的推敲。建立新的时代品

1　秦佑国. 从"HI-SKILL"到"HI-TECH"[J]. 世界建筑，2002，(1).

质、创造有人情味的环境，使混乱的现实变得有秩序、体现劳动所蕴含的道德价值。

小　结

　　20 世纪的中国建筑历史，是传统建筑体系向现代转型的历史，也是对西方现代主义建筑的引进与吸收、对中国传统建筑的反思与更新的历史。社会文化中现代性精神的勃兴与西方建筑技术、体制、形式的冲击，构成了中国建筑现代转型的横向输入与内力响应，推动了中国社会新的建筑观念和审美意识的觉醒。从中国建筑现代转型的角度考察，建筑语言模式的社会性发生机制、建筑师群体的职业化进程、"学院式"教育研究体系、资本与权力博弈、建筑工业体系的建立等方面，可以清晰地勾勒审美与政治领导权的争夺、民族国家的身份认同、外来影响与本土建筑文化内在转变的复杂纠葛，构成了这一时期建筑思想演变的基本线索。

　　在中国建筑现代化进程视野中，贝聿铭清楚地看到"中国建筑已经走到了死胡同。现有的两个方向，一是盲目仿古，一是全盘西化，哪一条都走不通。"[1]他重新审视现代主义建筑和中国传统文化精神的基本原则并使之继续发挥作用，以新的而非表面的方式解读现代主义的核心原则和普遍化形态，对传统文化的深邃细腻、地域场所的独特丰富作出回应，采用直接和简朴的方法和卓有成效的个性化创造，探索现代主义建筑与中国传统文化在建筑材料与结构、形式与空间、环境与布局、造景与装饰、象征与意境，在个人意图与技术规范、重新阐释和类型继承、外来形象与本国现实之间新的平衡点，实现了现代化的中国式的演变和中国现代主义建筑美学国际化的并轨。

1　[美] 菲利普·朱迪狄欧，珍妮特·亚当斯·斯特朗. 贝聿铭全集 [M]. 李佳洁，郑小东译. 北京：电子工业出版社，2015：184.

结　语

　　每个时代都拥有自己的真实风格，唯有审慎而准确地认识到这种风格，在传统的基本架构中赋予其新的意义，才能更好地激励我们自由地选择未来。

　　现代主义建筑是建筑风格历史上的重大革命，从以包豪斯为代表的知识分子理想化的实验和探索开始，经过一百年的发展构成了当今世界主要的视觉景观。虽然国际式无个性的现代技术与对归属感与认同感的需求之间的矛盾，导致现代主义建筑出现表征的危机，合法性和正统性受到后现代主义之后各类思潮的普遍质疑。作为与中国传统建筑文化和体系完全异质的形式，现代主义建筑以单方向的引进为主，中国基本被排除在现代主义运动之外。中国建筑的现代转型，始终与政治意识形态、民族国家的身份认同纠葛不清。进入市场经济时代，中国建筑界所面临的是，如何从前工业时代向现代社会的转变和如何从现代工业社会步入知识经济的后工业或后现代的双重问题。

　　作为具有世界范围影响的建筑师，贝聿铭深受中国传统文化浸润并与现代主义核心脉络直接相承，凝聚了东西方双重文化的精神，在更广阔的历史、文化视野下审视现代主义建筑全景图，将其作为"一个未完成的理想"和"未竟的事业"，用半个多世纪的不懈创作，探求现代主义形式如何被接受、被拒绝以及如何使之得到修正和发展。毋庸讳言，实践型的贝聿铭没能把创作上升到理论层面，从而影响到他现代主义建筑美学思想的传播和推广，同时他的许多作品位置显耀、造价高昂也缺乏推广、借鉴的可能。但贝聿铭始终坚持现代主义建筑的基本原则，把以"天人合一""中庸之道"为精髓的东方智慧和中和、温润、诗化的独特美学效果融入现代主义建筑，呈现出建筑与自然、现代化和历史传统和谐统一的表达语言，在更深的层次上唤起对建筑内在法则和秩序的回归和发展，依然具有极高的美学价值和意义。

　　"现代主义那种具有历史意义的大胆开拓显然还未停止，特别是在一个努力解决经济全球化、技术全球化、身份和领土的重新定义以及未来该

223

如何规划等诸问题的世界中。"[1] 艺术的核心价值在于创造，与其说现代主义建筑缺乏的是一种感染力，倒不如说普通的建筑师缺乏将这种感染力转化成形式和符号的能力。美国国家美术馆东馆、巴黎卢浮宫金字塔、苏州博物馆等一系列经典的作品，贝聿铭坚持对于个人语汇本真性的关注，将功能、结构、形式和意义以对现代主义必然的信念和带有中国文化传统的特征紧密结合在一起，推动现代主义成为官式建筑的主流，向着雅致化的方向发展，并通过和谐地融入不同文明证明了现代主义建筑这一新传统的适应性和生命力。同时为中国当代建筑如何成为现代的而又回到自身古老而伟大的精神源泉，如何创造唤起传统审美共通感又能独树一帜于世界建筑之林的"中国样式"指出了方向！

1 [英]威廉 J·R·柯蒂斯. 20 世纪世界建筑史 [M]. 本书翻译委员会译. 北京：中国建筑工业出版社，2011：686.

参考文献

[1] ［美］迈克尔·坎内尔.贝聿铭：现代主义泰斗［M］.萧美惠译.台北：台湾智库股份有限公司，1996.

[2] 黄健敏.贝聿铭的艺术世界［M］.北京：中国计划出版社，1996.

[3] 王天锡.贝聿铭［M］.北京：中国建筑工业出版社，2002.

[4] 张克荣.贝聿铭［M］.北京：现代出版社，2004.

[5] ［德］盖罗·冯·波姆.贝聿铭谈贝聿铭［M］.林兵译.上海：文汇出版社，2004.

[6] 徐宁，倪晓英.贝聿铭与苏州博物馆［M］.苏州：古吴轩出版社，2007.

[7] 廖小东.贝聿铭传［M］.武汉：湖北人民出版社，2008.

[8] 倪卫红.贝聿铭［M］.石家庄：河北教育出版社，2001.

[9] 张一苇.神秘的东方贵族［M］.苏州：苏州大学出版社，2014.

[10] ［美］菲利普·朱迪狄欧，珍妮特·亚当斯·斯特朗.贝聿铭全集［M］.李佳洁，郑小东译.北京：电子工业出版社，2015.

[11] ［意］L.本奈沃洛.西方现代建筑史[M].邹德侬，巴竹师，高军译.天津：天津科学技术出版社，1996.

[12] 王受之.世界现代建筑史［M］.2版.北京：中国建筑工业出版社，2012.

[13] ［美］肯尼斯·弗兰姆普敦.现代建筑：一部批判的历史［M］.原山，等译.北京：中国建筑工业出版社，1988.

[14] ［意］曼弗雷多·塔夫里，弗朗切斯科·达尔科.现代建筑［M］.刘先觉，等译.北京：中国建筑工业出版社，2000.

[15] ［英］威廉 J·R·柯蒂斯.20世纪世界建筑史［M］.本书翻译委员会译.北京：中国建筑工业出版社，2011.

[16] 罗小未.外国近现代建筑史[M].2版.北京：中国建筑工业出版社，2011.

[17] 刘先觉.现代建筑理论[M].北京：中国建筑工业出版社，2000.

[18] ［美］H.F.马尔格雷夫.现代建筑理论的历史，1673—1968［M］.陈平译.北京：北京大学出版社，2017.

[19] 梁思成.中国建筑史[M].天津：百花文艺出版社，1998.

[20] 林徽因.林徽因文集·建筑卷［M］.梁从诫编.天津：百花文艺出版社，1999.

[21] 王鲁民.中国古代建筑思想史纲[M].武汉：湖北教育出版社，2002.

[22] 叶朗.中国美学史大纲［M］.上海：上海人民出版社，1985.

[23] 曾祖荫.中国古代美学范畴［M］.上海：上海人民出版社，1985.

[24] ［波］符·塔达基维奇.西方美学概念史［M］.褚朔维译.北京：学苑出版社，1990.

[25] ［德］康德.判断力批判［M］.邓晓芒译.杨祖陶校.北京：人民出版社，2004.

[26] ［美］彼得·基维.美学指南［M］.彭锋，等译.南京：南京大学出版社，2008.

[27] ［英］B·鲍桑葵.美学史[M].张令译.北京：中国人民大学出版社，2010.

[28] [德] 黑格尔. 美学（第三册）[M]. 朱光潜译. 北京：北京大学出版社，2017.

[29] 侯幼彬. 中国建筑美学 [M]. 哈尔滨：黑龙江科学技术出版社，1997.

[30] 孙祥斌，孙汝建，陈从耘. 建筑美学 [M]. 上海：学林出版社，1997.

[31] 王明贤，戴志中. 中国建筑美学文存 [M]. 天津：天津科学技术出版社，1997.

[32] 万书元. 当代西方建筑美学 [M]. 南京：东南大学出版社，2001.

[33] 薛富兴. 艾伦·卡尔松环境美学研究 [M]. 合肥：安徽教育出版社，2018.

[34] 张岱年. 中国哲学大纲 [M]. 北京：中国社会科学出版社，1982.

[35] [美] 罗素. 西方哲学史 [M]. 何兆武，李约瑟译. 北京：商务印书馆，2005.

[36] [瑞士] 费尔迪南·德·索绪尔. 普通语言学教程 [M]. 高明凯译. 北京：商务印书馆，1980.

[37] 朱恩彬，周波. 中国古代文艺心理学 [M]. 济南：山东文艺出版社，1997.

[38] 周宪. 审美现代性批判 [M]. 北京：商务印书馆，2005.

[39] 彭亚，黄斌. 外国美术史 [M]. 开封：河南大学出版社，2003.

[40] [美] 马泰·卡林内斯库. 现代性的五副面孔 [M]. 顾爱彬，李瑞华译. 北京：商务印书馆，2002.

[41] [美] 卡斯滕·哈里斯. 建筑的伦理功能 [M]. 申嘉，陈朝晖译. 北京：华夏出版社，2002.

[42] 日本建筑构造技术者协会. 图说建筑结构 [M]. 王跃译. 北京：中国建筑工业出版社，2000.

[43] [英] 尼古拉斯·佩夫斯纳，等. 反理性主义者与理性主义者 [M]. 邓敬，等译. 北京：中国建筑工业出版社，2003.

[44] [英] 尼古拉斯·佩夫斯纳. 现代设计的先驱者——从威廉·莫里斯到格罗皮乌斯 [M]. 王申祜，王晓京译：北京：中国建筑工业出版社，2004.

[45] [挪] 克里斯蒂安·诺伯格-舒尔茨. 西方建筑的意义 [M]. 李路珂，欧阳恬之译. 北京：中国建筑工业出版社，2005.

[46] [法] 勒·柯布西耶. 走向新建筑 [M]. 修订版. 杨至德译. 南京：江苏凤凰科学技术出版社，2014.

[47] [意] 布鲁诺·赛维. 现代建筑语言 [M]. 席云平，王虹译. 北京：中国建筑工业出版社，2005.

[48] [美] K·弗兰姆普敦. 20 世纪建筑学的演变：一个概要陈述 [M]. 张钦楠译. 北京：中国建筑工业出版社，2007.

[49] [美] 彼得·埃森曼. 现代建筑的形式基础 [M]. 贾若译. 上海：同济大学出版社，2018.

[50] [美] 罗伯特·文丘里. 建筑的复杂性与矛盾性 [M]. 周卜颐译. 南京：江苏凤凰科学技术出版社，2017.

[51] [英] 约翰·拉斯金. 建筑的七盏明灯 [M]. 谷意译. 济南：山东画报出版社，2012.

[52] 李海清. 中国建筑现代转型 [M]. 南京：东南大学出版社，2004.

[53] 邓庆坦. 中国近、现代建筑历史整合研究论纲 [M]. 北京：中国建筑工业出版社，2008.

[54] 侯幼彬. 建筑与文学的焊接——论中国建筑的意境鉴赏指引 [J]. 华中建筑，1995，

（13）.

[55] 杨守森.试论我国文艺学研究的价值取向 [J].文史哲，1995，（05）.

[56] 吴庆洲.象天法地意匠与中国古都规划 [J].华中建筑，1996，（02）.

[57] 杨存昌.物境·意境·情境——中国古典美学逻辑发展大纲 [J].山东师大学报（社会科学版），1997，（03）.

[58] 顾孟潮.建筑哲学概论（本体篇）[J].建筑学报，1997，（01）.

[59] 黄心川."三教合一"在我国发展的过程、特点及其对周边国家的影响 [J].哲学研究，1998，（08）.

[60] 李保峰.埋藏的珍宝——贝聿铭新作：日本 MIHO 博物馆评析 [J].华中建筑，1999，（01）.

[61] 赵奎英.中国古代时间意识的空间化及其对艺术的影响 [J].文史哲，2000，（04）.

[62] 鲁湘子.略论儒释道三教合一的内在因素 [J].社会科学研究，2000，（06）.

[63] 李小波.从天文到人文——汉唐长安城规划思想的演变 [J].北京大学学报（哲学社会科学版），2000，（02）.

[64] 谈炳和，尹新桔.建筑——文化的一种载体 [J].上海大学学报（社会科学版），2001，（01）.

[65] 周波.论庄子的"大美"思想 [J].山东师范大学学报（人文社会科学版），2002，（05）.

[66] 朱永春.宗白华建筑美学思想初探 [J].建筑学报，2002，（11）.

[67] 钱俊生，彭定友.生态价值观的哲学意蕴 [J].自然辩证法研究，2002，（10）.

[68] 杨通进.环境伦理学的三个理论焦点 [J].哲学动态，2002，（05）.

[69] 缪军.形式与意义——建筑作为表意符号 [J].世界建筑，2002，（11）.

[70] 吴良镛.论中国建筑文化的研究与创造 [J].华中建筑，2003，（06）.

[71] 周均平."比德""比情""畅神"——论汉代自然审美观的发展和突破 [J].文艺研究，2003，（05）.

[72] 白晨曦.天人合一：从哲学到建筑 [D].北京：中国社会科学院研究生院，2003.

[73] 邢靖懿.试论中国道家天人合一的生态伦理思想 [J].成都大学学报（社会科学版），2003，（04）.

[74] 刘月.中西建筑美学比较研究 [D].上海：复旦大学，2004.

[75] 赵慧宁.中国传统建筑环境体现的文化意蕴 [J].南京工业大学学报（社会科学版），2004，（02）.

[76] 吴耀华.谈建筑符号学 [J].山西建筑，2004，（12）.

[77] 秦佑国.中国现代建筑的中国表达 [J].建筑学报，2004，（06）.

[78] 秦红岭.儒家伦理与中国传统建筑 [J].新建筑，2004，（03）.

[79] 卜骁骏.视觉文化介入当代建筑的阐述 [D].北京：清华大学，2005.

[80] 赵榕.当代西方建筑形式设计策略研究 [D].南京：东南大学，2005.

[81] 罗丽.现代主义建筑的技术本质 [D].西安：西安建筑科技大学，2005.

[82] 邹衍庆.中国传统建筑组群形态生成机制研究 [J].南方建筑，2005，（01）.

[83] 董睿，李泽琛.易学象数对北京明清皇家建筑的影响 [J].周易研究，2005，（04）.

[84] 胡同庆，胡朝阳.佛教石窟造像的视觉心理艺术效果 [J].敦煌研究，2005，（03）.

[85] 郑东军，张颖宁."玻璃盒子"与现代建筑之演进 [J] 新建筑，2005，（01）.

[86] 陈李波.中国古典建筑意境结构分析 [J].华中建筑，2006，（11）.

[87] 张锦秋. 和谐建筑之探索 [J]. 建筑学报，2006，（09）.

[88] 冯玉婷，潘国泰. 后现代主义对中国建筑的影响 [J]. 工程与建设，2006，（01）.

[89] 陈世民. 中国建筑文化的反思 [J]. 建筑与文化，2006，（08）.

[90] 孟彤. 中国传统建筑中的时间观念研究 [D]. 北京：中央美术学院，2006.

[91] 葛楠. 建筑的透明性 [D]. 北京：北京建筑工程学院，2006.

[92] 肖立春. 秩序与复杂性——从 M=O/C 到 M=O·C 看基本几何体类建筑的复杂编辑 [J]. 世界建筑，2006，（11）.

[93] 沈语冰. 现代艺术研究中的范畴性区分：现代主义、前卫艺术、后现代主义 [J]. 艺术百家，2006，（04）.

[94] 乌立奇·舒瓦兹，王歌，喻蓉霞，等. 自反现代主义：21世纪初建筑学的视角立场 [J]. 建筑创作，2006，（05）.

[95] 彭锋. 前现代、现代、后现代——20世纪中国美学在世界美学语境中的理论定位 [J]. 山东社会科学，2007，（03）.

[96] 麦永雄. 后现代多维空间与文学间性——德勒兹后结构主义关键概念与当代文论的建构 [J]. 清华大学学报（哲学社会科学版），2007，（02）.

[97] 刘江峰. 辨章学术考镜源流——中国建筑史学的文献学传统研究 [D]. 天津：天津大学，2007.

[98] 徐晋巍. 现代主义建筑的伦理学意义 [D]. 天津：天津大学，2007.

[99] 王发堂. 建筑艺术鉴赏原理研究 [D]. 天津：天津大学，2007.

[100] 陈宜瑜. 建筑文化内涵的表述 [D]. 合肥：合肥工业大学，2007.

[101] 贾佳，秦潇璇. 浅析中国传统礼仪在古建筑中的体现 [J]. 武汉科技学院学报，2007，（06）.

[102] 徐大千，方振东. 中国传统哲学思想对古代建筑的影响 [J]. 山西建筑，2007，（09）.

[103] 张荣华. 安藤忠雄建筑创作的东方文化意蕴表达 [D]. 哈尔滨：哈尔滨工业大学，2008.

[104] 刘彩红. 中国古代象征性建筑语言符号的哲学文化研究 [D]. 西安：西安建筑科技大学，2008.

[105] 刘蓓. 生态批评的"环境文本"建构策略 [J]. 云南社会科学. 2008，（04）.

[106] 梁旭方. 解析赖特有机建筑思想及对中国当代建筑设计的启示 [D]. 长春：东北师范大学，2009.

[107] 张宇. 中国建筑思想中的音乐因素探析 [D]. 天津：天津大学，2009.

[108] 马远. 贝聿铭苏州博物馆新馆的空间环境研究 [D]. 苏州：苏州大学 2009.

[109] 李景欣. 浅谈庭院式建筑组群的形态及审美 [J]. 艺术研究，2009，（03）.

[110] 周玉明，胡萍. 苏州城市景观刍议 [J]. 苏州大学学报（工科版），2009，（05）.

[111] 冀华. 贝聿铭建筑思想初探 [J]. 科技情报开发与经济，2009，（28）.

[112] 陈斌. 从继承与发展的角度解析贝聿铭的建筑设计 [J]. 金陵科技学院学报，2009，（03）.

[113] 王小红. 密斯建筑轨迹探寻——从辛克尔到辛克尔 [J]. 建筑师，2009，（05）.

[114] 王发堂. 密斯的建筑思想研究 [J]. 建筑师，2009，（05）.

[115] 杨梅娜. 从苏州博物馆的设计看民族审美的现代性 [J]. 安徽文学（下半月），2010，（06）.

[116]　李宁.解析贝聿铭作品中的中国元素 [J]. 工程建设与设计，2010，（05）.

[117]　刘珊.贝聿铭艺术博物馆空间设计分析 [J]. 南京艺术学院学报（美术与设计版），2010，（01）.

[118]　于迎.刍议北京四合院的建筑特点 [J]. 大众文艺，2010，（05）.

[119]　刘彦鹏.论"留白"在贝聿铭建筑作品中的隐现 [D]. 北京：中央美术学院，2010.

[120]　张向宁.当代复杂性建筑形态设计研究 [D]. 哈尔滨：哈尔滨工业大学，2010.

[121]　李杰.建构视野下的材料观念及其表达 [D]. 西安：西安建筑科技大学，2010.

[122]　张婷婷.明清北京都城建筑蕴涵的"天人合一"思想研究 [D]. 哈尔滨：黑龙江大学，2010.

[123]　李纯.中国宫殿建筑美学三维论 [D]. 武汉：武汉大学，2011.

[124]　邵志伟.易学象数下的中国建筑与园林营构 [D]. 济南：山东大学，2012.

[125]　曾引.形式主义：从现代到后现代 [D]. 天津：天津大学，2012.

[126]　陈华辉.当代玻璃建筑的设计观念与策略 [D]. 南京：东南大学，2012.

[127]　童淑媛.时空融合观念下的中国传统建筑现象与特征研究 [D]. 重庆：重庆大学，2012.

[128]　张曼.当代西方建筑符号的审美研究 [D]. 哈尔滨：哈尔滨工业大学，2013.

[129]　刘杨.基于德勒兹哲学的当代建筑创作思想研究 [D]. 哈尔滨：哈尔滨工业大学，2013.

[130]　宋绍佳.从库恩范式理论看现代主义建筑危机 [D]. 上海：复旦大学，2014.

[131]　王娟.贝聿铭建筑的美学思想 [D]. 武汉：武汉大学，2014.

[132]　李哲.格罗皮乌斯、密斯和他们的现代主义建筑理论研究 [D]. 长沙：湖南师范大学，2014.

[133]　李有芳.改革开放以来中国建筑美学思潮研究 [D]. 天津：天津大学，2014.

[134]　杨新磊.建筑与影像的互文性——一种现象学交叉研究 [D]. 西安：西安建筑科技大学，2015.

[135]　陈鑫.江南传统建筑文化及其对当代建筑创作思维的启示 [D]. 南京：东南大学，2016.

[136]　来嘉隆.建筑通感研究—— 一种建筑创造性思维的提出与建构 [D]. 南京：东南大学，2017.

[137]　郭兰.现代主义以来西方先锋性建筑教育的起源与发展研究 [D]. 南京：东南大学，2017.

[138]　Giedion S. Architecture, You, and Me[M]. Cambridge：Harvard University Press, 1958.

[139]　Rudolf W. Architectural Principles in the Age of Humanism[M].London：W. Norton & Company，1971.

[140]　Millon H A.Rudolf Wittkower and architectural principles in the age of humanism：its influence on the development and interpretation of modern architecture[J].Journal of the Society of Architectural Historians，1972，31.

[141]　Dean A O.Conversations：I.M. Pei' [J]. AIA Journal，1979，68（June）.

[142]　Wingler H M.The Bauhuas-Weimar Dessau Berlin Chicago[M].Cambridge：The MIT

Press, 1979.

[143]　Rykwert J.The Ecole des Beaux-Arts and the Classical Tradition, in The Beaux-Arts and Nineteenth-Century French Architecture, edited by Robin Middleton[D]. London: Thames and Hudson, 1984.

[144]　Maggie K. The Chinese Garden: History, Art and Architecture[M]. New York: Martin's Press, 1986.

[145]　Cruz J R. Architectural malpractice: toward an equitable rule for determining when the statute of limitations begins to run[J]. Fordham Urb. LJ, 1987, 16.

[146]　Bruno S.Pei[M].Paris: Hazan, 1988.

[147]　Gutman R. Architectural Practice: A Critical View[M]. New Jersery: Princeton Architectural Press, 1988.

[148]　Chang C. Streets of gold: the myth of the model minority[J]. Rereading America: Cultural Contexts for Critical Thinking and Writing, 1989.

[149]　Carter W. I. M. Pei: A Profile in American Architecture[M]. New York: Harry N. Abrams, Inc., 1990.

[150]　Miller N, Keith M. Boston Architecture: 1975—1990[M]. New York: Prestel, 1990.

[151]　Plunz R. A History of Housing in New York City: Dwelling Type and Social Change in the American Metropolis[M]. New York: Columbia University Press, 1990.

[152]　Pamela D. I.M.Pei—Designer of Dreams [M]. Chicago: Children Press, 1993.

[153]　Blake P. No Place like Utopia: Modern Architecture and the Company We Kept[M]. New York: Alfred A. Knopf, 1993.

[154]　Sancton T, Ivry B.Pei's palace of art[J].Time, 1993, 142 (2142) .

[155]　Meredith L C.Pietro Belluschi: Modern American Architect [M].Cambridge: The MIT Press, 1994.

[156]　Cannell M. I.M .Pei: Mandarin of Modernism[M]. New York: Carol Southern Books, 1995.

[157]　Lefebvre H.Introduction —Modernity[M].London: Verso, 1995.

[158]　Huang C C, Zürcher E.Time and Space in Chinese Culture[M]. Leiden: Brill Academic Publishers, 1995.

[159]　Jones E M. Living Machines: Bauhaus Architecture as Sexual Ideology[M]. San Francisco: Ignatius Press, 1995.

[160]　Kenneth F. Studies in Tectonic Culture Cambridge: The Poetics of Construction in Nineteenth and Twentieth Century Architecture[M]. Cambridge: The MIT Press, 1995.

[161]　Lukinson S. First Person Singular, I. M. Pei [EB/CD]. Alexandria: PBS Home Video, 1997.

[162]　Reid A. I.M. Pei[M]. New York: Knickerbocker Press, 1998.

[163]　Boehm G V. Conversations with I. M. Pei: Light is the Key[M]. New York: Prestel, 2000.

[164]　Glancey J. The Story of Architecture[M]. London: DK publishing, 2000.

[165]   Stanford A.Peter Behrens and a New Architecture for the Twentieth Century[M].
        Cambridge: The MIT Press, 2000.

[166]   Teaford J C. Urban renewal and its aftermath[J]. Housing Policy Debate,2000,11(2).

[167]   Jencks C. The New Paradigm in Architecture: The Language of Post-Modern
        Architecture[M]. New Haven: Yale University Press, 2002.

[168]   Light M, Maybury M T. Personalized multimedia information access[J].
        Communications of the ACM, 2002, 45 (5).

[169]   Dung N, Adi S Z.The Open House: Unbound Space and the Modern Dwelling[M].
        New York: Rizzoli International Publications, 2002.

[170]   Smith P F. The Dynamics of Delight: Architecture and Aesthetics[M]. New York:
        Routledge, 2003.

[171]   Lukinson S. I. M. Pei: The Museum on the Mountain Miho Museum, Shiga, Japan
        [CD]. Home Vision Entertainment, 2003.

[172]   Stouffer W B, Russell J S, Oliva M G. Making the strange familiar: Creativity and
        the future of engineering education[C]//Proceedings of the 2004 American Society for
        Engineering Education Annual Conference & Exposition, 2004.

[173]   Davenport G, Mazalek A. Dynamics of creativity and technological innovation[J].
        Digital Creativity, 2004, 15 (1).

[174]   Englar M. I. M. Pei[M]. Chicago: Heinemann Raintree, 2005.

[175]   Liu E. The Architectural fairyland of China (1984 onward): Problems and
        recommendations[J]. Cities in Transition: Transforming the Global Built
        Environment, 2005.

[176]   Haws J E. Architecture as art-not in my neocolonial neighborhood: A case for
        providing first amendment protection to expressive residential architecture[J]. BYU L.
        Rev., 2005.

[177]   Charney I. Property developers and the robust downtown: the case of four major
        Canadian downtowns[J]. The Canadian Geographer/Le Géographecanadien, 2005,
        49 (3).

[178]   McNeill D. Skyscraper geography[J]. Progress in Human Geography, 2005, 29 (1).

[179]   Feng J. The Song-Dynasty Imperial Yingzaofashi (Building Standards, and
        Chinese Architectural Literature: Historical Tradition, Cultural Connotations, and
        Architectural Conceptualization[D]. 2006.

[180]   Amanti S T. Potential energy savings on the MIT campus[D]. Cambridge:
        Massachusetts Institute of Technology, 2006.

[181]   Philip J, Strong J A. I. M. Pei: Complete Works[M]. New York: Rizzoli, 2008.

[182]   Rauterburg H. Talking Architecture: Interviews with Architects[M]. New York:
        Prestel, 2008.

[183]   Leslie S W. A different kind of beauty: Scientific and architectural style in I.M. Pei's
        Mesa Laboratory and Louis Kahn's Salk Institute[J].HIST STUD NAT SCI, 2008,
        38 (2).

[184]   Slavicek L C.I.M. Pei[M]. New York: Infobase Publishing, 2009.

[185] Philip J. Museum of Islamic Art: Doha, Qatar[M]. New York: Prestel, 2009.

[186] Khan H U. International Style: Modernist Architecture from 1925 to 1965[M]. Los Angeles: Taschen, 2009.

[187] Paula D. IM Pei: A life in architecture[J]. Architects' Journal, 2010, 231 (4) .

[188] Chen Y. The combination of classical art and modern art—On the use of the elements of Suzhou gardens in the architecture by Ieoh Ming Pei[C]. 2010 IEEE 11th International Conference on Computer-Aided Industrial Design&Conceptual Design 1, 2010.

[189] Ouroussoff N. Building museums, and a fresh Arab identity[J]. New York Times, 2010, 26.

[190] Winling L D. Students and the second ghetto: Federal legislation, urban politics, and campus planning at the University of Chicago[J]. Journal of Planning History, 2010.

[191] Rubalcaba J. I.M. Pei: Architect of Time, Place, and Purpose [M]. New York: Marshall Cavendish Corporation, 2011.

[192] Stonard J P. "Henry Moore's 'Knife edge mirror two piece', at the National Gallery of Art, Washington." [J]. The Burlington Magazine, 2011,153 (April) .

[193] Winters E.The aesthetics of architecture[J]. The European Legacy, 2015, 20 (7) .

[194] Gabet O. The Spirit of the Bauhaus[M].London: Thames& Hudson, 2018.